공학, 철학, 법학의 눈으로 본 **인간과 인공지능**

KB165206

공학, 철학, 법학의 눈으로 본

인간과 인공지능

조승호, 신인섭, 유주선 저

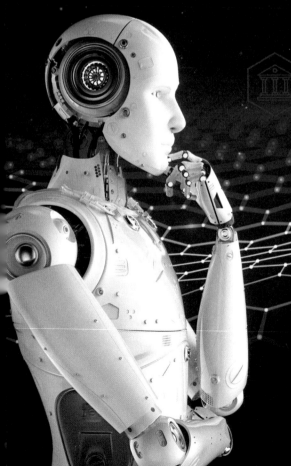

씨
아이
알

머리말

    알파고와 이세돌의 바둑 대결에서 보듯이 인공지능은 이미 우리의 일상생활 속에 많이 들어와 있고 그 영역을 넓혀가고 있다. 이러한 일련의 변화를 통칭하여 우리는 4차 산업혁명이라 부른다. 4차 산업혁명이라는 혁명적 변화 속에서 인공지능을 다양한 각도로 살펴보는 것은 시대의 변화에 적응한다는 점에서 중요한 의미가 있다. 이에 전공이 다른 세 학자(컴퓨터공학, 철학 및 법학)가 모여 각자의 시각으로 우리와 함께 숨 쉬는 인공지능에 대한 책을 저술하게 되었다. 이 책은 컴퓨터공학자가 인공지능의 기본원리를 이야기하고, 철학자가 현재진행중인 인간형 로봇과 다가올 미래의 로봇형 인간의 청사진을 그려 보며 존재에 대한 고민을 하고, 법학자가 인공지능으로 말미암아 변화가 요구되는 법률적 쟁점을 논의함으로 마무리된다.

    이 책을 저술한 우리는 같은 대학에 근무하면서 다양한 주제를 가지고 수시로 대화를 나누곤 하였다. 특별히 어떤 목적이 있어 만났던 것은 아니고 그냥 편하게 만나 이런저런 담소를 나누곤 했었는데, 2017년 늦가을쯤 "인공지능의 발전과 법률적 탐구" 편을 집필한 유 교수가 인공지능 관련 조그마한 연구 작업을 셋이 같이 해 보는 게 어떠냐고 제안을 했고, 원래 인공지능과 관련된 내용을 강의하고 있던 조 교수, 그리고 인공지능의 발전에 대한 철학적 사유에 관심이 많았던 신 교수가 이 작업에 함께 하게 되었다. 차를 마실 때 인공지능의 첨단 경향을 이야기 소재로 주도한 사람은 조 교수였고, 신 교수는 과학철학자들이 주로 담당하던 이 영역에 해석학적 지형도를 제시하였다. 특히, 두 편의 SF영화를 주해하면서 로보틱스의 철학적 함의를 드러내는 작업에 대해, 독자들은 매우 흥미로움을 느끼게 될 것이다.

컴퓨터공학, 철학, 법학의 3영역이 융합된 이 책은 다음과 같이 진행된다. "인공지능과 4차 산업혁명"에서는 인공지능이란 무엇인가에서 시작하여 최근의 심층학습까지 인공지능의 역사, 기계학습, 심층학습의 주요 개념 및 원리들을 살펴보고, 4차 산업혁명의 주요 분야인 로봇, 자율주행, 빅데이터에 대한 이야기를 전개한다.

"인공지능과 철학의 판타지"에서는 인간형 로봇과 그 진화된 형태인 로봇형 인간과의 소통과 동거를 위해 철학자 콩트의 인류 의식발달의 3단계 중 형이상학적 시대를 업데이트해서 '확장된 이성'으로서 인간을 등장시킨다. 몸이 된 이성으로서의 인간만이 로봇 및 세계와의 교감에 성공할 것이라는 점을 두 편의 영화분석과 함께 진행할 것이다.

"인공지능의 발전과 법률적 탐구"에서는 인공지능의 발전에 따른 법적인 문제를 탐구한다. 특허권과 저작권의 문제를 필두로 개인정보침해 여부 등이 다루어지고 있다. 자율주행자동차의 법적 문제에서는 일반 자동차 사고 시 책임문제에서 자율주행자동차의 사고에 관한 내용을 다루면서, 책임문제와 더불어 보험의 필요성을 제기하게 된다. 마지막으로 인간로봇의 법적 문제에서는 로봇의 인격성, 즉 권리능력이라든지 책임능력 등을 살펴보았다. 이러한 영역은 모두 비교법적인 측면에서 다루어지고 있다.

이처럼 컴퓨터공학자, 철학자, 법학자의 시각에서 인공지능에 대해 서술한 이 책은 독자들의 관심 영역을 선택해서 읽어도 되고 각 영역의 연관되는 부분만 추출해서 읽어도 좋다. 영역에 따라 난해한 부분도 있겠지만, 집필자들은 가급적이면 인공지능을 둘러싼 여러 이슈들을 알기 쉽게 이해시키고자 노력하였다.

집필을 하는 동안 과로로 건강상 이상 증세가 왔던 필자도 있었다. 그야말로 산고를 치른 끝에 빛을 보게 된 책이라 하겠다. 인공지능을 바라보는 세 사람의 관점과 집필

스타일에 있어서 차이가 없는 것은 아니지만, 각자의 학문영역을 이해하고 상호 차이를 존중하였기에 우리의 작업이 완성될 수 있었다. 이 작업을 계기로 학제 간의 연구가 보다 더 이루어지길 바라는 마음이다. 미진한 부분에 대하여는 독자들의 목소리를 경청하면서 겸허한 마음으로 수용할 것이다. 이 책의 출간을 맡아 물심양면으로 수고를 아끼지 않은 씨아이알 출판사 김성배 대표와 정은희 편집장께 심심한 감사의 뜻을 표한다.

2018년 11월 1일
저자 일동

차례

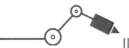

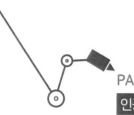

미래사회와
인공지능

"

    알파고와 이세돌의 바둑대결은 인공지능이 SF 영화의 한 장면에서 우리 일상 속으로 들어왔다는 것을 잘 보여 준다. 물론 인공지능이나 로봇에게 일을 시키고, 인류는 문화와 예술을 즐기면서 살게 될 것이라는 희망어린 전망이 제시되기도 한다. '미래 풍요로운 삶의 주인공은 누구일까?' 인공지능을 비롯한 과학기술의 발달은 우리에게 이런 질문을 던지고 있다[1, 2].

"

미래에 인공지능과 함께 살아갈 우리의 일상생활 모습이 어떠할 것인지 상상해 보자.

🌀 여유 있는 재택 출근

눈을 비비며 부스스 일어난 원준 씨는 욕실로 가 스마트 거울 앞에 선다. 스마트 거울은 거울 앞에 서 있는 원준 씨를 인식하고 지난밤에 측정한 혈압, 당뇨, 호흡, 맥박 등으로 분석한 자료를 통해 건강상 별다른 이상이 없음을 알려준다. 그리고 오늘 날씨와 그에 적절한 옷차림을 추천하며 하루의 시작을 도와준다. 원준 씨가 옷을 입고 있는 동안 인공지능 매니봇이 오늘 하루의 일정을 알려 준다.

아침 출근 시간은 9시. 그러나 회사가 아닌 서재에서 홀로렌즈를 통한 혼합현실로 가상 사무실에 연결하여 업무를 시작한다. 혼합현실 사무실에서는 아침 회의가 예정되어 있다. 혼합현실 안경을 쓰면, 데스크에는 세계 곳곳에 위치한 사무실 직원들이 홀로그램 영상으로 나타난다. 세계 각국에서 회의에 참석한 직원들은 서로 다른 언어를 사용하지만 동시통역이 이루어져 함께 일하는 데 전혀 어려움이 없다.

그렇지만 여전히 사람들 간의 만남은 중요하다. 중요한 업무를 위해 오후에는 일본에 있는 A사를 방문할 예정이다. 인공지능 매니봇은 원준 씨의 일본 출장을 위해 비행기 표를 예약한다. 미래의 하루 법정 근무시간은 최대 6시간 이내로 규정되어 있다. 근무 시간이 줄었지만 원준 씨는 인공지능 매니봇 덕분에 효율적으로 일할 수 있게 되어, 오히려 생산성이 높아졌다. 사람들은 매니저 역할을 하는 인공지능 로봇을 하나씩 갖게 되어 단순 반복적인 일에서 벗어나 주로 창의적인 업무에 집중할 수 있게 되었다.

♨, 업무 매니저 인공지능 매니봇

인공지능 매니봇은 다음에 진행할 업무 스케줄을 알려주며 원준 씨의 영어 실력이 많이 늘었다고 칭찬을 해준다. 아침 회의 때 원준 씨가 자동 통역기를 사용하지 않고, 회의를 원활하게 진행하였기 때문이다. 매니봇은 평상시 원준 씨가 수행하는 업무와 관련된 자료를 챙겨주고, 또 업무 전문성을 높이면서 경력 개발을 할 수 있도록 지원해 준다. 집, 사무실, 자율주행 자동차 등 어디에 있든지 원준 씨 활동을 관찰하는 인공지능 도우미 매니봇은 원준 씨의 성격이나 업무 스타일까지 분석하여 업무의 효율성을 높여준다.

이런 활용 방식에 따라 인공지능 매니봇은 자신의 인간 파트너의 성향을 닮아 개인화된다. 또한, 인간 파트너의 개인정보 등 민감한 정보를 자주 다루게 되는 인공지능 매니봇은 개인 자료를 안전하게 관리하는 동시에 점점 더 파트너에 적합한 맞춤 서비스를 제공하게 된다.

♨ 다양한 업무 도우미 매니봇

회사 내에서 원준 씨의 또 다른 업무는 사업 개발이다. 사업 개발 업무는 새롭게 변화를 만드는 일이다. 기업에서 많은 업무가 인공지능에 의해 대체되었지만, 사람이 하는 업무는 사람들 간 관계를 만들고, 새로운 사업을 기획한다. 여전히 사람들을 직접 만나고, 그들과 관계를 이어가면서 새로운 부가가치를 만들어 낸다. 이런 사람만의 고유한 영역으로 인해 사람들은 인공지능을 통해 자신의 업무 생산성을 높여가면서 또한 자신의 존재 가치를 인정받고 있다.

매니봇은 공항으로 가야 하는 원준 씨를 위해 자율주행 택시를 호출한다. 집을 나선 원준 씨는 집 앞에 도착해 있는 자율주행 택시에 생체 인식을 하고 탑승한다. 택시는 내비게이터에 원준 씨가 자주 다니는 목적지 리스트를 보여 주고, 그중에서 원준 씨가 가고자 하는 공항을 목적지로 설정한다. 그러면, 택시는 현재의 교통량과 최적의 주행

경로를 탐색하여 자율적으로 공항으로 주행해 간다.

자율주행 택시와 비행기로 A사까지 가는 1시간 동안 원준 씨는 인공지능 매니봇을 불러 A사 담당자와 실시간으로 혼합현실을 통해 토의를 하며 회의를 준비한다. 이때 매니봇은 오늘 회의를 효율적으로 진행하기 위해 지속적으로 상대의 얼굴, 음성, 문자 등을 분석해 원준 씨에게 조언한다. 상대방에 대한 기본 정보와 기술 분야에 대한 심도 있는 분석을 통해 서로 합리적인 성과를 얻을 수 있도록 이끌어 준다. 이동 중 스마트 기기로 친구 문자가 왔다. 이 문자는 손바닥 위 허공에 3D 홀로그램으로 친구의 아바타 얼굴과 목소리로 옆에서 말하듯 사실적으로 전달해 준다.

🏺 생활 도우미 매니봇

원준 씨는 오후 일본 출장 미팅을 성공적으로 마치고 돌아와 공식적인 회사 업무를 마무리한다. 오늘은 해외 출장으로 인해 집으로 귀가하는 시간이 다소 늦어졌다. 또한, 전날보다 할동량이 많아 몸이 피곤하다. 집으로 돌아오면서 인공지능 매니봇은 생활 도우미로 전환된다. 매니봇은 원준 씨가 집 도착 전에 집 안의 실내 온도를 쾌적하게 조절해 놓는 것은 물론 뇌파를 통해 원준 씨에게 휴식이 필요하다는 것을 감지하고, 내일 스케줄을 조정할 것을 권한다. 집에 도착한 원준 씨는 힐링 캡슐에 누워 피로를 회복한다.

늦은 저녁시간 인공지능 매니봇은 원준 씨에게 오늘 출장으로 고단한 하루였다고 말하며, 깊은 숙면을 추천한다. 원준 씨도 그게 좋을 것 같다고 동의한다. 매니봇은 편안한 숙면 유도 프로그램을 가동한다. 원준 씨는 그의 신체에 맞춤형으로 설계된 심박 호흡 모니터링 침대에서 깊은 잠에 든다. 원준 씨가 자고 있는 동안 매니봇은 침대와 가전기기들을 통해 원준 씨에 대한 건강 관련 센서 정보를 끊임없이 수집한다.

INTRO 들어가며

인공지능과 4차 산업혁명

인공지능을 이용하는 서비스와 상품들이 어느 사이에 우리 생활 곳곳에 자리잡고 있다. 의료분야에서는 IBM의 '왓슨'이 인공지능을 이용하여 환자의 질병을 진단하고 치료법을 제시해 주는 서비스를 하고 있고, 예술 분야에서는 '알고리즘 뮤직'이 15분 만에 높은 수준의 교향곡을 작곡하고 있다. 대표적인 SNS인 페이스북은 최근 각광받고 있는 인공지능 기술인 심층학습을 적용하여, 인간의 시각 인식 능력을 능가하는 97.25%의 정확도로 사용자 얼굴을 인식하고 있다.

CHAPTER 1에서는 인공지능의 정의에서 시작하여 지난 70여 년간 인공지능이 성취한 발자취를 돌아본다. 인공지능을 인간처럼 행동하는 시스템이라고 보는 관점을 중심으로 논의를 시작해서, 인공지능 시기별로 인공지능 태동기, 규칙 기반 인공지능, 연결주의 인공지능, 기계학습, 심층학습의 부활 순으로 인공지능의 역사를 돌아보고, 미래에 인공지능이 나아갈 방향에 대해 논의한다.

CHAPTER 2에서는 점점 더 활용 분야가 다양해지고 있는 기계학습[4]을 다룬다. 전통적으로 회귀와 분류를 중심으로 하였던 기계학습의 응용 분야가 순서화, 추천, 연관 등으로 넓어지고 있다. 최근 여러 응용 분야의 문제들이 단지 몇 개의 기계학습 모델에 의해 처리되는 흐름을 보이고 있다. 지도학습에서 근접 이웃, 지지 벡터 기계, 인공신경망, 의사결정 나무, 소박한 베이즈 모델이 주로 사용되며, 비지도 학습에서는 k - 평균 군집화, 그리고 강화학습 등이 활용되고 있다. 다양한 모델들은 각기 다른 가정을 하고 있어 어떤 문제 유형에는 적합하지만, 다른 문제 유형에는 적합하지 않을 수 있다.

CHAPTER 3에서는 1958년 행동학적 신경 모델 연구를 바탕으로 뇌 신경세포를 모방한 퍼셉트론 이론이 발표된 이후, 인공신경망 연구는 다층퍼셉트론, 전방신경망, 심층신경망⁵으로 부침을 거듭하면서 현재 인공지능의 주도적인 모델로 자리잡았다. 최근에는 유명한 화가의 그림을 입력하면 그 화가의 화풍으로 새로운 작품을 그려내기도 할 정도이다. 또한 서로 다른 신경망들이 협력하는 방향으로 발전하고 있다. 예를 들어, 영상 파싱과 자연어 처리가 결합되어 영상을 입력하면 자동으로 영상의 내용이 무엇인지 설명하는 문장을 생성해 준다. 이러한 사례는, 영상을 파싱하는 합성곱신경망이 먼저 처리한 후, 문장을 생성하는 순환신경망이 이어서 동작한 것이다.

이 장에서는 퍼셉트론의 개념 및 수학적 모델에서 시작하여 다층신경망에서의 오류 역전파 알고리즘, 기울기 하강 학습법 등 심층학습의 핵심 원리를 설명한다. 심층신경망에서는 합성곱신경망을 중심으로 여러 새로운 개념들을 설명하고, 순환신경망, 대립신경망 등을 소개한다.

CHAPTER 4에서는 초연결, 초지능이라는 키워드를 바탕으로 새로운 세상을 열 것으로 기대되는 4차 산업혁명과 기술혁신에 대해 소개한다. 빅데이터를 이용하여 고도로 학습된 인공지능을 통해 생산성을 향상시키고, 이전에 존재하지 않았던 혁신적인 가치를 창출하는 4차 산업혁명 시대를 설명한다. 4차 산업혁명 분야 중에서 인공지능과 상호작용이 활발하게 일어나고 있는 로봇, 자율주행, 빅데이터 분야에서 인공지능이 어떻게 적용되고 있는지 살펴본다.

이미 인공지능은 단순하고 반복적인 작업뿐만 아니라, 고도의 창의성을 요구하는 분야에도 성과를 내는 수준에 도달하고 있다. 앞으로 인공지능은 제조업, 금융, 의료, 서비스 분야 등에도 적극적으로 도입되어 새로운 상품과 서비스를 창출할 것으로 예상된다. 이에 따라 일자리도 크게 변할 것으로 예고되고 있다. 인공지능과 로봇이 가져올 자동화로 인해 기존의 많은 일자리가 사라지는 등 사회·경제적 문제가 심각해질 수 있다는 경고가 끊임없이 제기되고 있다. 이와 같이 인공지능이 가져올 사회적 파장에 대해서도 간략하게 논의한다.

인공지능과 철학자의 판타지

3개의 CHAPTER로 이루어진 철학 분야에서 CHAPTER 1은 인간형 로봇의 유용성, 반려성을 소개하고 이것들이 잘 유지되기 위한 기제로 철학적인 '인간 자화상'의 프레임을 오귀스트 콩트의 의식발달 3단계에서 빌린다. 그리고 로봇과의 평화로운 공존을 위해 콩트의 제2단계를 변형시키는 토대를 라이프니츠와 메를로퐁티의 철학에서 찾는다. CHAPTER 2와 CHAPTER 3은 SF영화에 대한 스크린 비평을 통해 휴머노이드 로봇(인간형 로봇)에서 로보 사피엔스로의 진화를 철학적 파노라마로 펼친다. 우선, 인간의 아바타로서 지능적이고 물리적인 도움을 주는 인간형 로봇을 '휴머노이드'라 부르겠다. 그리고 영화이미지에서 보듯, 인간이 프로그래밍 했으나 서서히 인간으로부터 독립하여 자율적 정체성을 획득하는 로봇을 '로보 사피엔스'라 부르기로 한다. 후자는 호모 사피엔스 사피엔스로부터 차세대 바통을 넘겨받을 수도 있다고 보면 된다. CHAPTER 1은 이상의 로봇에 대해 철학적 토대를 설명한 것으로 다소 난해할 수도 있으니 독자에 따라서는 CHAPTER 2 및 CHAPTER 3의 시네마 스토리텔링으로 바로 가는 것도 나쁘지 않으리라 본다.

로봇은 인간의 지각확장을 위한 도구의 발전과정에서 출현한다. 단편적 기능의 도구들은 알파벳 문자시대를 지나며 마침내 듬직한 기계가 되어 생활의 유용성을 가져왔을 뿐 아니라 부단히 발전하면서 인간 정신의 로드맵을 외주한 듯한 가장 효율적 기계 곧 로봇이 된다. 인간의 삶을 편리하고 윤택하게 해준다는 점에서 인류가 개발한 기계 중에서 가장 유능한 버전이 로봇이다. 이 로봇은 인간형 로봇인 휴머노이드로 활약하면서 인간에게 편리함을 주는 동시에 인간을 위로하고 정서교감을 하는 감성로봇도 된다. 이 휴머노이드는 마침내 스스로 학습을 심화하여 지능과 운신에서 인간을 초월할 로보 사피엔스로 진화될 가능성이 엿보이기 시작한 것이다. 이러한 블루 판타지를 해결하기 위해서는 인간의 자화상을 재확인하고 철학적으로 재편할 수밖에 없다. 즉, 이런 프로젝트를 위해 콩트의 제2단계 인간을 이성과 감성이 통일된 온전한 존재로 만들어야 한다. 인간이 의식과 신체의 통일체가 될 때 비로소 정신적 차원 및 물질적 차원과의 소통이 원만하게 되리라 본다. 그런 철학적 통일의 공헌을 우리는 라이프니츠와 메를로퐁티에게 돌리고자 한다.

인간의식의 발달을 오귀스트 콩트의 3단계를 통해 확인한다. 실증주의 철학자 오귀스트 콩트에 따르면, 인간은 신학적 시대보다 형이상학적 시대에 그리고 형이상학적 시대보다는 실증적 시대에 보다 합리적인 의식을 소유했다고 한다. 물론 이 3단계는 여전히 '각기 진행' 중이기도 하고 '크로스오버'로 전개되기도 한다. 콩트의 인간 이해를 따르면 인간은 종교의 시대에는 신에게, 과학의 시대에는 기술에게 자신의 정신적 토대를 외주하였으며 철학의 시대에는 인간이 추상적 사고를 하기는 했으나 자연 배후의 형이상학적 실체(이념)에게 그 토대를 외주하였던 것이다. 그래서 이제 콩트의 실증철학이 내세운 인간정신의 3단계 발전을 우리가 주체적으로 재구성해 볼 필요가 있다. 제2단계인 형이상학적 시기에는 이성으로서 인간을 유지하되 자연 배후의 존재원리인 실체나 본질은 제거해야 한다. 제대로 된 이성이야말로 종교와 과학에게 정신을 외주하는 인간을 구원할 수 있기 때문이다. 그러나 그 이성적 존재로서 인간은 정신성을 강조하는 신학의 시대와 물질성을 강조하는 과학의 시대를 조율하기 위해 자신을 의식과 신체라는 이원론적 존재로 만들어서는 아니 된다. 다시 말해 인간 자신이 정신과 의식의 통일체인 신체적 주체나 육화된 의식으로 재규정되어야 한다.

이러한 사상을 제대로 토론한 서양철학사의 두 사람을 소개하는 것이 CHAPTER 1의 후반부이다. 즉, 라이프니츠와 메를로퐁티와 같이 정신과 자연 사이를 연속시키는 철학자를 통해서만이 우리는 기술발전이 인류에게 가져온 인공지능의 "기계적 사유"를 두려워하지 않게 되고 또 거부할 필요도 없게 된다. 두 철학자의 사상은 정신과 자연의 연속성, 의식과 신체의 통일성을 지향하는 '존재학'으로서, 인간의 사고와 행위 곧 지각의 차원을 부단히 확장시켜주면서 다양한 경험을 제공하는 기계적 사고와 이질적이지 않다. 이는 새로운 차원의 유물론이고 로봇공학 시대에 필요한 '질료주의' 철학이라 하겠다. 그리고 시대의 흐름상, 콩트의 제3단계인 실증적 시대의 "기계적 사유"는 포스트 디지털 환경과 더불어 나노기술과 생명공학 그리고 로보틱스의 융합연구로 시너지 효과를 내면서 인류문명의 발전에 기여할 것이다. 물론 위기 윤리학이 예민하게 고개를 들고 있는 것도 사실이다. 하지만 인간이 기계문명의 이점을 잘 이용하면서 그 첨단인 로봇인간의 등장에도 의연히 대처하려면 콩트의 제2단계인 형이상학 주체(영혼과 육체의 분리)의 시대를 '확장된 이성' 주체(이성과 감성이 미분화된 인간)의 시대로 전환하여야 할 것이다.

CHAPTER 2와 CHAPTER 3에서는 영화 "바이센테니얼 맨"과 "엑스 마키나"에 대한 철학적인 비평을 함으로써 독자의 시각을 새롭게 조정하고자 한다. 두 작품은 아시모프의 로봇 3원칙이 어떻게 달리 펼쳐지는지를 보여 준다. 우선 "바이센테니얼 맨"은 SF작가 아시모프의 로봇 3원칙이 지켜지면서 인간에게 우호적인, 아니 인간보다 더 인간에게 우호적인 로봇인간의 휴머니티가 연출된다고 하겠다. 이 전위적 휴머노이드가 인간으로 법적인 인정을 받기까지 200년이 걸리는 것이다. 인간을 사랑하고 인간과 소통하고파하는 로봇의 진화과정을 통해 고전적 존재론과 연속성의 철학이 대조적으로 설명된다. "엑스 마키나" 역시 아시모프의 로봇 3원칙이 잘 지켜질 수 있을 개연성이 있었지만, 그를 제조한 인간의 학대와 무시로 주인공 로보 사피엔스는 비극적 살인을 하고 인간사회로 탈출하게 된다. 이 두 영화는 제4차 산업혁명 시대를 맞아 인간의 주체성의 문제와 그 존재론적 위상이 시험대에 올랐다는 문제의식을 던져준 것이라 본다.

인공지능의 발전과 법률적 탐구

인공지능이 갖는 특징으로서 기술적 특이점을 들 수 있다. 스티븐 호킹 박사는 강한 인공지능의 출현을 경고한 바 있다. 그는 기술적 특이점에 대하여, "완전한 인공지능을 개발하면 그것은 인류의 종말을 의미하는지도 모른다. 인공지능이 자신의 의지를 가지고 자립하고, 천천히 진화할 수밖에 없는 인간에게는 승산은 없다. 언젠가는 인공지능으로 대체될 것이다."라고 하면서 우려를 표명한 바 있다. 또한 미래학자인 레이 커스와일Ray Jurzweil은 인공지능이 자신보다 똑똑한 인공지능, 즉 강한 인공지능을 만들어 내는 시점을 2045년으로 예측한 바 있다. 인공지능개발은 인간의 지능을 컴퓨터 상에서 재현하는 것을 목표로 하는데, 그것이 완성되면 인류의 지능을 능가하는 인공지능이 출현할 것이라고 주장한 바 있다. 대부분의 과학자들은 빠르면 50년 이내에 늦어도 100년 이내에는 강한 인공지능이 등장할 것으로 내다보고 있다. 인공지능은 일반성, 방대성 등 지식의 특성뿐만 아니라 일반소프트웨어 시스템과 달리 추론기능 등의 특성을 가지고 있다. 이러한 인공지능은 단독으로 또는 다양한 분야와 융합하여 인간이 할 수 있는 업무를 대체하거나 높은 효율성을 가져올 것으로 기대되고 있다.

인공지능과 관련된 법률분야는 크게 세 가지 영역에서 설명하고 있다. 여기서 주로 다루게 되는 법적 문제는 지식재산권 부분으로 특허권과 저작권 문제이다. 특허권과 저작권의 권리주체는 자연인이 해당되고 예외적으로 법인이 될 수도 있다. 그러나 이러한 인人이 아닌 인공지능에게도 권리의 주체를 인정할 수 있는지 의문이 발생한다.

실정법상 인공지능은 권리주체가 될 수 없지만, 입법의 흠결로 보고 인공지능에게 권리능력을 인정할 수 있을 것인가에 대한 해답을 찾아보고 있다.

CHAPTER 2는 자율주행 자동차의 법적 문제이다. 자율주행 자동차의 운행단계는 여러 단계로 구분되고 있다. 중요한 점은 사람이 주행을 하지 않고 알고리즘에 의하여 운전을 하게 되는 단계에서의 사고발생 가능성이다. 이 경우 자동차에 탑승한 자는 운전을 하는 운전자가 아니라 단순한 탑승자에 해당하게 되는데, 사고발생 시 이 사람에게 책임을 부담하게 하는 것은 타당하지 않다고 하겠다. 그렇다면 자동차를 만든 제조사가 책임을 부담해야 할까, 아니면 알고리즘을 제공한 회사에게 책임을 물어야 할까? 자동차 하드웨어와 알고리즘을 함께 만든 제조사라고 하면 이에 대한 책임을 부담해야 한다. 이제 제조사는 제조물책임법에 따라 책임을 부담하는 것이 합리적인 것이라 생각할 수 있지만, 알고리즘이 제조물에 해당되지 않기 때문에 제조물책임법의 적용을 받지 않고 일반법인 민법의 적용을 받게 되고, 이 경우 피해자의 보호에 부족함이 발생할 수 있어 이에 대한 대책 마련이 요구될 것이다. 제조물책임법과 관련하여 눈여겨보아야 할 사항은 보험법적인 영역이다. 제조사가 부담하는 책임을 일정한 보험료를 지급하면서 사고 발생 시 피해자를 보호하는 제조물책임보험을 다루는 것은 의미가 있다고 하겠다. 더 나아가 새로운 보험 상품의 제공 필요성도 생각해 보아야 할 것이다.

CHAPTER 3은 인공지능 로봇에 관한 사항이다. 로봇을 이해함에 있어서 간과하지 말아야 할 사항이 인간과 유사한 행동과 감정을 지닐 수 있다는 점이다. 이에 따라 발생하는 문제가 바로 로봇의 권리주체 인정 여부이다. 우리나라 실정법은 자연인과 법인만이 법인격을 가지고 있으며, 이에 따라 이 양자를 권리주체로서 인정한다. 본 장에서는 로봇에게도 또 다른 인격체임 인정에 대한 논의가 전개된다. 로봇의 권리주체,

이른바 로봇인간을 상정할 때, 인간은 아니지만 인간과 유사하게 보호받을 수 있는 권리자로서 동물을 인정할 수 있는가의 물음에 직면하게 된다. 물건이 아닌 하나의 생명체로서 동물에게 일정한 지위를 인정하고자 하는 시도는 이미 독일에서 나타났다. 자연인, 법인, 동물, 여기에다가 로봇에게 일정한 권리를 주어야 하는 물음에 대하여 유럽연합의 반응이 빠르게 진행되고 있다. 주요국의 논의를 전개하면서 우리나라가 얻을 수 있는 시사점을 찾아내는 것은 의미 있는 작업이라 할 것이다.

CHAPTER 4는 앞에서 설명한 각장의 내용을 요약하면서, 본문에서 말하지 못한 사항에 대해 추가하거나 부연 설명을 하고 있다.

PART 1

인공지능과
4차 산업혁명

CHAPTER : 1

인공지능의 역사

인공지능 정의 / 인공지능의 역사 /
약한 vs 강한 인공지능 논의

2016년 3월 인공지능 알파고AlphaGo가 세계 최고 바둑 프로기사 이세돌에게 도전장을 내밀었다. 많은 사람들의 예상과 달리 이 역사적인 대결에서 인공지능 알파고가 압도적인 승리를 거둠으로써 세상 사람들을 깜짝 놀라게 했다. 이후에도 알파고는 성능을 개선시켜 중국의 커제 9단 등 세계적인 바둑 고수들을 연달아 격파한 것으로 알려졌다. 인간의 가장 고차원적 두뇌 활동이라고 여겨졌던 바둑 대결에서 인간에게 패배를 안긴 알파고의 등장은 우리에게 인공지능 시대의 개막을 알렸다. 이제부터 인공지능의 정의에서 시작하여 지난 70여 년간 인공지능이 이룩한 발자취를 돌아보면서 인공지능에 대해 조망해 보자.

인공지능 정의

인공지능은 여러 학문이 학제 간으로 융합된 학문 분야이다. 수학, 통계학, 컴퓨터 과학을 중심으로 신경과학, 심리학, 철학, 경제학 등의 학문과 광범위하게 연계되어 있다. 지난 이천 년 이상 철학은 사람이 어떻게 인지하고, 배우고, 추론하는지에 대해 탐구해 왔다. 수학은 인공지능의 가장 기반이 되는 학문 분야이다. 특히 대수, 기하, 논리, 확률 및 통계 분야들이 인공지능의 발전 과정에서 제안된 아이디어들에 탄탄한 수학적 토대를 제공함으로써 인공지능이 앞으로 발전해 나가는 데 중요한 기여를 하였다. 심리학은 인간과 동물이 어떻게 정보를 인지하고 반응하는지에 대한 원리를 규명하는 데 역할을 하였고, 컴퓨터 과학은 이러한 연구 결과들을 종합하여 실제로 동작하는 소프트웨어를 구현함으로써 인공지능을 완성시키는 데 중추적인 역할을 수행하였다.

먼저 인공지능에 대한 닐슨Nils J. Nilsson의 정의부터 살펴보자. 닐슨은 "인공지능은 기계에 지능을 부여하려는 활동"[1]이라고 정의한다. 여기서 인공지능은 이미 완성된 어떤 것이 아니라 우리가 만들어가고 있는 어떤 것이고, 동시에 그것을 만들어가고 있는 우리의 활동이라는 점, 또 이 활동이 현재진행형이라는 점을 표현하고 있다. 그는 또 지능이 무엇이냐에 대해 "그것을 가진 대상이 적절하게 환경에 적합하도록 앞을 내다보며 향후 일어날 일에 대한 전망을 통해 동작할 수 있게 만드는 것"이라고 말하고 있다.

이와 같은 인공지능의 정의에 대해 또 다른 견해가 제시되어 있다. 그중에서 스튜어트 러셀이 인공지능을 다음의 네 영역으로 제시한 것을 알아보자[2].

- 인간처럼 생각하는 시스템
- 인간처럼 행동하는 시스템
- 이성적으로 생각하는 시스템
- 이성적으로 행동하는 시스템

이러한 구분에서 핵심적인 기준을 뽑아 본다면, '인간처럼', '생각하는', '행동하는' 그리고 '이성적으로'가 될 것이다.

여기서 '인간처럼'은 말 그대로 연구대상이 사람으로 사람을 완벽하게 모방할 수 있다면 최고의 성과가 될 것이다. '이성적으로'는 다분히 철학적인 측면을 보여 준다. '생각하는' 접근법은 인지, 추론처럼 '생각'의 과정이 원천적으로 어떻게 작동하는지를 탐구하기 때문에 논리학과 심리학, 인지과학이 중심이 된다. 사람처럼 생각하는 인공지능은 사람이 어떻게 생각하고 판정하는지에 대한 과정을 이해하여야 한다. 이를 위해 인간의 마음mind 내부에 접근할 수 있어야 한다. 이러한 연구의 두 가지 방법은 자기 관찰introspection과 심리학 실험이다. 자기 관찰은 연구자가 스스로의 사고를 파악하는 방법을 사용할 수도 있고, 실제 인간을 대상으로 하는 심리학 실험을 사용할 수도 있고, 뇌 영상 촬영을 통해 실제 뇌를 관찰할 수도 있다. 본래 사람이나 동물의 실험적 조사를 기반으로 하는 인지 과학은 인간의 마음에 대해 더욱 정확하고 실험 가능한 이론을 추구하는 것으로 보인다. 어떠한 방법이든 이러한 연구를 통해 마음에 대해 충분히 정밀한 이론을 갖추게 된다면 인공지능 연구는 한 단계 더 도약하게 될 것이다.

여기에서 가장 직관적인 접근법이 '행동하는'이라고 할 수 있다. 컴퓨터로 구현하고자 하는 시스템이 관찰 가능한 행동에서 비롯되기 때문이다. 이렇게 '행동하는' 방식으로 접근한 시도가 튜링 검사Turing Test [3]라 할 수 있다. 컴퓨터가 사람의 행동을 얼마나 모방할 수 있는지를 통해 인공지능의 정의를 시도한다. 사람이 이해하고 추론하고 표현하는 '행동'을 어떻게든 컴퓨터가 모방하는 것이 '행동하는' 인공지능을 구현하는 방법이다. 따라서 현재까지 주로 연구되는 인공지능 분야는 '인간처럼 행동하는 시스템'에 주력하고 있다. 예를 들어, 자동 추론, 지식 표현, 자연 언어 처리, 기계학습, 컴퓨터 비전, 로보틱스, 자율주행 등이 이러한 범주에 속한다.

인공지능의 역사

인공지능의 태동

　초창기 인공지능 연구는 세 가지로 나눠볼 수 있다. 하나는 심리학과 뇌 신경세포의 기능에 대한 지식이고, 다른 하나는 명제 논리에 대한 형식 분석이고, 마지막 하나가 기계 계산에 대한 튜링의 이론이라고 할 수 있다[4]. 매컬럭과 피치는 뇌 신경세포들이 서로 연결된 회로망으로 임의의 계산 가능한 함수를 계산할 수 있으며, 모든 논리 연산을 간단한 망 구조로 구현할 수 있음을 보였다[5]. 이들은 적절히 정의된 회로망은 학습도 가능할 것이라고 제안했다. 또한 헵은 현재 헵 학습Hebbian learning이라 부르는 뇌 신경세포들 간 연결 강도를 수정하는 간단한 갱신 규칙을 시연한 바 있다[6].

　1936년 영국의 수학자 튜링은 가상의 기계를 정의하고, 가상의 기계가 저장공간에 저장된 기호들을 읽어 스스로 처리하고, 다른 상태로 전이가 가능하도록 만든다면, 어떠한 연산이든지 스스로 처리 가능하다는 것을 이론적으로 증명하였고 우리는 이러한 기계를 튜링 기계[7]라 부른다. 기계에 의한 계산 원리를 제시한 튜링 기계 개념은 이후 폰 노이만 등에 의해 프로그램 저장방식으로 특징지워진 '폰 노이만 구조'로 이어졌고, 현대 컴퓨터의 동작 원리를 확립하는 데 기여하였다. 폰 노이만 구조는 EDSAC이라는 최초의 현대적 컴퓨터 중 하나에 실현되어 현재까지 이어지고 있다.

　사람의 '지적 능력'과 연관된 능력을 이해하고, 이를 기계에 부여하려는 모든 시도를 인공지능이라 말할 수 있다. 그런데 인간의 지능을 어떻게 바라볼 것인가에 대한 생각의 차이가 철학적, 기술적 차이를 만들어 낸다. 1950년대 컴퓨터 발명에 고무되었던 당시 사람들에게 "사람의 지능적 활동을 대신할 수 있는 기계"라는 것은 멀지 않은 미래에 실현 가능한 개념으로 여겨졌다. 이러한 새로운 경험은 사람 두뇌의 기능과 역할, 동작 원리 등을 진지하게 탐구하는 계기가 되었을 뿐만 아니라, 사람의 두뇌가 하는 것들을 '기계적 계산 과정'을 통해 설명할 수 있을 것이라는 생각이 큰 희망 속에 태동하였다. 이러한 것들을 인공지능artificial intelligence의 시작이라고 할 수 있다[8].

기호주의 인공지능

기호주의 인공지능symbolic AI에서는 인간 지능을 기호symbol를 다루는 활동으로 이해한다. 수학자가 수식을 다른 수식으로 변형하면서 방정식을 풀어가는 것처럼 인간지능을 이해한다. 기호주의 인공지능은 아무 것도 없는 상태에서는 학습을 시작할 수 없다고 생각하므로, 전문가들의 지식을 미리 체계적으로 구축하는 작업을 시작한다. 이렇게 미리 체계적으로 구축해 놓은 전문가 지식으로부터 새로 제기되는 문제들을 해결하고자 한다. 문제를 해결하기 위해서는 인간의 지식을 정의하는 기호와 기호들 간 추론 규칙이 정의되어야 하므로, 초기 인공지능 연구는 기호화 및 추론에 많은 노력을 경주하였다.

규칙rule은 'IF 조건부'와 'THEN 결론부' 형태의 문장으로 지식을 표현하는 방법을 말한다. 여기서 IF 조건부가 만족되었을 때, THEN 결론부에 취할 행동을 기술한다. 규칙을 가지고 지식을 표현해 보면,

IF 녹색 신호등이 켜져 있다, THEN 길을 건넌다
IF 두통이 생긴다, THEN 아스피린을 먹는다

규칙기반 시스템rule-based system은 문제 영역에 대한 지식을 규칙으로 나타내고, 규칙의 가정에 해당하는 조건부를 사실과 비교하여 일치할 경우, 결론부를 실행한다. 규칙의 결론부는 입출력이나 프로그램 제어를 위해 사용될 수도 있고, 새로운 사실을 지

식베이스에 추가하거나 지식베이스에 존재하는 사실을 변경할 수도 있다[9].

　기호주의 인공지능의 결과에 고무되어 1980년대 상업용 전문가 시스템이 산업계에 본격적으로 도입되기 시작한다. 전문가 시스템expert system이란 특정 분야의 전문가가 보유한 지식과 경험을 컴퓨터에 구축하여 비전문가들도 전문가 수준으로 업무처리가 가능한 소프트웨어를 의미한다. 이 당시 의학 진단 분야에서 상용화 시도가 활발하게 이루어졌다. 전문가 시스템 MYCIN[10]은 혈액 감염을 진단하기 위해 450가지 규칙을 사용하여 어느 정도 경력이 쌓인 의사만큼 훌륭한 진단을 내리곤 하였다. 또한 화학회사인 듀퐁은 100여 개 분야에 전문가 시스템을 도입하여 생산성을 크게 높이고자 시도하였고, 산업계 대부분의 기업들도 듀퐁을 따라 전문가 시스템을 운용하고자 하였다[11].

　기호주의 인공지능은 "실세계의 사물과 사상을 어떻게 기호로 표현할 것인가"에 대한 물음과 이와 같이 표현된 "기호들과 규칙을 활용해 어떻게 추론할 수 있을 것인가"에 대한 문제에 도전한 것이었다. 전자에 대한 대표적인 접근 방식이 온톨로지와 같은 지식 표현 체계들이며, 후자에 대한 접근이 1차 논리학first-order logic과 같은 추론 기법들이다.

　프로그래밍과의 유사성, 사람이 작성하고 읽을 수 있는 형태라는 긍정적 특징으로 인해 규칙기반 인공지능은 1950년대부터 1980년대까지 왕성하게 연구되었다. 공학, 지질학, 채광 등의 분야에서 성공한 사례도 제시되곤 하였다. 그렇지만 전문가의 지식을 표현한다 할지라도 지식 표현을 벗어나는 사례가 수시로 나타나곤 했으며, 새로운 상황이 생길 때마다 사람이 일일이 규칙을 입력해 주는 것도 매우 힘든 일이라는 사실을 깨닫게 되었다. 이렇게 상용화 수준에 미달하는 성능과 범용성 부족으로 인하여 규칙기반 인공지능은 쇠락하게 되고, 연결주의를 통한 인공지능이 등장하게 된다.

연결주의 인공지능

연결주의connectionism 연구자들은 인간의 지능 활동을 기호화하거나 기호 조작만으로는 충분하지 않다고 기호주의 인공지능을 비판한다. 연결주의자들에게 학습은 두뇌가 하는 활동이므로, 두뇌를 이해하는 것에서 출발해야 한다고 주장한다. 이리하여 신경과학 분야에서 성취한 두뇌를 이루고 있는 뇌 신경세포와 신경세포 간 연결에 주목한다.

기호주의와 연결주의 인공지능은 사물의 표현방식 측면에서도 큰 차이가 있다. '책'이라는 사물을 기술할 때 기호주의 방식은 책을 기호사전 중 하나와 연관지어 간주한다. 반면, 연결주의에서 책은 다른 사물들과 따로 분리하여 생각할 수 없으며 다른 사물들과 연관되어 있는 것으로 바라본다. 즉, 책이라는 개념은 제목, 저자, 영화, 컴퓨터 파일, 웹페이지 등 관련 정보와 밀접하게 연결된 정도에 의해 표현된다.

1958년에 로젠블라트Rosenblatt가 인간의 뇌 신경세포를 모방한 퍼셉트론perceptron [12]을 최초로 제작하여 시연을 보이면서 전 세계의 주목을 받았다. 이후 일반적인 문제에 적용 가능한 형태로 발전된 다층 퍼셉트론multilayer perceptron [13]으로 발전되었고, 뒤이어 퍼셉트론의 학습 알고리즘을 개선한 Adaline과 Madaline이 발표되면서, 1960년대에는 인공신경망으로 모든 문제를 해결할 수 있는 것처럼 받아들여져 사회의 많은 관심을 받았다.

하지만 1969년 퍼셉트론의 한계를 수학적으로 입증한 민스키Minsky가, 퍼셉트론은 선형 분류기에 불과하여 XOReXclusive OR 분류도 못한다는 것을 증명하면서 한동안 인공신경망 연구는 퇴조의 길을 걷는다[14]. 이후 1986년 럼멜하트 등이 은닉층을 가진 다층 퍼셉트론과 오류 역전파backpropagation 알고리즘을 발표하였고[15], 다층 퍼셉트론이 필기 숫자 인식과 같은 분류 문제를 해결할 수 있음을 입증하였다. 이리하여 1980년대 이후 인공신경망 기반의 연구와 상용화가 꾸준히 시도되었고, 분류를 포함하여 문제

해결에 널리 사용되었다.

그러나, 1990년대 후반에 이르러 다시 연결주의 인공지능은 주요한 진전을 이루지 못하고 다시 사양길에 들어선다. 당시 인공신경망이 실패한 주요 이유는 계산 복잡도와 데이터 부족을 들 수 있다. 인공신경망의 깊이가 깊어질수록, 차원수가 높아질수록 인공신경망의 성능이 향상된다는 것은 이론적으로 증명되었으나, 당시 컴퓨터의 계산능력으로는 복잡한 구조의 신경망을 충분히 학습시킬 수 없었고, 상용 수준으로 학습시킬 만큼 충분한 데이터를 확보하기도 어려웠다. 이렇게 인공신경망에 기반한 인공지능이 한계에 봉착함에 따라 어렵사리 사람의 지능을 모사하는 것보다는, 인공지능이 접목되면 좋을 것 같은 실제 문제 그 자체의 특성을 잘 파악하여 해결하는 것이 더 효과적일 것이라는 생각이 부상한다.

기계학습

이 시기에 인공지능은 데이터를 중심으로 하는 기계학습Machine Learning 방식에 집중하는 흐름이 주류를 형성한다. 인식할 대상을 컴퓨터에게 일일이 설명하는 이전의 접근 방식 대신에, 데이터 수집을 중요시한다. 숫자나 이미지 등을 인식하고자 한다면 해당 데이터들을 수집한 다음, 기계학습 알고리즘에게 입력으로 제공한다. 그러면 알고리즘이 이들의 패턴을 학습하여 결과를 제공해 준다.

이러한 접근방식을 통계 기반 인공지능[16]이라고도 한다. 인간 지능과 두뇌에 대한 고찰이 아닌 인공지능이 풀고자 하는 '문제 자체'를 통계적으로 어떻게 풀어 낼 것인가에 대해 집중하는 방식이다. '올해 집을 팔아야 하나 말아야 하나?'라는 문제에 대해, 통계 기반 인공지능은 과거의 모든 집 매매 데이터들을 수치화하여 통계적으로 매매의 흐름을 파악하고, 팔게 되면 얼마의 이득과 손해가 될지 결정하는 수학 문제로 대체한다. 이러한 방식에서는 사람의 두뇌나 학습방식에 대한 고민은 필요 없고, 데이터가 준비된 '문제' 자체를 통계적으로 모델링하면 되는 것이다.

　주어진 문제의 특성과, 데이터에 따라 기계학습의 구성요소들이 어떻게 조합되느냐에 따라 성능이 결정된다. 2000년대 음성인식, 영상처리, 자연어처리 분야 등에서 많은 상용화가 이루어지는 성과가 이어졌다[17]. 지지 벡터 기계support vector machine를 필두로 지도학습의 분류 모델, 비지도학습 등이 이러한 성공을 주도하였다.

　그렇지만, 통계를 기반으로 한 기계학습도 몇 가지 측면에서 한계를 드러내었다. 특징 설계를 직접 사람이 해야 하기 때문에 특징 설계의 수준이 전체 성능을 좌우하게 되며, 한 문제의 해법을 다른 문제에 적용하는 데 어려움이 있다. 또한 이렇게 찾아낸 특징과 최적화 조합을 다른 영역의 문제에 적용할 수 있다는 보장이 없으므로, 새로운 문제를 풀고자 하면 기존에 해왔던 과정을 다시 반복해야 하는 문제가 있었다.

심층학습의 부활

　인공신경망이 쇠퇴하였다가 다시 부상한 사건이 2012년 이미지넷ImageNet 대회에서 일어났다. 당시까지 이미지 인식과 관련한 세계 최고 기술들은 25% 이상의 오류율을 기록하고 있었다. 그런데 토론토 대학의 제프리 힌튼Jeffrey Hinton 교수 팀이 알렉스넷AlexNet이라는 심층신경망deep neural network을 이용하여, 15.31%라는 오류율을 달성함으로써 이 분야의 연구자들을 깜짝 놀라게 하였다[18]. 이 사건은 이후 인공신경망이 다시 활발하게 연구되는 계기가 되었다.

　심층학습deep learning이란 심층신경망에서 이루어지는 학습을 강조한 용어[19]이다. 2000년대 초반부터 최근까지 현대 사회는 인터넷과 유무선 통신망, 다양한 모바일 기기 등의 발전으로 수많은 연결이 이루어졌고, 그에 따라 대량의 데이터 확보가 가능해졌다. 충분한 양의 데이터, 이를 처리할 정도의 컴퓨터 처리 능력의 발전, 그리고 인공신경망 이론의 발전은, 한때 이론적으로는 훌륭했으나 시대를 앞서 나갔던 인공신경망의 부활을 불러왔다.

심층신경망에서 학습이란, 학습 데이터의 출력값을 기준으로 입력 가중치들의 오류를 미세조정하면서 스스로 학습 능력을 증대시키는 과정을 뜻한다. 즉, 인간이 미리 정한 모델에 의존하지 않고, 모델이 데이터를 가지고 수행하는 학습 과정을 통해 스스로 진화하는 것이다. 목표를 설정하고 수집해둔 사례들을 컴퓨터에 제공하면, 컴퓨터가 학습과정을 통해 스스로 심층신경망 내 가중치를 발견해 간다. 알파고를 예를 들어보면, 알파고는 과거 바둑 기보를 학습하는 과정에서 스스로 바둑 전략을 발견하고, 마치 바둑기사의 직관을 가진 것처럼 바둑 전략을 실행할 수 있게 되었다.

학습: 파블로프 조건화

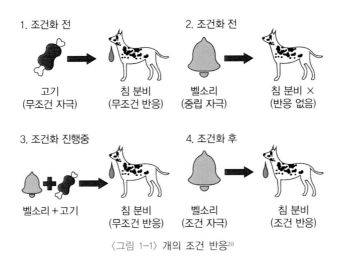

1. 조건화 전
고기
(무조건 자극)
침 분비
(무조건 반응)

2. 조건화 전
벨소리
(중립 자극)
침 분비 ×
(반응 없음)

3. 조건화 진행중
벨소리 + 고기
침 분비
(무조건 반응)

4. 조건화 후
벨소리
(조건 자극)
침 분비
(조건 반응)

〈그림 1-1〉 개의 조건 반응[20]

러시아의 이안 파블로프는 개를 이용한 실험을 통해서 동물들에게 발견되는 보편적이고 중요한 학습 방법 '고전적 조건화'를 발견했고, 이 고전적 조건화를 파블로브 조건화라고도 한다. 파블로프의 조건화가 일어나기 위해서는 몇 가지 조건을 갖추어야 한다. 우선 개가 음식 냄새를 맡았을 때 침을 흘리는 것과 같이, 적절한 자극이 주어지면 아무런 학습 없이도 반사적으로 나타나는 행동이 있어야 한다. 이러한 행동을 무조건 반응(unconditioned response)이라 하고, 이러한 무조건 반응을 유발하는 음식 냄새와 같은 자극을 무조건 자극(unconditioned stimulus)이라 한다. 무조건 자극이 주어지는 상황에서는 그와 연관된 무조건 반응이 학습없이 일어난다.

파블로프 조건화가 일어나기 위한 두 번째 조건은, 무조건 자극이 제시되기 전 그와 무관한 중성적 자극이 반복적으로 제시되어야 한다. 파블로프 실험에서 중성 자극으로 종소리를 사용한 것은 유명한 이야기이다. 종소리가 울리고 난 후 먹이가 나오는 것을 반복해서 경험한 개들은 나중에 중성 자극이 제시되기만 해도 침을 흘리기 시작한다. 이렇게 중성 자극이 주어졌을 때 학습의 결과로 유발되는 반응을 조건 반응(conditioned response)이라 하고, 학습을 통해 조건 반응을 유발하는 자극을 조건 자극(conditioned stimulus)이라고 한다.

파블로프 실험에서 음식이 나올 것이라고 알려주는 종소리를 듣고, 개가 나타내는 조건 반응은 실제로 직접 음식이 주어졌을 때 나타나는 무조건 반응인 침을 분비한다. 이러한 학습을 경험한 개들은 이후 종소리를 듣게 되었을 때, 앞발을 내민다든지 자리에 앉는 것과 같은 행동을 하는 것이 아니고 침을 분비하는 행동을 한다.[21, 22]

전망

이러한 인공지능의 발전은 인공지능을 ICT Information & Communication Technology 핵심기술로 재부상하게 하였다. 과거 미흡한 컴퓨팅 역량으로 인해 이론적 수준에 머물던 것에서 벗어나 컴퓨팅 역량이 충분해지면서 인공지능의 학습역량이 비약적으로 발전한 것이다. 이러한 인공지능의 주요 하위 영역으로는 언어지능, 시각지능, 학습지능, 뇌인지 컴퓨팅 등을 들 수 있다. 이세돌과 대국 이후 학습지능에 대한 사회의 관심이 급증하고 있다.

언어지능은 인간의 말과 글을 사람처럼 이해하고 수행하기 위한 자연어 이해 및 지식화 처리 기술을 뜻하며, 시각지능은 인간이 눈으로 들어오는 영상의 의미를 파악하듯 영상의 상황을 이해하고 예측하는 기술을 말한다. 학습지능은 인간이 새로운 지식을 습득, 축적, 유추하는 능력처럼 컴퓨터가 학습, 추론, 최적화를 수행하는 기술을 뜻하며, 뇌인지 컴퓨팅은 인간 두뇌의 생물학적 특징에 대한 모델링을 통해 인간의 사고

체계에 접근하고자 하는 영역이다.

인간이 물건을 식별하고 계산 능력을 갖출 수 있었던 것은 경험과 그로 인한 학습 때문이라고 말할 수 있다. 마찬가지로 인공지능 역시 관련 데이터가 입력되어야만 인간과 같은 능력을 발휘할 수 있다. 결국 인공지능이 존재하기 위해서는 미리 데이터를 입력하여야 한다. 이세돌 9단과 바둑을 둔 알파고가 16만 개의 기보를 통해 학습한 것은 바로 이러한 원리이다.

여기서 한 걸음 더 나아간 학습 방법이 강화학습[23]이다. 2017년 11월에 나온 알파고 '제로'가 대표적 예라 할 수 있다. 알파고 개발을 이끌었던 데미스 하사비스는 '제로'에 대해 "기존 알파고와 차원이 다른 인공지능"이라고 강조했다. 실제 '제로'는 이세돌 9단을 꺾었던 알파고 '리'와 대결에서 100전 100승을 거둔 것으로 알려졌다. 그러면 '제로'는 도대체 어떻게 동작하는 것일까? '리'는 프로 바둑기사들의 기보를 바탕으로 학습했지만 '제로'에게는 바둑 규칙만을 알려줬을 뿐이다. '제로'는 입력된 기보 없이 스스로 또 다른 '제로'와 바둑을 두면서 프로 바둑기사들의 기량을 능가하는 역량을 확보한 것이다. 독학한지 72시간이 지나 '제로'가 '리'를 손쉽게 이겼다고 한다[24]. '리'보다 인간에 훨씬 가까워진 것이다. 앞으로는 이러한 '제로'가 인공지능의 새로운 지평을 열어나갈 것으로 기대된다.

약한 vs 강한 인공지능 논의

우리가 SF 소설이나 영화를 통해 인공지능의 미래에 대한 많은 이야기를 접하곤 한다. SF 소설이나 영화에서 다루는 주제는 주로 '강한 인공지능strong AI'으로 여겨지는 영역을 다루고 있어 인공지능이 만들어가는 세상이 신기해 보이기도 하지만, 때로는 두려움과 공포로 다가오게 된다. 그렇다면 '약한 인공지능weak AI'과 강한 인공지능이란 무엇일까? 약한 인공지능은 기계가 지능적으로 행동할 수 있는가에 대해 던지는 질문이라 볼 수 있다. 철학자들은 기계가 마치 지능이 있는 것처럼 행동할 수 있다고 주장하는 것을 '약한 인공지능 가설'이라 하고, '기계가 실제로 사람처럼 생각한다'라는 주장은 '강한 인공지능 가설'이라고 정의한다[25].

튜링은 그의 유명한 논문 "Computing Machinery and Intelligence"에서 기계가 생각할 수 있는가를 묻지 말고, 기계가 행동주의적 지능검사를 통과할 수 있는지 물어보는 것으로 대체하자는 아이디어를 제시했다. 우리는 이를 튜링 검사[26]라 부른다. 이 검사에서 인공지능은 5분간 조사자와 대화를 나눈다. 조사자의 할 일은 대화 상대가 인공지능인지 사람인지 구별하는 것이다. 인공지능 연구자 대부분은 행동주의적 지능을 지향하는 약한 인공지능 가설을 받아들인다.

튜링이 정의한 지능적 기계에 대해 다양한 반론들이 있다. 철학자들은 기계가 튜링 검사를 통과한다고 하더라고 정말로 생각하는 것은 아니며, 단지 사고를 흉내내는 것에 불과하다고 주장한다. 이런 주장을 한 제퍼슨에 대해 튜링은 '의식consciousness'에 근거한 논점이라고 대응하였다. 즉, 기계는 반드시 자신의 정신 상태와 동작을 인식해야 한다는 논점이라고 받아들였다. 다시 말해서 기계도 반드시 사람처럼 실제 감정을 느꺼야 한다는 주장이라는 것이다. 또 의도성intentionality에 초점을 두고, 즉 기계의 의도 적인 믿음, 욕망, 기타 표현들이 실제 세계의 어떤 것들에 관한 것이냐 하는 반론들도 제기되었다.

이에 대해, 튜링은 이러한 반론들이 "기계는 생각할 수 있는가?"라는 질문만큼 분명치 않다는 입장을 유지했다. 일상생활에서 우리는 다른 사람들의 내부 정신 상태에 관해 그 어떠한 직접적 증거도 갖고 있지 않다. 그런데 "사람보다 더 높은 기준을 기계에 강요해야 할 이유가 무엇인가?"라고 반문하였다.

강한 인공지능을 관통하는 중요한 논쟁 중의 하나는 사람의 의식에 관한 것이다. 의식을 흔히 이해나 자기 인식과 같은 측면들로 분할해서 논의하는데, 주로 주관적 체험 측면에서 논의된다[27]. 튜링은 의식은 어려운 문제라고 인정하면서, 그것이 인공지능의 실행과 큰 관련이 있다는 주장은 거부하였다. 우리의 관심사는 지능적으로 행동하는 인공지능을 만드는 것이기 때문이다.

매카시, 민스키, 닐슨, 윈스톤 등 영향력 있는 초기 인공지능 개척자들은 근래 인공지능 연구가 취하고 있는 기계 학습적인 접근 방식에 불만을 표시해 왔다. 이들은 인공지능 연구는 초창기 인공지능 연구가 천명했던 방향으로 돌아가야 한다고 생각한다. 사이먼의 말을 빌려 말하면, '생각하고 배우고 창조하는 기계'에 대한 연구에 집중해야 한다고 주장한다. 그들은 이러한 인공지능을 '인간 수준 인공지능human-level artificial intelligence [28]'이라 부른다. 이와 관련된 다른 용어로는 '범용 인공지능artificial general intelligence [29]'이 있다. 솔로모노프에 뿌리를 둔 범용 인공지능은 임의의 환경에서 학습과 행동을 위한 보편적인 알고리즘을 추구한다. 이에 대한 주제는 이어지는 PART 2 인공지능과 철학의 판타지에서 깊이 있게 다룬다.

CHAPTER : 2

기계학습

정의 / 기계학습 유형 / 지도학습 / 비지도학습 /
강화학습 / 향후 전망

정의

기계학습machine learning이란 이런 경우에는 이렇게 하고 저런 경우에는 저렇게 동작하라고, 가능한 모든 경우를 프로그래머가 정의해 주지 않더라도, 데이터를 통해서 사람이 학습하는 것처럼 최적의 판단이나 예측을 가능하게 하는 방법론을 말한다. 기계학습이란 용어를 처음 제안한 Samuel[1]은 이를 아래와 같이 표현하였다.

> "Field of study that gives computers the ability to learn without being explicitly programmed"

다시 말하면, '명시적으로 프로그램하지 않고, 컴퓨터에게 학습하는 능력을 부여하는 연구 분야'라고 말할 수 있다.

가령 필기체를 인식하는 프로그램을 개발한다고 가정해 보자. 수많은 손글씨 영상에 대해 평균화 및 전처리 작업을 하더라도 사전에 모든 경우를 프로그램에 명시해준다는 것은 사실상 불가능하다. 이러한 경우 기계학습 개념이 유용하다. 사람이 의식적이든 무의식적이든 학습을 통해 인지하는 것을 배우듯이, 적절한 데이터를 통해 컴퓨터가 배울 수 있게 한다면, 컴퓨터는 사람의 직접적인 개입없이 손글씨를 인식하게 되는 것이다.

모든 가능한 입력에 대해 원하는 결과를 얻기 위해 컴퓨터에게 일일이 프로그램하기 보다는 컴퓨터에게 적절한 입력 - 출력 간 사례를 제공해 준 다음, 컴퓨터를 훈련시키는 것이 더 쉽다. 기계학습은 경험을 통해서 자신을 스스로 개선시키는 컴퓨터를 만들어 가는 방법론에 대한 분야라고 말할 수 있다. 지난 십여 년간 새로운 학습 알고리즘과 이론의 발견, 풍부한 데이터, 컴퓨터의 강력해진 계산 능력 등에 힘입어 기계학습 분야가 눈부신 발전을 이루었다.

대부분의 기계학습 모델은 수행할 과업을 함수 근사 문제로 간주한다. 그러면 학습 문제는 해당 함수에 대해 미리 알려진 입력 – 출력 쌍을 가지고 함수의 정확도를 향상시켜 가는 것이 목적이다. 어떤 경우에 함수는 명시적인 매개변수를 가진 함수 형태로 표현되기도 하지만, 다른 경우에는 암묵적으로 탐색 과정, 최적화, 시뮬레이션 과정을 통해 얻어진다.

기계학습 유형

    일상생활에서 찍은 사진이 무엇인지 식별하는 작업을 할 때, 찍은 사진에 대해 '개', '고양이'라고 결과값을 붙인 것을 표식label이라 한다. 인터넷상의 많은 데이터들은 있는 그대로 수집되는 경향이 있는데, 이는 사람이 데이터에 표식을 부가하는 작업에 많은 노력이 들기 때문이다. 이러한 경우 표식이 없는 상태 그대로 입력 데이터로 사용된다. 이렇게 입력 데이터에 표식이 붙어 있을 수도 있고 없을 수도 있는데, 표식의 부가 여부와 상관없이 이들을 모두 학습 또는 훈련 데이터training data라고 한다.

    학습 데이타에 표식label, 즉 출력값이 있는 경우와 없는 경우에 따라 기계학습을 지도학습supervised learning, 비지도학습unsupervised learning으로 구분한다. 표식은 사람이 사진을 보고 미리 알려준 것이기 때문에 컴퓨터 입장에서는 사람이 지도한 것이 된다. 반면에 입력 데이타에 출력값이 주어지지 않는다면 컴퓨터가 사람으로부터 지도받은 것이 없기 때문에 비지도학습이 된다. 이러한 지도 및 비지도학습 관점에서 기계학습을 나누어 보면 다음과 같다.

〈그림 2-1〉 기계학습 유형

:: 지도학습 또는 감독학습

출력값이 붙여진 입력 데이터를 가지고 학습하는 유형을 뜻한다. 예를 들어, 문서 분류라면 이 문서는 '정치 분야', 저 문서는 '스포츠 분야'라고 표식이 붙어 있고, 이미지 인식이라면 이 이미지는 '꽃', 저 이미지는 '고양이'라고 표식이 붙여진 데이터를 가지고 학습한다. 입력 데이터에 대해 출력값이 실수 범위를 갖는 형태를 예측모델이라 하고, 출력값이 몇 가지 부류로 나누어 지는 형태를 분류 모델이라 한다. 예측모델에는 회귀 분석이 대표적이고, 분류 모델에는 k-최근접 이웃k-nearest neighbors, 지지 벡터 기계support vector machine, 인공신경망, 의사결정 나무decision tree, 소박한 베이즈Naive Bayes 등이 있다.

:: 비지도학습 또는 비감독학습

출력값이 부가되지 않은 채로 입력 데이터가 주어졌을 때, 이루어지는 학습을 말한다. 이러한 경우에는 출력값이 없으므로, 순수하게 데이터가 지니고 있는 속성들을 기초로 일정한 규칙이나 유사성을 파악하는 것이 목적이다. 이러한 규칙이나 유사성 추출을 통해 데이터에 내재하는 구조를 파악하고자 한다. 예를 들어, 백화점의 구매 데이터로부터 50대이면서 평균 구매 횟수가 높은 그룹, 멀리 거주하지만 평균 구매 단가가 높은 그룹 등을 밝혀내는 것이 군집화의 한 예라고 할 수 있고, '축구공과 맥주를 함께 구매한 경우가 빈번하다'라는 규칙을 발견하는 것은 빈출 패턴의 예라 할 수 있다[2].

이처럼 입력 데이터 전체를 어떤 공통된 속성을 갖는 그룹으로 나누거나 자주 나타나는 양상을 포착하는 것이 이 학습의 주된 과업이다. 이렇게 공통된 속성을 갖는 그룹으로 나누는 작업을 군집화clustering라 하고, 이러한 학습 모델을 군집 모델clustering model이라 한다. k-평균means 군집, k-medoids, DBSCAN 등이 여기에 속한다.

:: 강화학습

강화학습의 경우에도 목표값을 주어 지도하는 형태를 취하는데, 목표값 형태가 지도학습과 많이 다르다. 장기를 예로 들어 보자. 장기에서는 두 사람이 번갈아 가면서 말을 두는데, 각각 한 번씩 장기를 두는 것을 행동action이라 한다. 강화학습에서는 장기 한 수를 둘 때마다 행동에 대해 보상reward한다. 장기두는 사람은 장기가 끝날 때까지 자신의 보상을 최대로 하는 행동을 추구한다. 그리고, 지도학습과 달리 장기가 끝날 때까지 계속된 행동 열에 대해 장기가 끝난 후에야 비로소 강화학습은 하나의 목표값을 부여한다.

지도학습

이 학습에서는 입력과 출력값 쌍으로 구성되는 학습 데이터들을 분석하여 입력에서 출력이 생성되는 규칙rule을 발견하고자 한다. 즉, 해당 입력에 대해 특정 출력이 만들어지는 규칙을 찾으려고 한다. 이를 풀어서 말하면, 입력에 대해 출력값을 가진 학습 데이터를 통해 학습한 후, 시험 데이터test data에 대해 실수값 또는 범주를 예측하는 것이다. 기계학습 중에서 가장 많이 연구가 이루어졌고, 많은 학습 알고리즘이 여기에 해당된다.

회귀 모델

:: 회귀분석regression analysis

회귀분석은 관측된 데이터들을 정량화해서 독립 변수와 종속 변수 간 관계를 함수식으로 설명하고자 한다. 여기서 종속변수는 우리가 알고 싶어 하는 출력 값을 뜻하며 반응변수라고도 한다. 독립 변수는 이러한 결과값에 영향을 끼치는 입력값을 말하며, 설명 변수라고도 한다. 표 2-1의 어떤 화학반응 실험[3]을 예로 들어 보자. 이 실험은 촉진제의 양(x)에 따라 생성되는 반응량(y)이 어떻게 달라지는지를 보여 주는데, 이 실험에서 촉진제의 양이 독립변수이고, 이에 따라 생성되는 반응량이 종속변수가 된다.

〈표 2-1〉 촉진제와 반응량의 관계(단위: g)

촉진제의 양(x)	1	1	2	3	4	4	5	6	6	7
반응량(y)	2.1	2.5	3.1	3.0	3.8	3.2	4.3	3.9	4.4	4.8

이를 기반으로 어느 정도의 촉진제를 가지고 얼마만큼의 화학반응이 일어날 것인지 예측해 보자. 대략적으로 x가 증가함에 따라 y가 증가한다는 것을 짐작할 수 있으나 그 관계식이 어떨지는 쉽게 알기 어렵다. 이들을 산점도로 그려보면 그림 2-2를 얻게 되며, 이 산점도로부터 x와 y의 관계가 직선임을 추측할 수 있으므로 직선 식으로 나타내면 되겠다는 생각이 든다.

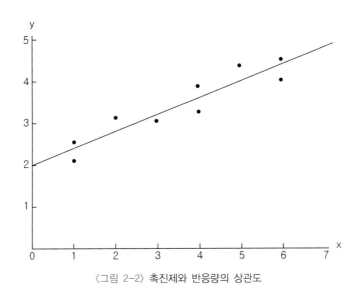

〈그림 2-2〉 촉진제와 반응량의 상관도

일반적으로 선형회귀식을 구할 때 최소제곱법method of least squares을 이용한다. 최소제곱법은 학습 데이터와 회귀식에 의해 예측된 추정 결과값 사이의 오차error들을 제곱한 값인 오차제곱합error sum of squares 중에서 오차제곱합을 최소로 하는 방법을 말한다. 학습 데이터 (x_i, y_i)에 대해, 추정하고자 하는 함수식의 기울기를 w, 절편을 b라고 하면, 오차 e_i는 다음과 같이 표현된다.

$$e_i = y_i - (wx_i + b) \tag{2.1}$$

모든 학습 데이터에 대해 오차제곱합 SS을 구하면,

$$SS = \sum_{i=1}^{n} e_i^2 = \sum_{i=1}^{n} (y_i - wx_i - b)^2 \qquad (2.2)$$

여기서, 이 식을 최소로 하는 w와 b를 구하면, 이들이 함수식의 회귀 계수regression coefficient가 된다. 표 2-1에 대해 최소제곱법을 이용하여 기울기와 절편을 계산하면, 식 2.3과 같은 선형회귀식을 얻게 된다.

$$y = 0.387x + 2.0 \qquad (2.3)$$

이 식에 의거하여 촉진제를 새로 투입을 할 경우, 반응양이 어느 정도 생성될지 예측할 수 있게 된다.

:: **예측모델**prediction model

'되돌아간다'라는 사전적인 뜻을 갖는 회귀regression는 상관관계와 밀접한 개념으로, 출력값을 가진 학습 데이터를 통해 입력의 특징feature과 출력 간 관계를 함수식으로 분석하는 방법론을 말한다. 함수식을 사용하는 회귀 모델에서는 A, B, C와 같이 몇 가지 결과값만 나오는 것이 아니고, 어떤 범위의 실수 중에서 대응되는 값이 선택된다. 이와 같이 분석하는 대상의 결과가 임의의 실수값으로 나타나는 경우, 예측모델을 이용한다. 예를 들어, 시간에 따라 변하는 시계열 데이터나 어떤 영향, 가설적 실험, 인과 관계의 모델링 등에서 통계적 예측을 하는 데 사용할 수 있다.

이러한 선형회귀분석은 지도학습의 한 모델로 분류되는데, 학습을 통해 추정된 선형함수 $y = wx + b$를 가지고 새로운 입력에 대해 결과값을 예측할 수 있으므로 예측모델prediction model이라고도 한다. 하나의 독립변수와 하나의 종속변수 간 관계를 분석

하는 것을 단순 선형회귀simple linear regression라 하고, 여러 독립변수와 하나의 종속변수 간 관계를 규명하는 것을 다중 선형회귀multiple linear regression라고 한다.

:: 로지스틱 회귀

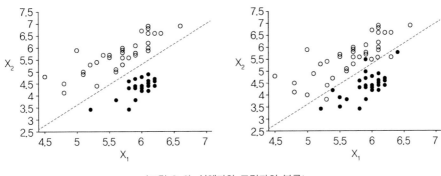

〈그림 2-3〉 실체파와 표면파의 분류[4]

선형함수를 회귀 뿐만 아니라 분류에도 적용할 수가 있다. 그림 2-3에서 x_1은 지진이나 지하 폭발에 의해 발생하는 실체파의 크기를, x_2는 표면파의 크기를 나타낸다. 흰색 원은 지진에 의해 발생한 것이고, 검은색 원은 지하 폭발에 의해 발생한 것이다. 이러한 학습 데이터가 주어졌을 때, 새로 입력된 (x_1, x_2)가 지진에 의해 발생한 것이라면 0, 폭발에 의해 발생한 것이라면 1을 출력해 주는 분류를 해 보자.

이와 같이 두 부류를 나누는 선 또는 더 높은 차원에서는 표면을 결정 경계decision boundary라 한다. 그림 2-3에서 결정 경계는 직선이다. 이러한 선형 결정 경계를 선형 분리자linear separator라 하고, 이렇게 선형 분리자로 나뉘어지는 자료를 선형 분리 가능 linearly separable하다고 말한다. 그림 2-3에서 선형 회귀식을 나타내면,

$$x_2 = 1.7x_1 - 4.9 \tag{2.4}$$

처럼 표현된다. $x_2 \leq 1.7x_1 - 4.9$이면 지하 핵폭발에 해당하는 1을 출력하고, $x_2 > 1.7x_1 - 4.9$이면 지진에 해당하는 0을 출력하면 된다[5].

이처럼 종속변수가 0 또는 1, 예나 아니요, 구매 또는 비구매처럼 범주형category 데이터가 되는 경우, 이를 로지스틱 회귀logistic regression라고 한다. 로지스틱 회귀는 입력 데이터가 주어졌을 때, 해당 데이터의 결과가 특정 범주로 나눠지기 때문에 분류classification하는 데 적합하다.

그런데, 적절한 범위를 벗어나는 특정 데이터가 존재하는 경우, 선형회귀를 통해 분류하기 어려운 문제가 있다. 이러한 문제에 대해 로지스틱 회귀에서는 식 2.5처럼 출력값이 [0,1]을 경계로 나타나는 'S' 모양의 로지스틱 함수 또는 시그모이드 함수sigmoid function를 활용한다.

$$Logistic(z) = 1/(1 + e^{-z}) \tag{2.5}$$

그림 2-4는 이 함수를 그래프로 보여 준다. 이러한 로지스틱 함수에서 종속변수값이 0.5보다 같거나 크면 1을 출력하고, 0.5보다 작으면 0을 출력함으로써, 0과 1의 범주형 결과값을 표현하는 데 적합하다. 로지스틱 회귀는 회귀라는 명칭이 부여되었지만 분류 모델에 더 가까우며, 입력 데이터를 범주형으로 분류하는 데 우수한 성능을 보인다.

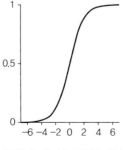

〈그림 2-4〉 시그모이드 함수

로지스틱 회귀의 종류로는 이항 로지스틱 회귀binomial logistic regression와 다항 로지스틱 회귀가 있다. 이항 로지스틱 회귀는 종속변수 결과가 (성공, 실패), (0, 1)과 같은 이항형 문제, 즉 종속변수의 유효한 범주 개수가 2개인 경우를 다룬다. 두 개의 부류로 분류될 각 확률의 합은 1이 된다. 다항 로지스틱 회귀는 종속변수의 대상이 3개 이상인 범주를 가지는 경우를 말한다. 예를 들어, 종속변수 결과가 (맑음, 흐림, 비)와 같은 경우가 이에 해당된다.

k근접 이웃(k-Nearest Neighbors)

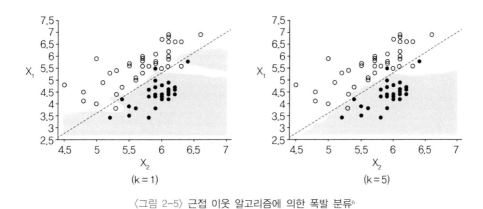

〈그림 2-5〉 근접 이웃 알고리즘에 의한 폭발 분류[6]

이 알고리즘은 기계학습 알고리즘 중 가장 간단하고 빠르다. k는 새로운 데이터가 속한 그룹을 결정하기 위하여 인접 데이터를 k개 만큼 찾는다는 의미이다. 그림 2-5는 충격 데이터에서 k가 1과 5일 때 k근접 이웃 알고리즘의 분류로 얻은 결정 경계를 보여 준다. k=1일 때 과대 적합되어 이 도표에서 우측 상단의 검은 두 점과 아래 하단의 흰 점이 과민하게 분류된 것을 볼 수 있다. 반면에, k=5의 경우 결정 경계가 좋아진 것을 볼 수 있다.

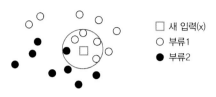

〈그림 2-6〉 근접이웃 분류기

'근접'이란 명칭에서 알 수 있듯이 이 알고리즘에서는 거리 측정이 필요하다. 그림 2-6에서 새로운 입력 x가 들어 왔을 때, k=5이므로 인접 데이터 5개를 찾아 그들이 어디에 속하는지 계산하여 속할 부류를 결정한다. 부류1에 속하는 인접 데이터 K_1=4개이고, 부류2에 속하는 인접 데이터가 K_2=1이므로 x는 부류1에 속하는 것으로 결정한다. 인접 데이터와의 거리 측정 시, 가장 일반적으로 사용되는 거리함수는 유클리디안 거리Euclidean distance [7]이다. 유클리디안 거리는 두 벡터가 위치한 공간상에서 두 점을 잇

는 직선거리의 길이 $d(x,y) = \sqrt{\sum_{i=1}^{n}(x_i - y_j)^2}$ 를 뜻한다.

과학자들은 연속 변수들을 예측하기 위하여 자주 선형회귀 모델을 사용하지만 현상은 대부분 선형적이지 않다. 근접 이웃 알고리즘은 역사적으로 1차 산업혁명기에 존 스노 박사가 런던에 창궐했던 콜레라를 막는 데 적용된 알고리즘이라 할 수 있다. 스노 박사는 런던 지도에 콜레라가 발생한 지점을 조사하여 표시하였더니, 대부분의 사망자가 런던의 소호지역 특정 물 펌프 주변에서 발생했다는 사실을 발견했다. 이 지역의 지하수가 오염되었을 거라고 추론한 스노는 런던 의회로 하여금 해당 물펌프를 폐쇄토록 조치하여 전염병을 물리쳤다[8]. 근접 이웃 알고리즘이 공식적으로 발명되기 전, 처음으로 성공한 사례라 할 수 있다.

대부분의 알고리즘들이 소비자에게 상품을 추천하는 데 사용되었지만, 이 알고리즘이 상품 추천에 처음 사용되었으며 여전히 좋은 성능을 발휘하고 있다. 아마존이 받는 주문 중 3분의 1이 상품 추천에 의해 이루어지고 있고, 넷플릭스의 시청 비디오

중 4분의 3이 추천에 의해 이루어진다고 한다. k근접 이웃 알고리즘에서 속성들이 매우 많은 경우 계산시간이 폭발적으로 증가하는 문제가 야기될 수 있다. 이러한 경우, 먼저 정보 이득이 한계값보다 낮은 속성들을 버린 다음, 축소된 속성 공간에서 유사성을 측정하면 시간복잡도 문제를 완화할 수 있다.

지지 벡터 기계

소련의 빈도주의 수학자인 블라디미르 바프닉Vapnik이 발명하였으며, 1990년대 기계학습 분야의 주류를 형성했었던 지지 벡터 기계support vector machine는 최근까지 가장 보편적으로 사용된 분류 모델이다. 이 모델은 일반화 오차를 최소화하는 방향으로 학습을 수행하는 선형 분류기라고 말할 수 있다.

지지 벡터 기계에 대하여 더 진행하기 전에 학습 오차와 일반화 오차에 대해 살펴보자. 학습 오차는 학습 데이터에 대한 학습 과정에서 발생하는 오차를 뜻한다. 기계학습 알고리즘들은 이 학습 오차를 줄이기 위해 노력하지만, 학습 오차가 작다고 차후 검증 데이터에 대한 일반화 오차가 작을 것이라고 정당화하기는 어렵다. 왜냐하면 학습된 알고리즘은 학습 데이터에 최적화되기 때문에 새로운 데이터에 대해 어떻게 반응할 것인지 확신할 수 없다. 따라서 새로 주어지는 실제 데이터에 대한 오차를 계산할 필요가 있으며, 이를 일반화 오차라고 한다. 지지 벡터 기계는 일반화 오차를 감소시키는 방향으로 학습이 이루어지게 한다.

지도학습 모델로서 주로 다루고자 하는 데이터가 2개 부류로 분류될 때 적합하며, 문제 영역에 대한 사전 지식이 없는 경우 가장 먼저 적용해 보면 좋은 학습 방법이다. 지지 벡터 기계의 명칭이 의미하듯이 학습 데이터가 벡터 공간에 위치한다고 간주한다. 지지 벡터 기계는 그러한 벡터 공간에서 학습 데이터를 분리하는 선형 분리자를 찾는 기하학적 모델이다.

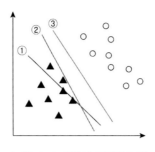

〈그림 2-7〉 여백의 일반화 능력

그림 2-7은 학습 오차를 줄여가면서 두 부류를 분류하는 결정 경계를 찾아가는 과정을 보여 준다. 결정 직선 ①은 아직 학습 오차가 발생하고 있는데 이를 줄여가면서 ②에 도달하게 되면, 로지스틱 회귀와 같은 알고리즘은 이 지점에서 학습을 종료하게 된다. 지지 벡터 기계는 여기에서 멈추지 않고 ③과 같이 향후 일반화 오차를 최소화할 수 있는 결정 직선을 찾는다. 지지 벡터 기계의 핵심은 학습 데이터들을 모두 똑같이 취급하지 않는다는 것이다. 그들 중에서도 지지 벡터와 같이 더 중요한 학습 데이터에 주목하여 일반화 능력을 향상시킨다.

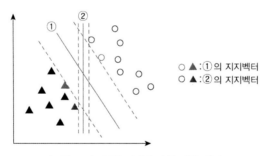

〈그림 2-8〉 결정 경계에 따른 여백 차이

그림 2-8을 보면, 결정 경계를 긋는 두 직선 ①과 ② 중에서 어느 쪽이 향후 일반화 오차를 줄이는 데 더 적합할 것으로 보이는가? 두 개 부류를 구별하는 결정 경계 ①이 결정

경계 ②보다 더 넓게 여지를 둔다는 것을 알 수 있다. 지지 벡터 기계는 이렇게 두 부류를 구별하는 여백을 최대화하는 방향으로 결정 경계를 정한다. 여기서 여백margin이란 학습 데이터 중에서 결정 경계에 가장 가까운 데이터로부터 결정 경계까지의 거리를 뜻한다. 이때 결정 경계에 가장 가까이 위치한 데이터를 지지 벡터support vector라고 한다. 이들 벡터들이 일반화 오차를 최소화하는 결정 경계를 지탱한다는 의미에서 명칭이 부여되었다. 또한, 여백의 관점에서 지지 벡터 기계를 최대 여백 분류기라고도 부른다.

의사결정 나무

사람이 이해하기 쉬운 의사결정 나무decision tree는 전통적으로 인기가 있었고 지금도 널리 사용되고 있다. 이 모델은 스무고개 놀이처럼 정답을 찾아간다. 각 질문에 대한 답을 반복적으로 등분하면서 결국에는 출력값을 찾게 된다. 나무 구조에서 중간 노드를 만날 때마다 이쪽이냐 저쪽이냐를 판정한다. 예를 들어, 남성인가, 여성인가? 남성이다. 그러면 나이가 30세 이상인가? 30세 이상이다. 그러면, 예전에 상품을 구매한 적이 있는가? 있다. 그러면 구매 횟수가 3회 이상인가? 3회 미만이다. … 이처럼 계속 질문하고 이에 답하는 형태로 최종 목표를 찾아간다.

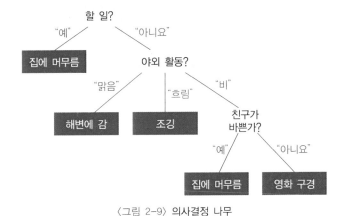

〈그림 2-9〉 의사결정 나무

그림 2-9를 보면서 의사결정 나무에 대해 알아보자. 해결하고자 하는 문제에서 가장 중요한 속성을 맨 상위의 뿌리노드에 위치시킨다. 이 예제에서는 "할 일이 있는가"라는 명제가 가장 중요한 판정이 된다. 이 판정에 대해 속성값이 "예"라면 왼쪽의 잎노드에 금방 도달하게 되고 목표값이 찾아진다. "집에 머무른다"는 것이다. 이에 반해, 속성값이 "아니요"라고 하면, 오른쪽 중간노드인 "날씨 전망"이란 다음으로 중요한 속성에 도달한다. 이 노드에서 속성값이 "맑음"이면 잎 노드에 도달하여 목표값인 "해변으로 간다"를 얻는다. "흐림"이면 "달리기를 한다"가 되고, "비"가 오면 다시 오른쪽 하위 중간 노드로 진행한다. 이번에는 다른 속성인 "친구가 바쁜가?"라는 명제에 대해 질의한다. 속성값이 "예"이면 집에 머무르고, "아니요"라면 목표값은 "영화보러 간다"를 찾는다.

이렇게 의사결정 나무에서 해당 경로는 각 경로상에 위치한 속성값들의 논리곱으로 표현되고, 나무 전체는 이들의 논리합으로 표현된다. 이것은 명제 논리로 나타낼 수 있는 모든 함수는 하나의 의사결정 나무로 표현할 수 있다는 것을 의미한다[9]. 의사결정 나무에는 여러 알고리즘이 제시되어 있는데, 1986년 로스 퀸란이 제안한 ID3 Iterative Dichotomiser 3 [10]가 가장 표준적이다.

의사결정 나무는 하향식 의사결정 흐름에 잘 부합한다. 그러면 최적의 의사결정 나무는 어떻게 만들까? 스무고개 놀이처럼 의사결정 나무의 구조를 잘 만들려면 의사결정 나무의 노드 수가 가능한 한 적은 것이 좋다. 뿌리 노드에서부터 마지막 잎 노드까지 가는 경로가 짧아야 신속한 의사결정을 할 수 있기 때문이다. 이를 위해 ID3에서는 정보 이론information theory [11]을 기반으로 하는 엔트로피와 정보 이득 개념을 사용한다. 정보 이론에서 메시지의 정보량은 확률로 측정된다. 확률이 낮은 사건일수록 더 많은 정보를 전달한다. 정보량에 대한 예를 들어 보자. "내일 태풍이 올 것"이라는 뉴스는 "내일 날씨가 맑을 것"이라는 뉴스에 비해 사람들에게 관심이 더 높다. 왜냐하면, "내일 태풍이 올 것"이라는 뉴스는 상대적으로 더 많은 정보를 갖고 있기 때문이다.

엔트로피entropy [12]는 확률 변수의 불확실성에 대한 척도를 나타낸다. 주사위와 윷의 엔트로피를 계산해 보면, 주사위의 엔트로피가 윷의 엔트로피보다 크다[13]. 주사위는 모든 숫자가 나올 확률이 똑같으므로 어떤 숫자가 나올지 윷보다 더 불확실하다는 것이다. 다시 말하면, 주사위를 굴리는 것이 윷놀이에서 윷을 던지는 것보다 더 무질서하고 불확실성이 높으므로 엔트로피가 더 커지게 된다. 이렇게 주사위처럼 모든 사건의 발생 확률이 똑같을 때, 엔트로피가 가장 크게 나타난다. 정보 이득information gain [14]은 엔트로피의 감소에 대응한다.

의사결정 나무는 나무구조에서 분기를 정보 이론으로 정의하므로 실제로는 복잡한 측면이 있다. 하지만, 개념적으로 설명하기 쉽고 최종 결과가 도출되는 과정이 명백한 장점이 있다. 그럼에도 불구하고, 의사결정 나무로 간결하게 표현하기 어려운 함수들이 있다. 예를 들어, 절반보다 많은 입력값들이 참이라면 출력값이 참이 되는 과반수 함수majority function를 표현할 때, 의사결정 나무는 지수적으로 증가한다. 달리 말하면, 의사결정 나무는 특정 부류의 함수들에만 적합하다는 점이다. 의사결정 나무에서 노드 수가 크게 증가하는 문제는 각 속성의 정보 이득을 계산하고, 보다 큰 정보 이득을 가진 속성만을 활용하고 연관이 적은 속성들은 제거하는 방식으로 처리할 수 있다.

비지도학습

비지도학습에서는 학습 데이터에 표식이 없으므로 입력 데이터들을 어떤 형태로 묶어줄 것인지가 관심사이다. 즉, 입력 데이터가 주어지지만 해당 출력값은 부여되지 않았으므로, 순수하게 데이터가 갖고 있는 속성들을 이용해 군집으로 분류하는 작업을 수행해야 한다. 이러한 작업을 군집화clustering라고 한다.

지도학습에서는 학생인 컴퓨터에게 교사인 사람이 정답지를 제공했다. 그런데 정답지가 없는 상황에서는 어떻게 해야 할까? 이런 경우, 할 수 있는 일은 컴퓨터에게 알아서 하게 하는 것이다. 기업 실무에서 흔하게 취급하는 고객 세분화customer segmentation에 이 학습을 적용해 보자. 먼저 고객 데이터를 준비한다. 데이터가 많을수록 좋은데, 양만 많은 것이 아니라 고객 데이터의 속성이 많아야 분류 결과가 좋아진다.

〈표 2-2〉 고객 데이터 예

고객번호	이름	성별	출생연도	지역	구매총액	구매횟수
5742	홍길동	남	1983	경기	76,000	4
5743	김철수	남	1990	울산	189,000	25
5744	이영희	여	1995	서울	115,000	12
5745	조민수	남	1964	인천	452,000	8
5746	박수정	여	1989	광주	214,000	18

먼저 입력 데이터에 대해 군집화를 수행하기 전에 표준화를 해야 한다. 예를 들어, 표 2-2에서 나이, 성별, 구매금액, 구매횟수 등 서로 다른 속성값들에 대해 동일한 기준

이 되도록 치환하는 것이 표준화 작업이다. 나이의 단위와 구매금액의 단위 등이 서로 다르므로 속성들을 동일한 잣대로 변환하는 것이다. 표준화가 된 다음에는 각 고객 데이터들이 n차원상에 위치하게 된다. 그 다음에, 모든 점들 간 유클리디언 거리[15]를 계산하고, n차원 공간상에 점들이 몰려있는 부분을 찾는다. 몰려있는 부분의 중심이 되는 고객 데이터를 찾아 군집의 '대표'로 정한다. 즉, 군집화는 각 데이터 간 거리를 계산하여 가까운 거리에 있는 점들을 모아주는 작업으로, 유사성이 높은 데이터들을 묶는 것이다.

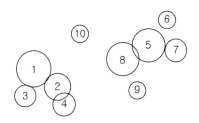

〈그림 2-10〉 고객 군집화 결과[16]

컴퓨터는 나이, 성별, 구매금액, 구매횟수 등의 데이터 속성이 무엇을 의미하는지 모른다. 다만 이들에 대해 단순하게 거리를 수학적으로 계산할 뿐이다. 이의 의미를 분석하는 것은 사람이 할 일이다. 예를 들어, 그림 2-10과 같이 분류된 군집에서 1번 군집은 연령적 특성은 보이지 않지만, 월 평균 3~5회를 구매한 고객들의 그룹을 나타내며 고객 수가 가장 많다. 5번과 8번 군집은 고객의 특성은 거의 비슷한데, 주로 구매한 품목이 다르다. 이렇게 해석하는 것은 사람의 몫이다.

이러한 군집화는 처음에 어떻게 접근해야 할지 모르는 경우에 적합하다. 아무 것도 알 수 없는 상황에서 컴퓨터가 어느 정도 정리해 놓은 다음, 정리한 결과를 검토하면서 몰랐던 사실들을 알 수 있다. 그러면 사람은 문제를 해결하는 방향을 보다 쉽게 모색할 수 있다. 군집 모델에서는 입력 데이터가 무엇인지 알려주는 표식이 없는 상태로 주어지므로, 주어진 속성 집합에 대해 유사성을 기준으로 입력 데이터들의 군집화를 시도한다. 이러한 군집 모델에는 k-평균means 군집, k-medoids, DBSCAN 등이 있다.

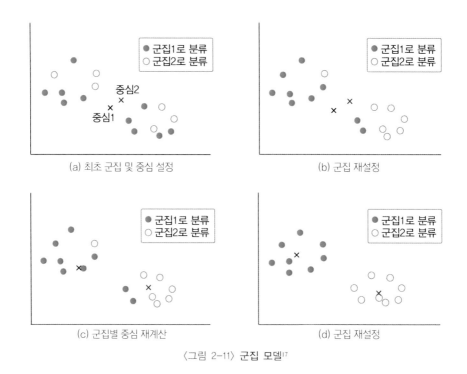

(a) 최초 군집 및 중심 설정

(b) 군집 재설정

(c) 군집별 중심 재계산

(d) 군집 재설정

〈그림 2-11〉 군집 모델[17]

그림 2-11을 통해 k-평균 알고리즘의 동작을 살펴보자.

① 임의적으로 데이터를 선택하여 검은 색의 군집1을 만들고, 또 다른 데이터들로 하얀색의 군집2를 만든다. 이렇게 임의적으로 형성된 군집에 대해 평균값을 계산하여 x로 표시된 중심centroid1과 중심2를 구한다. 그림 2-11(a)는 이 단계가 수행된 결과를 보여 준다.

② 다음, 중심1과 2를 기점으로 가까이 위치한 데이터들로 군집을 갱신한다. 그림

2-11(a)와 (b)를 비교하면, 그림 2-11(b)에서 중심1에 가까운 데이터들이 중심1의 군집으로 소속이 바뀌었고, 중심2에 가까운 데이터들이 중심2의 군집으로 소속이 바뀐 것을 볼 수 있다.

③ 갱신된 군집에 대해 평균을 계산하여 새로운 중심을 구한다. 많은 데이터들이 포진된 영역으로 중심들의 위치가 바뀐 것을 그림 2-11(c)에서 볼 수 있다.

④ 바뀐 중심들에 대해 데이터들과의 거리를 새로 계산하여 가까운 데이터들로 군집을 갱신한다. 갱신된 군집에 대해 평균을 계산하여 중심들이 새로운 위치로 재배치된다. 그림 2-11(d)에서 이러한 결과를 볼 수 있다. 재배치된 중심을 근거로 데이터들과의 거리를 계산하였으나 더 이상 갱신할 필요가 없으므로, 군집화 작업이 종료된다.

k-평균 모델에서 군집의 중심은 군집에 속하는 데이터들의 평균으로 정하고 있어, 평균값을 갖는 중심이 실제 데이터와 일치하지 않고 가상의 데이터로 지정될 수가 있다. 반면에, k-medoids는 군집 중에서 대표 데이터를 뽑고 대표를 중심으로 군집 중심을 갱신한다. 대표는 군집 내 다른 데이터들과의 거리의 합이 최소가 되는 데이터로 선정한다. 이러한 k-medoids는 k-평균에 비해 잡음에 강인한 장점이 있으나, 반대로 계산량이 많아지는 단점이 있다. 그림 2-12는 이 두 방식의 차이를 보여 준다.

○ k평균의 중심
◯ k-medoids의 중심

〈그림 2-12〉 군집 중심

k-평균 모델은 매우 명확하고 직관적일 뿐만 아니라 학습을 위한 데이터 계산이 빠르며, 이론적 토대를 갖추고 있다. 이 모델은 군집 중심으로부터 거리를 기반으로 데이터들을 묶어주기 때문에 구형 형태로 모여 있는 볼록한 데이터들에게는 비교적 적용하기 쉽다. 반면에, 오목한 형태 등 구형이 아닌 다른 형태로 모여 있는 데이터들에 대해서는 특성을 구별하는 데 어려움이 있다. 또한 군집의 개수를 바꾸거나 초기 군집 중심 선정에 따라 결과가 달라질 수 있다는 점, 이상점outlier이나 잡음에 민감하다는 점, 변수의 표준화를 할지 말지 또는 어떤 방법으로 표준화하는지에 따라 결과가 달라지는 단점이 있다.

강화학습

개념

2016년 세계 최고 바둑 프로와의 대결에서 역사적인 승리를 거둔 알파고는 이세돌과의 대결 이후에도 중국 커제 9단 등 세계적인 바둑 고수들을 연달아 격파한 것으로 알려졌다. 이렇게 인간에게 패배를 안긴 알파고는 심층학습과 강화학습으로 학습되었다. 그렇다면 강화학습은 앞에서 배운 지도학습이나 비지도학습과 무엇이 다를까?

어린아이가 걸음마를 배워가는 과정을 예로 들어 보자. 아이는 걸음마를 부모에게서 지도받았을까? 그렇지 않은 것 같다. 아이는 거의 백지 상태에서 시행착오를 거쳐 걸음마를 배운다. 아마도 사람이 어려운 기술을 학습하는 대표적인 사례 중의 하나가 걸음마를 배우는 것이 아닐까? 이러한 과정을 컴퓨터에 적용하려면 어떻게 해야 될까? 이에 대해 강화학습이 긍정적 대안을 제시하고 있다.

또 다른 예로 직립 보행 로봇을 생각해 보자. 과거의 방식이라면 사람이 로봇의 무릎, 발의 각도, 보폭 등을 정교하게 계산하여 입력해 줘야 한다. 평지를 걷다가 계단을 만나면, 계단을 올라갈 때 내려갈 때의 상황에 맞춰 프로그램을 수정해줘야 한다. 울퉁불퉁한 산길을 만나면 그에 맞게 일일이 수정해 줘야 한다. 이렇게 변하는 상황마다 번거로움이 끊이질 않게 될 것이다.

이러한 상황에 대해 강화학습은 로봇에게 계속 걷게 할 뿐이다. 똑같이 걷게 하는 것이 아니라 조금씩 다르게 걷게 한다. 무릎은 이 각도로, 발목은 저 방향으로, 보폭은 더 크게 하는 등으로. 이러한 과정에서 로봇이 잘 걷는 행동을 하게 되면 보상을 주고, 잘 안 되면 벌칙을 준다. 이러한 과정을 아주 많이 반복하게 되면, 로봇은 점점 잘 걷는

로봇 보행[18]

방향으로 학습을 하게 된다. 학습 과정에서 로봇이 잘 걷기 위해 무릎, 다리, 발목 부위의 각도, 방향, 속도 등을 익히게 된다[19]. 사람은 로봇에게 목표만 제시하고 로봇의 행위에 대해 보상과 벌칙을 준 것뿐인데 로봇이 스스로 학습하는 것이다. 이렇게 강화학습은 제한된 조건하에서 비슷한 행동을 반복하게 할 수만 있다면, 매우 강력한 학습 방식이 된다.

동작원리

행동심리학과 신경과학에서 축적된 학습에 대한 연구는 강화학습에 커다란 영향을 끼쳤다. 행동심리학에서 말하는 시행착오는 사람이나 동물이 학습하는 원리를 말한다. 예를 들어, 원숭이에게 빛을 쏘아 자극을 준 후 보상으로 설탕을 주는 실험을 수행한 사례를 살펴보자. 여러 번 이 실험을 반복하고 난 후 원숭이에게 빛을 쏘니 원숭이한테서 도파민을 분비하는 신경세포가 반응하더라는 연구 결과가 제시된 바 있다[20]. 이 연구 결과는 원숭이가 시행착오를 통해 빛이 들어오면 다음에 사탕이 주어진다는 것을 알게 되었음을 알려준다.

아이나 로봇을 자세히 보면, 매 순간 어떤 상태state에 있다가 상태에 따라 그에 적합한 행동action을 한다. 자세가 불안정해지면 안정적인 상태가 되도록 행동한다. 아이나 로봇이 외부 환경과 대응하면서 상태 변화와 그에 따른 행동을 번갈아 수행하면서 넘어지지 않으려고 애를 쓴다. 강화학습은 모든 행동에 대해 보상과 벌칙을 부여해서 에이전트[21]가 이를 기억하여 최선의 결정을 내리도록 학습시키는 방식이다.

강화학습은 어떤 환경 안에서 정의된 에이전트가 현재의 상태를 인식하여, 선택 가능한 행동들 중 보상을 최대화하는 행동 혹은 행동 순서를 선택하는 방식을 다룬다. 강화학습의 목표는 순간의 이익보다는 '누적 보상액'을 최대화하는 방향으로 학습이 이루어지게 하는 것이다. 강화학습에서는 순간의 행동마다 보상이 주어지며 에이전트는 누적 보상액이 최대가 되도록 매 순간 최적의 행동을 결정하려고 한다. 순간 이익을 최대화하는 행동이 아니라, 긴 시간동안 누적 보상액이 최대가 되도록 행동을 선택해 간다. 에이전트가 행동을 선택하는 데 사용하는 규칙을 정책policy이라 하고, 강화학습은 최적의 정책을 찾아 가는 것이 목표이다[22].

이러한 강화학습은 장기와 단기의 보상 사이에서 균형점을 찾아야 하는 문제를 다루는 데 적합하며, 로봇 제어, 엘리베이터 스케줄링, 통신망, 자율주행, 바둑, 백개먼이나 체스 같은 게임에 성공적으로 적용되어 왔다. 이처럼 사람과 흡사하게 시행착오를 통해 개선해 가는 학습 과정으로 인해, 강화학습이 잠재력이 강력한 학습 방식으로 주목받고 있다.

> ### 강화학습에서 보상 예측오류[23]
>
> 파블로프 실험에서 아무런 자극이 주어지지 않은 상태에서 개가 침을 흘리지 않고 있다면 침을 분비하는 반응의 행동가치값이 0보다 작다는 것을 뜻한다. 또한 아직 종소리가 먹이를 예측하는 조건 자극이 아니기 때문에, 종소리가 난 후 침을 분비하는 반응의 행동가치값도 여전히 0보다 작다. 하지만 종소리가 울리고 먹이가 주어지는 과정이 반복되면, 종소리가 울린 후 침을 분비하는 행동가치값이 서서히 증가한다. 강화학습에서는 그 이유를 보상에 관한 예측오류, 즉 보상예측오류(reward prediction error) 개념으로 설명한다. 보상예측오류가 발생했다는 것은 그 이전에 예상했던 것보다 더 많거나 더 적은 보상이 주어졌다는 것을 뜻하므로, 변화된 상황에 대해 학습이 필요함을 알려주는 것이다. 강화학습에서는 보상예측오류가 발생할 때마다 주어진 보상이나 자극에 의해 유발되는 행동의 가치가 늘어난다고 가정한다. 예를 들어, 파블로프 실험에서 주어지는 먹이의 가치가 10이라고 가정하자. 그렇다면 종소리가 울리고 나서 처음 먹이가 주어졌을 때, 이 상황은 개가 예상치 못한 상황이므로 보상예측오류가 10이 된다. 이후 이 과정이 반복되면, 개는 보상예측오류가 줄어드는 방향으로 행동하게 된다. 언젠가는 보상예측오류가 0이 되고, 침 분비 반응의 행동가치값은 증가하여 0보다 크게 된다. 결과적으로 개는 조건 반응에 의해 종이 울리게 되면, 침을 분비하는 행동을 학습하는 것이다.

향후 전망

앞으로 클라우드를 중심으로 기계학습용 시스템이 구성될 것이고, 통신 제약사항, 병렬화 이슈, 분산 처리 등 중요한 조건을 만족하는 형태로 컴퓨팅 환경이 보편화됨에 따라, 그동안 상용화 수준에 도달하지 못했던 인공지능 제품들이 속속 시장에 등장하고 있다. 예를 들어, 음성 인식, 이미지 인식, 자연어 처리 기능을 구현한 첨단 제품들이 기계학습에 의해 탄생하고 있다.

기계학습 알고리즘과 응용 분야도 크게 다양해지고 있다. 전통적으로 분류와 회귀 중심이었던 응용 분야가 순서화, 추천, 연관 등으로 넓어지고 있다. 최근에는 음악을 작곡하는 응용에서부터 유명한 화가의 그림을 입력하면 그 화가의 화풍으로 새로운 작품을 그려내기도 한다. 또 서로 다른 알고리즘들이 협력하는 방향으로 나아가고 있다. 전통적인 협력 방식은 입력 샘플에 대해 여러 알고리즘을 적용하여 다수의 출력을 결합하는 방식으로 성능 향상을 시도하였다. 새로운 입력방식의 예를 들면, 영상 파싱과 자연어 처리를 결합한 방식을 들 수 있다. 이 예에서 영상을 입력하면 자동으로 영상의 내용이 무엇인지 설명하는 문장이 생성된다. 이러한 사례에서 영상을 파싱하는 심층신경망이 먼저 동작한 다음, 파싱 결과로부터 문장을 생성하는 심층신경망이 이어서 동작한 것이다[24]. 앞으로 더 다양한 결합 사례들이 등장할 것으로 예상된다.

최근 기계학습의 응용 범위가 넓어지고 있는 가운데, 여러 응용 분야의 문제들이 단지 몇 개의 알고리즘만으로 처리되고 있다. 예를 들어, 근접 이웃 찾기, 지지 벡터 기계, 의사결정 나무, 소박한 베이즈, k-평균 군집화, 인공신경망 등이 주로 활용되고 있다. 기계학습 모델에 적합한 데이터를 충분히 제공할 수 있다면, 그 모델은 임의적으로 가깝게 근사시킬 수 있다. 이 말은 어떠한 것이라도 학습시킬 수 있다는 것을 수학적으로 표현한 것이다[25].

  그렇지만 충분한 데이터가 무한대일 수 있다는 점이 이러한 접근 방식을 가로막고 있다. 현실적으로 무한대의 데이터를 수집할 수는 없기 때문이다. 그래서 기계학습 모델은 한정된 데이터로 학습하고자 하는데, 그렇게 하기 위해서는 가정이 필요하게 된다. 다양한 모델들은 각기 다른 가정을 하게 되고 이러한 가정들은 어떤 문제 유형에는 적합하지만 다른 문제 유형에는 적합하지 않을 수 있다. 이것이 해결하고자 하는 문제 유형에 적합한 모델을 선택해야 하는 이유이다.

CHAPTER 3

심층학습

심층신경망의 부활 / 퍼셉트론 / 다층신경망 /
심층신경망

심층신경망의 부활

심층학습deep learning은 깊은 다층신경망인 심층신경망deep neural networks에서 이루어
지는 학습 알고리즘을 통칭한다. 심층학습의 역사를 되돌아 보면, 1980년 후쿠시마에
의해 소개된 신인식기[1]까지 거슬러 올라간다. 1986년 럼멜하트에 의해 신경망 학습을
위한 매우 효과적인 오류역전파backpropagation 알고리즘[2]이 탄생한다. 1989년에 얀 르쿤
등은 오류역전파 알고리즘을 기반으로 깊은 다층신경망을 활용하여 필기체로 작성
된 우편번호를 인식하는 성과를 올림으로써 그 효용성을 입증하였다[3]. 그렇지만 알고
리즘이 성공적으로 동작하였음에도 불구하고, 신경망을 학습시키는 데 소요된 시간
이 거의 3일이나 걸려 실제 적용하는 데에는 비현실적이라고 여겨졌다.

이렇게 속도가 느렸던 원인으로는 여러 가지가 있는데, 그중 하나가 오류역전파 시
지역최솟값에 머무르게 되는 '사라지는 기울기 문제'vanishing gradient problem였다. 또한
초기 상태가 어떻게 주어지느냐에 따라 수렴이 안 되고 진동 또는 발산하는 문제, 학
습 데이터 집합에만 과도하게 훈련되는 과적합overfitting 문제, 원론적으로 생물학적 신
경망과는 다르다는 이슈[4] 등이 끊임없이 제기되면서 인공신경망은 사람들의 관심에
서 멀어졌다. 1990대에는 인공신경망 대신 지지 벡터 기계SVM와 같은 통계 기반의 인
공지능이 각광을 받았다.

본격적으로 2000년대에 심층신경망이 다시 회생한 데에는 제프리 힌튼[5] 그룹에 힘
입은 바가 크다. 이때부터 심층신경망에 의해 이루어진 학습을 심층학습이라 부르게
되었다. 심층학습이 부활하게 된 이유는 크게 세 가지를 꼽을 수 있다. 첫 번째는 앞에
서 언급한 기존 인공신경망 모델의 단점들이 극복되었다는 점이다. 과적합 문제가 해

결되었고, 느린 학습시간도 어느 정도 줄어들었다. 두 번째는, 하드웨어의 발전이 괄목할 만하게 이루어져 강력한 GPU를 활용할 수 있게 됨에 따라, 심층학습이 요구하는 복잡한 행렬 연산의 계산 시간을 크게 줄일 수 있게 되었다. 마지막으로 언급되는 세 번째 이유가, 가장 중요한 데 다량의 데이터 수집이 가능해진 점이다. 사회관계망SNS으로 대표되는 초연결 시대가 됨에 따라 데이터 수집이 쉬워졌기 때문에, 대량으로 수집된 데이터들과 태그 정보들이 인공신경망의 학습에 활용 가능하게 되었다.

심층학습의 부활 이후 다양한 분야, 특히 컴퓨터 비전과 음성 인식 분야에서 최고 수준의 성능이 발휘되었다. 이들은 보통 심층 학습의 지속적인 성능 향상을 위해 만들어진 데이터베이스 TIMIT^{Texas Instruments와MIT 6}, MNIST⁷를 활용하였다. 최근 합성곱신경망이 컴퓨터비전, 음성인식 등의 분야에서 탁월한 성능을 나타내고 있다.

심층학습은 단순한 표현에서 시작하여 보다 추상적인 표현을 추출해 가는 학습 방식이다. 지난 몇 년간 심층학습이 달성한 성능 수준이 얼마인지 살펴보면, 서로 다르게 찍힌 6,000쌍의 사람 얼굴 인식 실험에서 사람이 식별한 정확도는 97.5%였다. 2014년 페이스북의 DeepFace는 1억 2천만 개의 뉴런이 연결된 심층신경망에서 4,000명으로부터 생성된 4백만 장의 얼굴사진을 대상으로 실험하여 97.35%의 인식률을 보였다. 2015년 3월 구글의 FaceNet가 99.63%의 인식률을 달성하며, 인간의 식별 능력을 뛰어넘었다. 구글은 10억 개 뉴런을 연결하였고 16,000개 컴퓨터에서 실행하였다. 2015년 6월 중국의 바이두는 99.77%의 정확도를 보였다. 사람보다 정확하게 식별한다는 점도 놀랍지만, 사람보다 훨씬 빠르게 대량의 사진을 처리할 수 있다는 점 또한 중요하다. 심층학습의 토대가 되는 퍼셉트론에서 시작하여 다층신경망, 심층신경망에 대해 알아보자.

퍼셉트론

뇌와 신경세포

사람의 뇌는 약1.5킬로그램의 무게와 1.2 리터의 부피로 이루어져 있으며, 크게 대뇌, 소뇌, 뇌간으로 구분된다. 인간에게서 가장 늦게 형성되는 대뇌는 포유류에 특히 발달되어 있고, 다른 동물에서는 매우 미미한 편이다. 사람의 대뇌는 뇌 전체의 80%를 차지하며, 다른 포유류에 비해서 월등히 높은 비율이다. 척추가 끝나는 부분에 위치한 뇌간은 사람의 생명유지와 관련된 자율신경계를 관장하고, 소뇌는 조건 반사나 간단한 학습 및 기억 기능을 갖고 있다.

회백색을 띠고 있는 대뇌 표면을 대뇌피질이라 하며, 이 대뇌피질에 신경세포들이 집중적으로 분포되어 있다. 사람의 경우 약 1,000억 개의 신경세포를 갖고 있고, 이러한 신경세포를 뉴런neuron 8이라 한다. 뉴런은 전기적 또는 화학적 신호를 처리하고 전달하는 기능을 한다. 하나의 뉴런에서 다른 뉴런으로 연결하는 부분이 시냅스synapse이고, 대뇌에 있는 뉴런 한 개당 최대 약 10,000개의 시냅스를 가지고 있다. 그림 3-1과

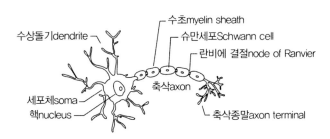

〈그림 3-1〉 신경세포 구조[9]

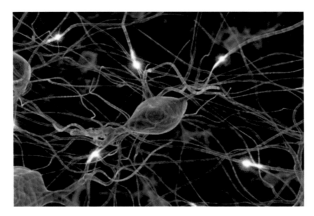

〈그림 3-2〉 연결된 뇌 신경세포[10]

3-2는 이러한 뉴런의 구조를 보여 준다. 뉴런의 개수는 태어나기 전에 이미 완성되지만 뉴런을 연결하는 시냅스 기능은 전무하다. 시냅스 개수는 출생 후 본격적으로 증가한다. 평균적으로 생후 3년째가 되면 가장 많은 1,000조 개의 연결이 유지되다가, 이후 필요없는 시냅스를 제거하는 과정을 거치면서 성인이 되면 약100조~500조 개로 줄어든다. 이후 시냅스 개수는 서서히 감소한다.

퍼셉트론 모델

1958년 미국의 심리학자 프랭크 로센블라트는 맥컬록과 피츠의 TLU 이론과 헵의 행동학적 신경 모델 연구를 바탕으로 퍼셉트론perceptron 이론을 발표한다[11]. 퍼셉트론은 인공신경망 이론을 설명한 최초의 모델이다. 그의 연구 결과는 당시 뉴욕타임즈에 "전자 두뇌가 자기자신을 가르친다Electronic 'Brain' Teaches Itself"라는 머릿기사로 보도되었을 정도로 커다란 반향을 일으켰다.

로센블라트는 사람의 시각 인지 과정에 영감을 얻어 퍼셉트론 이론을 인공적으로 구현하고자 시도하여, 사람의 인지 과정처럼 실제로 어떤 물체를 시각적으로 인지하는 물리 장치를 만들었다. 단순한 여러 이미지들을 시각적으로 감지하고 이를 삼각형, 사각형, 원 등 몇 개의 범주로 구분하는 장치였다. 사람의 홍채 기능을 하는 400여 개 빛을 감지하는 센서, 이것들을 증폭하는 512개 부품, 그리고 이를 제어하는 40여 개 모터와 다이얼 스위치를 사용하였다. 이러한 장치를 통해, 8개 뉴런을 모방하였다. 최초로 인공 시각 장치를 만든 위대한 시도였지만, 당시 기술 수준의 제약으로 인하여 많은 한계가 있었다. 하지만 로센블라트는 향후 충분한 하드웨어 기능과 성능이 뒷받침된다면, 자신의 퍼셉트론 이론이 어떠한 물체도 인식할 수 있는 시스템으로 발전할 것이라고 확신하였다.

로센블라트가 제안한 퍼셉트론 모델 가운데 가장 간단한 형태가 그림 3-3에서 보여지는 입력층과 출력층으로만 구성된 퍼셉트론이다.

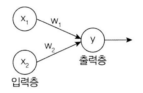

〈그림 3-3〉 퍼셉트론

그림 3-3의 퍼셉트론은 아래와 같이 입력 2개와 출력 1개를 갖는다.

- 입력신호: x_1, x_2
- 가중치: w_1, w_2
- 출력신호: y

여기서 출력 y는 식 3.1로 표현된다.

$$y = 1 \, (w_1 x_1 + w_2 x_2 \geq Th)$$
$$\quad = -1 \, (w_1 x_1 + w_2 x_2 < Th)$$

(3.1)

입력신호 x 가 뉴런에 보내질 때에는 가중치 w_i 를 곱한다. 즉, $w_1 x_1$, $w_2 x_2$ 를 계산하고, 이들을 합한 가중합이 미리 정해진 임계치 Th 을 넘으면 출력을 내보낸다. 출력을 내보낸다는 의미는 뉴런의 출력이 1로 활성화된다는 의미이다. 이것은 이 뉴런이 활성화되어 이 뉴런과 연결된 다른 뉴런을 활성화하는 데 영향을 미친다는 것을 의미한다. 궁극적으로 퍼셉트론은 여러 입력 신호를 받아 하나의 출력 신호를 내보낸다. 퍼셉트론의 입력 신호가 가중치를 통해 외부에서 들어오는 정보를 출력 방향으로 전달하는 것이다.

식 3.1을 더 간결한 형태로 함수 g 를 이용하여 표현하면 다음과 같다.

$$y = g \, (w_1 x_1 + w_2 x_2)$$
$$g(z) = -1 \, (z < Th)$$
$$\quad = 1 \, (z \geq Th)$$

(3.2)

퍼셉트론은 복수의 입력 신호에 고유한 가중치를 부여하는데, 이 가중치는 각 신호가 출력에 미치는 정도를 나타낸다. 다시 말해, 가중치가 크면 해당 신호가 그만큼 크게 출력에 영향을 끼친다는 것이다. 식 3.2에서 보여지는 함수 $g(x)$ 를 활성함수 activation function라고 하며, 입력 신호의 가중합에 따라 출력이 활성화되는지 아닌지 결정한다. 식 3.2에서 임계치 Th 를 경계로 출력이 변하므로 이러한 함수를 계단 함수step function라 한다. 그림 3-4(a)는 $Th = 0$ 을 기준으로 출력이 -1과 1로 달라지는 계단함수를 보여 준다.

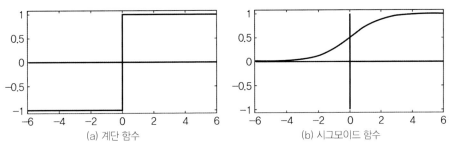

(a) 계단 함수   (b) 시그모이드 함수

〈그림 3-4〉 활성함수 예시

:: 뉴런의 수학 모델

그림 3-5는 이러한 요소들 간 관계를 바탕으로 뉴런 y_j의 일반적인 수학 모형[12]을 보여 준다.

- 입력층: $x_0, \ldots, x_i, \ldots, x_n$
- 가중치: $w_{0j}, \ldots, w_{ij}, \ldots, w_{nj}$

이라고 할 때, 아래의 단계에 따라 뉴런 y_j가 동작한다.

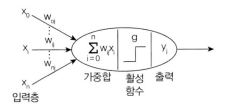

〈그림 3-5〉 뉴런 수학 모델

- 단계 1: 뉴런 y_j에 연결된 입력들의 가중합weighted sum인 $\sum\limits_{i=0}^{n} w_{ij} \cdot x_i$을 계산한다.

- 단계 2: $\sum_{i=0}^{n} w_{ij} \cdot x_i$ 에 대하여 뉴런의 활성 여부를 결정하는 활성함수를 적용한다.

  여기에서는 뉴런의 활성함수로 비선형 함수인 계단 함수를 사용한다.
- 단계 3: 활성함수의 출력을 내보낸다.

:: 논리 연산의 구현

컴퓨터에서 연산의 기초가 되는 논리합(OR), 논리곱(AND), 배타적 논리합(XOR) 연산을 수행하는 퍼셉트론에 대해 알아 보자. 표 3-1은 이러한 논리연산들의 진리표를 보여 준다. 다음 예제를 통해 논리곱 연산을 퍼셉트론으로 구현해 보자.

〈표 3-1〉 논리 연산의 진리표

x_1	x_2	논리합(OR)	논리곱(AND)	배타적 논리합(XOR)
0	0	0	0	0
0	1	1	0	1
1	0	1	0	1
1	1	1	1	0

[예제 3-1]

먼저 AND를 수행하는 퍼셉트론의 가중치 w_1, w_2 를 0.4, 0.3으로 부여하고, 입력이 0일 때 기준이 되는 값bias을 1, 이의 가중치 w_0 를 −0.5라 하자. 활성함수로는 임계치Threshold Th 가 0.0을 기준으로, 가중합이 Th 보다 같거나 크면 출력이 1이고, Th 보다 작으면 출력이 0이 되는 계단함수를 사용한다. 이 계단함수는 그림 3-4(a)의 계단 함수와 출력만 다르고 모습은 똑같다. 이러한 퍼셉트론을 표현하면 그림 3-6과 같다.

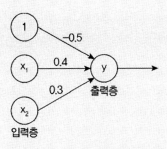

〈그림 3-6〉 AND 연산용 퍼셉트론

그림 3-6의 퍼셉트론에서 입력들의 가중합을 계산하면 아래와 같다.

$(x_1, x_2)=(0, 0) : (-0.5)\times1+0.4\times0+0.3\times0=-0.5<0.0$

$(x_1, x_2)=(0, 1) : (-0.5)\times1+0.4\times0+0.3\times1=-0.2<0.0$

$(x_1, x_2)=(1, 0) : (-0.5)\times1+0.4\times1+0.3\times0=-0.1<0.0$

$(x_1, x_2)=(1, 1) : (-0.5)\times1+0.4\times1+0.3\times1=0.2\geq0.0$

위의 가중합에 대해 활성함수인 계단 함수를 적용하면, 아래와 같이 출력된다.

$(x_1, x_2)=(0, 0) : g(-0.5)=0$

$(x_1, x_2)=(0, 1) : g(-0.2)=0$

$(x_1, x_2)=(1, 0) : g(-0.1)=0$

$(x_1, x_2)=(1, 1) : g(0.2)=1$

위의 결과에 의하면, 입력이 (0, 0), (0, 1), (1, 0)일 때 0이 출력되고, (1, 1)일 때에만 1이 출력된다. 이로써 그림 3-6의 퍼셉트론이 AND 연산을 제대로 수행하는 것을 확인할 수 있다.

퍼셉트론 학습

그림 3-5의 일반적인 퍼셉트론에서 가중치 w_i를 어떻게 구할 수 있을까? 이러한 w_i를 구하는 방법을 퍼셉트론 학습 규칙perceptron learning rule이라 한다. 입력 벡터인 x와 출력 y로 이루어지는 학습 데이터 한 개 (x, y)에 대한 가중치 갱신은 아래와 같이 이루어진다[3].

$$w_i \leftarrow w_i + \alpha(y - h_w(x)) \times x_i \tag{3.3}$$

여기에서 α는 학습률learning rate을 나타내고, $h_w(x)$는 현 퍼셉트론에 의해 추정되는 출력을 생성하는 가설hypothesis 함수를, x_i는 입력 벡터 x의 i번째 원소를 나타낸다. 퍼셉트론에서 활성함수로는 출력이 1 또는 -1인 계단함수를 사용한다. 그러면, 입력 벡터 x의 목표 출력값 y와 가설 $h_w(x)$의 출력은 1 또는 -1이 된다. 학습률로는 보통 0보다 크고 1보다 작은 숫자를 사용한다.

그러면 식 3.3에 의해 w_i를 어떻게 얻을 수 있는지 알아보자. 식 3.3은 다음의 경우에 대해 퍼셉트론의 가중치를 갱신한다. 퍼셉트론의 학습은 이 과정을 모든 학습 데이터에 대해 만족할 만한 수준이 될 때까지 반복하는 것이다.

퍼셉트론 가중치 갱신

1) 가설의 출력과 원래 목표 출력값이 $y = h_w(x)$인 경우, 즉 $y = 1$, $h_w(x) = 1$ 또는 $y = -1$, $h_w(x) = -1$인 경우: 현 $h_w(x)$가 학습이 제대로 되었으므로 가중치를 갱신할 필요가 없다.
2) $y = 1$, $h_w(x) = -1$인 경우:
   $y - h_w(x) = 1 - (-1) = 2$가 되므로, x_i가 양수이면 w_i가 증가하고, x_i가 음수이면 w_i를 감소시킨다. 즉, 새로 설정하는 $w \cdot x$가 현재보다 조금 커지도록 w_i를 갱신하는 것이다. 달리 말하면, $h_w(x)$의 현 출력 -1이 잘못된 것이므로, $h_w(x)$가 1을 출력하게 하려면, $w \cdot x$가 커지도록 w_i를 갱신해야 한다.
3) $y = -1$, $h_w(x) = 1$인 경우:
   $y - h_w(x) = (-1) - (1) = -2$가 되므로, x_i가 양수이면 w_i가 감소하고, x_i가 음수이면 w_i를 증가시킨다. 즉, 새로 설정하는 $w \cdot x$가 현재보다 약간 작아지도록 w_i를 갱신하는 것이다. 달리 말하면, $h_w(x)$의 현 출력 1이 잘못된 것이므로, $h_w(x)$가 목표 출력값 -1을 출력하게 하려면, $w \cdot x$가 작아지도록 w_i를 갱신해야 한다.

다층신경망

개념

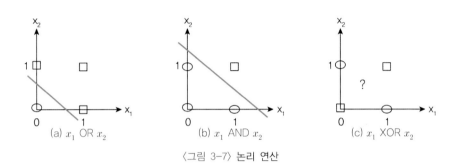

〈그림 3-7〉 논리 연산

그림 3-7은 논리 연산을 그래프로 보여 주고 있다. 그림 3-7(a)와 (b)의 논리합과 논리곱 연산의 경우, 2차원 평면에서 파란색 직선에 의해 경계가 잘 분리되는 것을 알 수 있다. 즉, 퍼셉트론이 선형 경계를 잘 표현할 수 있으므로, 퍼셉트론을 활용하면 이들 두 연산을 쉽게 구현해 줄 수 있다. 그런데, 그림 3-7(c)에서 보는 바와 같이 배타적 논리합 연산인 경우에는, 이들과 달리 하나의 직선으로 선형 분리를 못하는 것을 알 수 있다. 즉, 하나의 퍼셉트론으로는 배타적 논리합을 구현해 줄 수 없다. 퍼셉트론이 배타적 논리합과 같은 간단한 논리 연산을 표현할 수 없다는 점은 인공지능 초창기인 1960년대에 인공신경망 연구자들을 크게 실망시키는 계기가 되었다.

표 3-1의 진리표에서 보듯이, 배타적 논리합은 두 입력이 서로 다른 경우 출력이 1이 되고, 두 입력이 같은 경우 출력이 0이 되는 논리 연산이다. 이 연산을 하나의 퍼셉트론으로는 표현할 수 없으니, 여러 개의 퍼셉트론을 가지고 표현해 보자. 그림 3-8과 같

이 입력 단위가 2개, 은닉 단위가 2개, 출력이 1개인 다층퍼셉트론을 만들어보자. 그러면, 입력으로 x_1, x_2가 들어오고, 은닉층의 z_1, z_2를 거쳐 출력 단위 y_1에서 배타적 논리합의 결과가 출력된다. 이렇게 입력층, 은닉층hidden layer, 출력층 등으로 구성되는 인공신경망을 다층신경망 또는 다층퍼셉트론multi-layer perceptron, MLP이라고 한다.

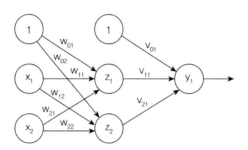

〈그림 3-8〉 배타적 논리합의 다층신경망

입력층에서 은닉층으로 전달되는 가중치에 대해, 입력 x_1에서 은닉층 z_1, z_2로 전달되는 가중치는 w_{11}, w_{12}으로, 입력 x_2에서 z_1, z_2로 전달되는 가중치는 w_{21}, w_{22}로 표현한다. 또한, 입력이 모두 0일 때 신경망에 주어지는 바이어스값을 1로 부여한다. 이렇게 표현된 바이어스값이 그림 3-8의 맨 상단에 보여진다. 하나는 입력층에, 또 하나는 은닉층에 표현되어 있다. 이들에게도 가중치가 부여되었다. 입력층에서는 w_{01}, w_{02}로, 은닉층에서는 v_{01}으로 부여되었다.

그러면, z_1, z_2는 다음과 같이 나타낼 수 있다.

$$z_1 = g(w_{01} \cdot 1 + w_{11}x_1 + w_{21}x_2)$$
$$z_2 = g(w_{02} \cdot 1 + w_{12}x_1 + w_{22}x_2)$$

(3.4)

이번에는 은닉층에서 출력층으로 전달되는 가중치들을 살펴보자. 은닉층 z_1, z_2에서 출력층 y_1으로 전달되는 가중치를 v_{11}, v_{21}로 나타내면, 출력 y_1은 다음과 같이 표현된다.

$$
\begin{aligned}
y_1 &= g(v_{01} \cdot 1 + v_{11}z_1 + v_{21}z_2) \\
&= g(v_{01} + v_{11}g(w_{01} + w_{11}x_1 + w_{21}x_2) + v_{21}g(w_{02} + w_{12}x_1 + w_{22}x_2))
\end{aligned}
\tag{3.5}
$$

이와 같이, 출력 뉴런 y_1이 입력과 가중치, 활성함수에 의해서 완전히 표현된다는 것을 알 수 있다.

[예제 3-2]

    XOR 연산을 수행하는 퍼셉트론의 가중치들이 그림 3-9와 같이 부여되었다고 하자. 은닉층은 z_1, z_2로 나타내고, 활성함수의 임계치 Th를 0.0으로 하자. 가중합이 Th보다 같거나 크면 1이 출력되고, Th보다 작으면 -1이 출력되는 계단함수를 사용한다.

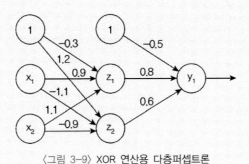

〈그림 3-9〉 XOR 연산용 다층퍼셉트론

그림 3-9의 다층 퍼셉트론에서 은닉층에 배치된 뉴런 z_1, z_2의 출력을 먼저 계산해 보자. 은닉된 뉴런 z_1에 대해 식 3.4에 의거 아래와 같이 가중합을 계산한 후, 그림 3-4(a)의 계단함수를 적용한다.

$$(x_1, x_2) = (0, 0) : (-0.3) \times 1 + 0.9 \times 0 + 1.1 \times 0 = -0.3 < 0.0$$

$$(x_1, x_2) = (0, 1) : (-0.3) \times 1 + 0.9 \times 0 + 1.1 \times 1 = 0.8 \geq 0.0$$

$$(x_1, x_2) = (1, 0) : (-0.3) \times 1 + 0.9 \times 1 + 1.1 \times 0 = 0.6 \geq 0.0$$

$$(x_1, x_2) = (1, 1) : (-0.3) \times 1 + 0.9 \times 1 + 1.1 \times 1 = 1.7 \geq 0.0$$

$$(x_1, x_2) = (0, 0) : g(-0.3) = -1 \rightarrow z_1 = -1$$

$$(x_1, x_2) = (0, 1) : g(0.8) = 1 \rightarrow z_1 = 1$$

$$(x_1, x_2) = (1, 0) : g(0.6) = 1 \rightarrow z_1 = 1$$

$$(x_1, x_2) = (1, 1) : g(1.7) = 1 \rightarrow z_1 = 1$$

마찬가지로, 식 3.4에 의거 z_2를 계산한다.

$$(x_1, x_2) = (0, 0) : 1.2 \times 1 + (-1.1) \times 0 + (-0.9) \times 0 = 1.2 \geq 0.0$$

$$(x_1, x_2) = (0, 1) : 1.2 \times 1 + (-1.1) \times 0 + (-0.9) \times 1 = 0.3 \geq 0.0$$

$$(x_1, x_2) = (1, 0) : 1.2 \times 1 + (-1.1) \times 1 + (-0.9) \times 0 = 0.1 \geq 0.0$$

$$(x_1, x_2) = (1, 1) : 1.2 \times 1 + (-1.1) \times 1 + (-0.9) \times 1 = -0.8 < 0.0$$

$$(x_1, x_2) = (0, 0) : g(1.2) = 1 \rightarrow z_2 = 1$$

$$(x_1, x_2) = (0, 1) : g(0.3) = 1 \rightarrow z_2 = 1$$

$$(x_1, x_2) = (1, 0) : g(0.1) = 1 \rightarrow z_2 = 1$$

$$(x_1, x_2) = (1, 1) : g(-0.8) = -1 \rightarrow z_2 = -1$$

이제 식 3.5에 의거 출력 y_1을 계산해 보자. 은닉층의 출력 z_1, z_2와 가중치 v_{01}, v_{11}, v_{21}에 대해 가중합을 계산한 다음, 마찬가지로 활성함수인 계단 함수를 적용한다.

$$(z_1, z_2) = (-1, 1) : (-0.5) \times 1 + 0.8 \times (-1) + 0.6 \times 1 = -0.7 < 0.0$$

$$(z_1, z_2) = (1, 1) : (-0.5) \times 1 + 0.8 \times 1 + 0.6 \times 1 = 0.9 \geq 0.0$$

$$(z_1, z_2) = (1, 1) : (-0.5) \times 1 + 0.8 \times 1 + 0.6 \times 1 = 0.9 \geq 0.0$$

$$(z_1, z_2) = (1, -1) : (-0.5) \times 1 + 0.8 \times 1 + 0.6 \times (-1) = -0.3 < 0.0$$

$$(z_1, z_2) = (-1, 1) : g(-0.7) = -1 \rightarrow y_1 = -1$$

$$(z_1, z_2) = (1, 1) : g(0.9) = 1 \rightarrow y_1 = 1$$

$$(z_1, z_2) = (1, 1) : g(0.9) = 1 \rightarrow y_1 = 1$$

$$(z_1, z_2) = (1, -1) : g(-0.3) = -1 \rightarrow y_1 = -1$$

이와 같이 계산된 y_1의 출력에서 -1의 출력을 0으로 간주한다면, 그림 3-9의 다층 퍼셉트론이 XOR 연산을 정확히 수행함을 알 수 있다.

:: 일반적 성질

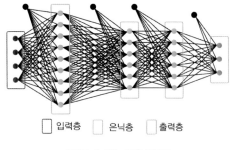

| 입력층 | 은닉층 | 출력층 |

〈그림 3-10〉 다층신경망

그림 3-10은 왼쪽 세로 줄이 입력층, 오른쪽 줄이 출력층, 중간 줄들이 은닉층으로 구성된 일반적인 다층퍼셉트론 또는 다층신경망을 보여 준다. 이 신경망에서는 뉴런들이 한쪽 방향으로만 가중치를 전파한다. 따라서, 이러한 종류의 신경망은 유향 비순환 그래프acyclic directed graph에 해당된다. 이 신경망은 현재 입력들에 의한 함수이므로, 가중치 자체를 제외하고 내부 상태라는 것은 없다.

단일 퍼셉트론만으로는 XOR 논리 연산을 구현할 수 없었지만, 은닉층을 만들어 2층 퍼셉트론을 만들면 해결 가능하다는 것을 [예제 3-2]에서 알 수 있었다. 이처럼 다층퍼셉트론을 이용하면 복잡한 비선형 문제들을 해결할 수 있다. 즉, 다층퍼셉트론이 단일 퍼셉트론의 한계를 넘어 비선형 문제들을 풀 수 있는 것이다. 더 나아가 신경망을 구성하는 계층의 개수를 늘리면, 보다 복잡한 비선형 문제들을 풀 수 있다.

은닉층의 역할은 앞 단계 계층에서 전달받은 데이터를 여과해서 특징을 추출한 후, 다음 계층으로 전파하는 것이다. 은닉층의 개수가 늘어나게 되면 더 복잡한 문제를 해결할 수 있으나, 반대로 컴퓨터의 계산량이 크게 증가한다. 또한 은닉층에는 다수의 뉴런을 배치할 수 있어 각 은닉층 뉴런의 개수가 증가하면 문제의 표현력이 다양해진다. 이러한 은닉층의 개수와 은닉층에 배치된 뉴런의 수에는 정해진 기준이나 법칙이 있는 것이 아니다. 설계자의 직관과 경험에 의존한다.

이러한 다층퍼셉트론은 실제 많은 응용 분야에 적용되어 왔다. 1980년대와 1890년대 인쇄체 또는 필기체 문자를 인식하는 데 다층퍼셉트론이 활용되어, 우편물 자동 분류, 은행 등의 전표 인식, 자동차 번호판 인식 등에서 실용적인 성과를 거두었다. 한편 한계도 노출되었다. 잡음이 심한 환경에서 음성 인식을 하는 데 어려움이 있었으며, 필기체 인식에는 성능 향상이 제한되었으며, 변화가 많은 자연 영상 분석 등에는 적용이 어려웠다[14].

기울기 하강 학습

일반적으로 인공신경망은 다층퍼셉트론을 의미한다. 다층퍼셉트론에서 신호의 흐름은 입력층에서 시작하여 은닉층을 거쳐 출력층으로 전파된다. 신호가 진행 방향으로 전파되는 것이 생물학적 신경계에서도 비슷하게 나타난다. 이러한 원리로 동작하는 인공신경망을 전방신경망feedforward neural network이라 한다. 전방신경망은 심층학습에서 가장 핵심적인 구조이다. 은닉층에서 사용되는 활성함수는 뉴런에 모여진 신호들을 좀 더 변별력있는 상태로 전환한다. 임계치를 적용하여 의미없는 데이터는 현 뉴런에 의해 차단되고 출력 방향으로 전달되지 않는다.

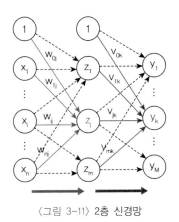

〈그림 3-11〉 2층 신경망

전방신경망에서 원하는 출력을 얻기 위해서는 뉴런 사이의 신호 전달 과정에 적합한 가중치를 찾아야 한다. 인공신경망에서 이러한 작업이 '학습'에 해당된다. 1974년 하버드대학의 박사과정이었던 폴 보워스는 전방신경망에 오류역전파backpropagation 이론[15]을 적용할 것을 처음 제안하였고, 역전파 학습 이론[16]은 1985년에 데이비드 파커와 얀 르쿤에 의해 재발견되었다. 이듬해인 1986년 데이비드 럼멜하트, 제프리 힌튼, 로날드 윌리암스는 역전파 이론이 전방신경망의 학습 모델로 자리잡는 데 핵심적인 기여를 하였다.

전방신경망은 그림 3-11과 같이 1개 이상의 은닉층을 가지는 다층신경망 구조를 갖는다. 그림 3-11은 n개 입력을 갖는 입력층, m개의 은닉된 뉴런을 갖는 은닉층, 그리고 M개의 출력 뉴런을 갖는 출력층으로 구성된 2층 인공신경망을 보여 준다. 우리는 층수를 계산하는 데 입력층은 포함하지 않는다. 그림에 표시된 기호들을 먼저 정의하자. 입력 값 $x_i(i=0, \cdots, n)$, 은닉 뉴런의 출력값 $z_j(j=0, \cdots, m)$, 출력 뉴런의 출력값 $y_k(k=1, \cdots, M)$이라 하자. 입력 x_i에서 은닉 뉴런 z_j로 연결된 가중치를 w_{ij}, 은닉 뉴런 z_j에서 출력 뉴런 y_k로 연결된 가중치를 v_{jk}로 나타낸다. w_{0j}과 v_{0k}는 바이어스 입력 가중치를 나타낸다. 이를 벡터로 표현하면, 입력은 n차원 입력 벡터 $X=[x_0, x_1, \cdots, x_n]^T$, 출력값은 M차원 벡터 $Y=[y_1, \cdots, y_M]^T$로 표현된다. 일반적으로 벡터는 $n \times 1$ 세로로 표현하므로, $[, \cdots,]^T$는 가로 $1 \times n$으로 표현된 X, Y 원소들의 위치를 바꾼transpose 벡터를 나타낸 것이다.

:: 전방향 계산

다층신경망은 퍼셉트론과 달리 활성함수로 계단함수가 아닌 연속함수를 사용한다. 널리 사용되는 함수가 시그모이드 함수나 tanh 함수이다. 은닉층 뉴런의 활성함수를 g_h, 출력층 뉴런의 활성함수를 g_o라 하자. 그러면 출력 y_k는 다음과 같이 표현된다.

$$y_k = g_o\left(\sum_{j=0}^{m} v_{jk} \cdot z_j\right) = g_o\left(\sum_{j=0}^{m} v_{jk} \cdot g_h\left(\sum_{i=0}^{n} w_{ij} \cdot x_i\right)\right) \tag{3.6}$$

식 3.6에서 k번째 출력으로 들어가는 가중합을 u_k^o, j번째 은닉뉴런으로 들어가는 가중합을 u_j^h, 은닉뉴런의 출력을 z_j라고 하면, 식 3.6은 아래와 같이 나누어 표현할 수 있다.

$$y_k = g_o\left(u_k^o\right) \tag{3.7}$$

$$u_k^o = \sum_{j=0}^{m} v_{jk} \cdot z_j$$

$$z_j = g_h\left(u_j^h\right)$$

$$u_j^h = \sum_{i=0}^{n} w_{ij} \cdot x_i$$

전방신경망을 학습시키는 데 학습 데이터 전체를 가지고 한꺼번에 학습하는 대신, 하나의 학습 데이터만을 사용하는 온라인 학습을 수행할 수도 있다. 간단하게 유도하기 위하여, 전방신경망에서 k번째 출력 뉴런 하나에 대해 식을 유도해 본다. k번째 출력 뉴런 y_k를 중심으로 현재 입력 x에 대한 오차함수 error function $E(x)$를 최소제곱법에 의해 정의하면, 다음과 같다. 여기에서 t_k는 학습 데이터 k에 대해 표식이 부가된 목표 출력값을 나타낸다.

$$E(x) = \frac{1}{2}(t_k - y_k)^2 = \frac{1}{2}(t_k - g_o(x))^2 = \frac{1}{2}(t_k - g_o(u_k^o))^2 \tag{3.8}$$

식 3.8에서 $g_o(x)$는 k번째 출력 뉴런의 출력값이므로, 식 3.7에 의해 $g_o(u_k^o)$가 된 것이다. 여기에서 우리가 구하고자 하는 매개변수들은 가중치 $v_{jk}(j=0, \cdots, m, k=1, \cdots, M)$와 $w_{ij}(i=0, \cdots, n, j=0, \cdots, m)$이다.

:: 역방향 오류역전파

이제 오차의 역전파 과정을 유도해 보자[17]. 이 가중치들은 식 3.8에 대해 각 매개변수들로 편미분하면 얻을 수 있다[18]. 먼저 은닉층에서 출력층으로의 매개변수 v_{jk}를 가지고, 오차함수에 대해 편미분해 보자. 다음과 같이 연쇄규칙chain rule [19]을 적용한다.

$$\frac{\partial E}{\partial v_{jk}} = \frac{\partial E}{\partial u_k^o}\frac{\partial u_k^o}{\partial v_{jk}} = \triangle_k z_j \qquad (3.9)$$

$$\triangle_k = -g_o^{'}(u_k^o)(t_k - y_k) \qquad (3.10)$$

위 식에서 z_j는 j번째 은닉뉴런의 출력값으로 이미 식 3.7의 두번째 식을 v_{jk}로 편미분하여 구한 값이다. $\triangle_k$는 식 3.9의 첫 번째 항에 대한 것으로, k번째 출력 뉴런의 목표 출력값과 추정 출력값과의 오차에 비례한다. 식 3.8을 u_k^o로 편미분하면 구해진다. 여기에서 $-g_o^{'}(u_k^o)$ 부분은 활성함수를 미분한 것으로 활성함수에 따라 달라지는 부분이다. 일반적으로 전방신경망에서 주로 사용되는 시그모이드함수인 경우, 미분값은 아래 식 3.11과 같이 표현된다.

$$g^{'}(x) = g(x)(1 - g(x)) \qquad (3.11)$$

이제 입력뉴런에서 은닉층의 뉴런으로 연결된 가중치 w_{ij}에 대해 마찬가지로 편미분해 보자. w_{ij} 는 오차함수에 의해 직접적으로 계산되는 것이 아니고, 출력뉴런을 거쳐 편미분이 이루어져야 하므로, 연쇄규칙을 적용해야 한다.

$$\frac{\partial E}{\partial w_{ij}} = \frac{\partial E}{\partial u_j^h} \frac{\partial u_j^h}{\partial w_{ij}} = \triangle_j x_i \qquad (3.12)$$

식 3.12에서 $\frac{\partial u_j^h}{\partial w_{ij}}$ 는 식 3.7에 의해 쉽게 x_i 를 계산할 수 있으나, $\triangle_j$ 로 나타낸 $\frac{\partial E}{\partial u_j^h}$ 의 계산은 조금 복잡하다. $\frac{\partial E}{\partial u_j^h}$ 는 오차함수를 j 번째 은닉층 뉴런의 가중합으로 편미분한 것이다. 이를 출력뉴런에 대한 가중합을 통해 연쇄 규칙을 적용하면 다음과 같다.

$$\triangle_j = \frac{\partial E}{\partial u_j^h} = \sum_{k=1}^{M} \frac{\partial E}{\partial u_k^o} \frac{\partial u_k^o}{\partial u_j^h} \qquad (3.13)$$

식 3.13에서 $\frac{\partial E}{\partial u_k^o}$ 는 식 3.9에서 계산된 $\triangle_k$ 에 해당되므로 금방 얻어진다. 그러면 $\frac{\partial u_k^o}{\partial u_j^h}$ 를 계산하는 것만 남는다. 식 3.7에 의해 다음 식을 얻을 수 있다.

$$u_k^o = \sum_{j=0}^{m} v_{jk} \cdot z_j = \sum_{j=0}^{m} v_{jk} \cdot g_h\left(u_j^h\right) \qquad (3.14)$$

$$\frac{\partial u_k^o}{\partial u_j^h} = g_h^{'}\left(u_j^h\right)v_{jk} \qquad (3.15)$$

이상과 같이 계산된 내용을 최종적으로 정리하면 다음 식 3.16이 얻어진다.

$$\triangle_j = \frac{\partial E}{\partial u_j^h} = \sum_{k=1}^{M} \frac{\partial E}{\partial u_k^o} \frac{\partial u_k^o}{\partial u_j^h} = g_h'(u_j^h) \sum_{k=1}^{M} v_{jk} \triangle_k \tag{3.16}$$

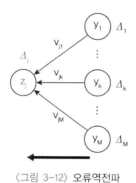

〈그림 3-12〉 오류역전파

그림 3-12는 식 3.16에서 이루어진 연산의 의미를 직관적으로 보여 준다. 식 3.16에서 $\triangle_j$는 오차함수를 j번째 은닉층뉴런의 가중합으로 미분한 값을 나타낸다. $\triangle_j$는 j번째 은닉층뉴런이 출력값의 오차에 어느 정도 영향을 미치고 있는지 알려준다. 한편, u_j^h는 출력뉴런들의 가중합 $u_k^o(k=1, \cdots, M)$을 계산하는 데 모두 사용되었으므로, 거꾸로 각 출력뉴런이 오차에 미친 영향 $\triangle_k(k=1, \cdots, M)$에 가중치 v_{jk} 각각을 곱한 후 합산하면 얻어진다. 결국 출력뉴런들의 오차 $\triangle_k$가 은닉층의 뉴런 j에게 거꾸로 전파되는 것이다. 이렇게 전방신경망의 학습 방식이 출력층에서 입력층으로 오차가 거꾸로 전파되는 형태를 띠기 때문에, 우리는 이 학습 방식을 오류역전파학습이라 한다. 식 3.9, 3.10, 3.12, 3.16이 오류역전파 학습 알고리즘의 골격을 이룬다.

오류역전파는 표식을 가진 학습 데이터를 통해 다수의 은닉층을 가진 전방신경망을 학습시킬 때 사용되는 대표적인 지도학습 알고리즘이다. 지도학습에 대해서는

CHAPTER 2 "지도학습"에서 설명한 바 있다. 역전파 알고리즘은 신경망에서 핵심이 되는 학습 알고리즘으로 명확한 수학적 증명과 계산의 편리성을 제공한다. 오류역전파라는 용어는 예측된 결과와 목표 출력값의 차이인 오류를 역방향으로 전파하면서 적합한 가중치를 찾는다는 의미에서 붙여진 명칭이다.

:: 기울기 하강 학습법

기울기 하강 학습법gradient descent learning method [20]은 최적화 문제에서 지역 최솟값을 찾는 데 사용되는 가장 보편적인 방법이다. 이 방법은 다른 기계학습 모델 중에서 지지 벡터 기계나 회귀 모델에서도 사용되고 있으나, 전방신경망의 학습 모델인 역전파 알고리즘에서 사실상 표준으로 사용되고 있다. 이에 따라 대부분의 심층학습 프레임워크들은 기울기 하강 학습법을 구현한 라이브러리들을 필수적으로 제공한다. 이러한 프레임워크 중에서 대표적인 것으로 구글에서 공개한 TensorFlow[21]가 있다.

전방신경망이 학습을 통해 찾아야 하는 목표 출력값 $t_i(i = 1, \cdots, N)$이 학습 데이터로 주어지고, 현재 전방신경망에 의한 추정 결과값 $y_i(i = 1, \cdots, N)$과 목표값의 차이를 오차함수로 정의한다. 학습 데이터 전체가 $(X_i, t_i)(i = 1, \cdots, N)$로 주어졌을 때, 학습 데이터 전체에 대한 오차함수는 최소제곱법에 의해 다음과 같이 정의된다.

$$E(X, W) = \frac{1}{2} \sum_{i=1}^{N} (t_i - y_i)^2 \tag{3.17}$$

식 3.17은 모든 학습 데이터 N개에 대해 적용한 것으로, 이후에는 계산을 간단히 하기 위하여 k번째 출력 뉴런 한 개에 대해서만 적용할 것이다. 그러면 식 3.17은 식 3.8과 같게 된다. 기울기 하강 학습법은 식 3.8을 최소화하는 W를 어떻게 찾느냐 하는 문제를 해결하고자 한다.

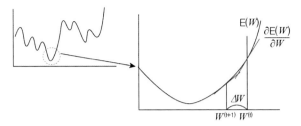

〈그림 3-13〉 기울기 하강 학습법

식 3.17에서 $E(X, W)$는 학습 데이터 집합 X와 매개변수 W가 주어지면 하나의 값으로 계산된다. 데이터 집합 X는 외부에서 주어지는 것이고, 최적화해야 할 대상은 가중치 집합인 W이다. 전방신경망에 의해 정의되는 함수 $f(X, W)$는 복잡한 비선형 함수이므로, 오차함수 $E(X, W)$ 역시 복잡한 비선형 함수로 표현될 것이다. 이러한 비선형적 함수의 최솟값을 찾아가는 반복 알고리즘이 바로 기울기 하강 학습법이다.

기울기 하강 학습법의 개념을 그림 3-13의 그래프를 통해 알아보자. 기울기 하강 학습법은 한 번에 최적해를 얻는 것이 아니다. 어떤 지점 t에서 매개변수 $W^{(t)}$ 주변의 정보를 바탕으로 오차값을 감소시키는 방향 $\triangle W$을 찾아 $W^{(t+1)}$를 새로 계산하는 과정을 반복하면서 조금씩 해를 찾아간다. 오차값를 감소시키는 방향은 오차함수를 매개변수로 편미분해서 얻는 기울기에 비례한다. 이를 식으로 표현하면 다음과 같다.

$$W^{(t+1)} = W^{(t)} + \triangle W^{(t)} = W^{(t)} - \eta \frac{\partial E(W^{(t)})}{\partial W} \tag{3.18}$$

그림 3-13을 보면, 현 지점 t에서 기울기를 계산하여 내리막 방향으로, 즉 오차값이 줄어드는 방향으로 매개변수를 갱신해 가는 것이 목적이다. 달리 말하면, 그림 3-13에서 보는 바와 같이 기울기가 양수이면, 식 3.18에서 $\triangle W^{(t)}$는 음수가 된다. 매개변수 $W^{(t+1)}$를 조금 감소시켜 오차함수 $E(X, W)$를 줄인다. 기울기가 음수인 경우에는,

$\triangle\,W^{(t)}$가 양수가 된다. 매개변수 $W^{(t+1)}$를 조금 증가시켜 마찬가지로 오차함수의 값을 줄인다. 이러한 설명을 그래프상에서 다시보면, 기울기가 양수라면 $W^{(t)}$에서 최솟값이 위치한 방향인 왼쪽으로 이동하면서 $W^{(t+1)}$로 갱신한다. 만약에 기울기가 음수라면 최솟값 지점 왼쪽에 위치하고 있으므로, 최솟값이 위치한 방향인 오른쪽으로 이동하면서 $W^{(t+1)}$로 갱신하는 것이다. 이러한 기울기 하강 학습법에 의한 탐색 동작을 식으로 나타낸 것이 식 3.18이다.

식 3.17에서 $\triangle\,W^{(t)}$는 현 매개변수와 가까운 지점에서만 유용하므로, 한 번에 크게 갱신하는 것은 위험하고 조금씩 갱신해야 한다. η은 학습 속도를 조절하는 것으로 작은 실수 값을 사용한다. η 값이 크면 학습 속도가 빨라지는 반면에 학습이 불안정해지고, 반대로 η 값이 너무 작으면 안정적으로 학습을 진행하나 학습 속도가 느린 단점이 있다. 적절한 값을 선정하여 학습 속도를 조절해야 한다. 이제까지 설명한 기울기 하강 학습 원리를 정리한 내용이 [알고리즘 3-1]에 제시되어 있다.

:: **활성함수**

실제 전방신경망에서 활성함수로 계단 함수가 아닌 그림 3-4(b)의 시그모이드함수 sigmoid function나 그림 3-14(a)의 tanh함수가 사용된다. 이들 함수가 사용되는 주된 이유는 계단 함수가 미분 불가능하기 때문에 앞에서 유도한 식 3.10과 3.16에서 보았듯이 미분 가능한 함수가 필요하기 때문이다. 식 3.11에 시그모이드함수를 미분한 결과가 제시되어 있다. 기계학습은 표본 데이터를 가지고 분류하기 위한 목적함수objective function를 만들어서 원하는 예측을 하려고 한다. 이러한 목적함수에 대해 오차를 최소화하는 지점을 찾고자 기울기 하강 학습법을 사용한다. 기울기 하강 학습법은 한 지점에서 미분을 통해 x를 구하고, 그 x를 가지고 다시 오차함수 $E(X)$를 조금씩 줄여가는 방향을 탐색하면서 기울기가 0이 되는 최솟값 지점을 찾아 간다. 따라서, 이 방법을 적용하려면 모든 점에서 오차 함수가 미분 가능해야 한다. 인공신경망에서 미분 가능한 함수들을 활성함수로 사용하는 이유는 바로 여기에 있다.

[알고리즘 3-1] 기울기 하강 학습 알고리즘[22]

입력: 학습 데이터 X, 학습률 η
출력: 최적해 W

1: 난수를 생성하여 w_{ij}를 임의의 값으로 설정한다.
2: repeat
3: 전체 학습 데이터로부터 하나의 학습 데이터를 추출한다.
　　[전방향 계산] 현 가중치 w_{ij}, v_{jk}를 가지고 출력값 y_k을 계산한다.
4: 　　(1)하나의 학습 데이터 x에 대하여 은닉층 뉴런들의 출력값 $z_j (j=1, \cdots, m)$을 계산한다.

5: 　　$u_j^h = \sum_{i=0}^{n} w_{ij} \cdot x_i,\ z_j = g_h(u_j^h)$

6: 　　(2)출력층 뉴런의 출력값 $y_k (k=1,...,M)$을 계산한다.

7: 　　$u_k^o = \sum_{j=0}^{m} v_{jk} \cdot z_j,\ y_k = g_o(u_k^o)$

　　[역방향 계산] 현 가중치 w_{ij}, v_{jk}를 가지고 오차를 계산한다.
8: 　　(1)출력층 뉴런의 출력값 y_k과 목표 출력값 t_k를 비교하여 출력층 뉴런의 다음 식을 계산한다.

9: 　　$\dfrac{\partial E}{\partial v_{jk}} = \dfrac{\partial E}{\partial u_k^o}\dfrac{\partial u_k^o}{\partial v_{jk}} = \triangle_k z_j$

10: 　　$\triangle_k = -g_o'(u_k^o)(t_k - y_k)$

11: 　　(2)$\triangle_k$를 이용하여 각 은닉층 뉴런으로의 다음 식을 계산한다.

12: 　　$\dfrac{\partial E}{\partial w_{ij}} = \dfrac{\partial E}{\partial u_j^h}\dfrac{\partial u_j^h}{\partial w_{ij}} = \triangle_j x_i$

13: 　　$\triangle_j = \dfrac{\partial E}{\partial u_j^h} = \sum_{k=1}^{M} \dfrac{\partial E}{\partial u_k^o}\dfrac{\partial u_k^o}{\partial u_j^h} = g_h'(u_j^h)\sum_{k=1}^{M} v_{jk}\triangle_k$

　　[가중치 갱신] 계산식과 학습률을 가지고 가중치를 갱신한다.
14: 　　$w_{ij}^{(t+1)} = w_{ij}^{(t)} - \eta\dfrac{\partial E}{\partial w_{ij}},\ v_{jk}^{(t+1)} = v_{jk}^{(t)} - \eta\dfrac{\partial E}{\partial v_{jk}}$

15: 오차 함수를 계산한다.

16: 　　$E(X, W) = \dfrac{1}{2}\sum_{i=1}^{n}(t_i - y_i)^2$

17: until (오차 함수 값이 설정 기준보다 작을 때)

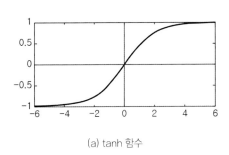

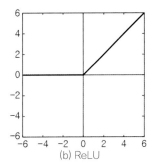

(a) tanh 함수 　　　　　　　　　　　　(b) ReLU

〈그림 3-14〉 활성함수 종류

시그모이드나 tanh함수의 단점은 x축의 값이 어느 정도 커지면 1에 근접하여 포화현상이 나타난다는 점이다. 이 함수의 변화량인 미분값이 0에서 가장 크고, 0에서 멀어질수록 매우 작아진다. 이러한 특징으로 인해 미분값이 0에 가깝게 되면 학습이 매우 느리게 진행하는 문제가 있다. 이에 따라 새로운 활성함수가 등장하였는데, 그중 하나가 아래 식 3.19로 표현되는 $ReLU$Rectified Linear Unit함수[23]이다. 그림 3-14(b)가 이 함수의 형태를 보여 준다.

$$y = g\left(\sum_{i=0}^{n} w_{ij} \cdot x_i\right) = ReLU(z) = \max(0, z) \tag{3.19}$$

식 3.19에서 z는 가중합을 나타낸다. $ReLU$ 함수는 양수 영역이 선형적이므로 시그모이드 함수와 달리 포화 현상이 야기되지 않는다. 또한 음수 구간에서는 0이 되므로 신경망이 희소하게 되는 효과가 있다. 신경망이 희소하게 되면 가중치 계산 시간이 줄어드는 장점이 있다.

다층신경망에서의 고려사항

:: 과적합 및 학습 종료 선택

학습을 수행하는 과정에서 주어진 학습 데이터에 대해서만 과도하게 적합되는 형태로 결정 경계를 설정함으로써 실제 데이터 집합이 가지는 특성을 제대로 학습하지 못하게 되는 현상을 과적합overfitting [24]이라고 한다. 과적합의 원인은 가중치 개수는 많은 반면에 학습 데이터가 충분치 않은 상황에서 비롯된다. 예를 들어, 가중치 개수가 50만 개인데 반해 학습 데이터를 1만 개밖에 구할 수 없다면, 학습 알고리즘은 가중치를 조정하다가 결국에는 주어진 학습 데이터를 외워버리는 것과 같은 결과를 초래할수 있다. 그림 3-15(b)가 작은 규모의 학습 데이터 집합에 딱 적합해진 학습 상황을 보여 주는 과적합 사례라고 할 수 있다.

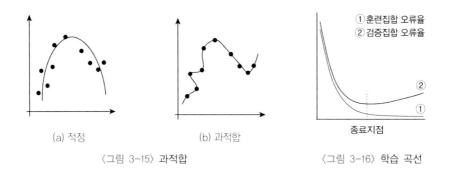

〈그림 3-15〉 과적합   〈그림 3-16〉 학습 곡선

일반적으로 학습 과정을 진행하면 할수록 학습 오류율은 그림 3-16에서 보는 것처럼 줄어든다. 그렇지만 학습 과정에서 학습 오류율이 낮아진다고 무조건 좋은 것만은 아니다. 왜냐하면 과적합이 진행되고 있을지 모르기 때문이다. 이러한 상황에 대처하는 하나의 방법은 검증 집합을 활용하는 것이다. 검증 집합validation set은 학습 데이터 중의 일부를 학습 후 검증하기 위한 용도로 분리해 놓은 학습 데이터 집합을 말한다.

과적합을 방지하기 위하여, 학습을 진행하면서 학습 오류율뿐만 아니라 검증 오류율을 같이 확인할 필요가 있다. 그림 3-16의 그래프처럼 학습이 진행됨에 따라 학습 오류율이 줄어드는 데 반해, 검증 오류율이 증가하기 시작하는 시점이 나타나면, 그 시점부터 과적합이 일어나고 있는 것이다. 그래서, 이 시점에서 학습을 종료함으로써 과적합을 방지하는 것이 좋다.

:: 교차 검증

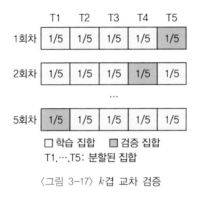

〈그림 3-17〉 k겹 교차 검증

학습의 목표는 앞으로 검사할 데이터 집합에 가장 적합한 모델을 배우는 것이다. 오류율error rate를 통해 가장 적합한 정도를 평가할 수 있다. 오류율은 전체 학습 데이터에서 추정 출력값과 실제 목표 출력값이 다른 경우들의 비율을 말한다. 그러나, 추정 함수의 오류율이 낮다고 해서 반드시 추정 모델의 일반화가 잘 되었다는 것을 의미하지는 않는다.

이를 방지하기 위해 k겹 교차 검증k-fold cross validation을 사용할 수 있다. k겹 교차 검증을 사용하면 학습 데이터 집합을 최대한 학습에도 활용하고 정확한 오류율을 얻을 수 있다. 이 방법은 학습 데이터 집합을 같은 크기의 k개 집합으로 나눈다. 그런 다음 $(k-1)$개 집합은 학습 단계에서 사용하고, 남은 1개 집합을 검증용으로 사용한다. 검증 집합을 매번 달리 선택하면서 이 과정을 k번 반복한다. 보통 k값으로는 5～10을 사용하는데, 이 정도면 통계적으로 실제 오류율에 근사한 값을 얻을 수 있다. 그림 3-17은 학습 데이터 집합을 5개로 균등 분할하여 교차 검증을 수행하는 예를 보여 준다.

:: 지역 극솟값 및 주기

기울기 하강 학습법은 기울기를 기준으로 오차값이 점점 줄어드는 방향을 따라 기울기가 0인 지점을 찾아 극솟값local minima을 찾는 것을 보장한다. 그런데, 이렇게 찾아진 매개변수의 해가 때로는 지역적 극솟값이란 점이다. 만약 그림 3-13에서 초기화 시 최솟값에서 멀리 떨어진 지점에서 시작한다면, 학습 도중에 처음 구한 극솟값에서 학습을 멈추게 될 것이다. 기울기 하강 학습법은 이와 같이 최솟값이 아닌 지역 극솟값을 찾게 되는 문제를 갖고 있다.

지역 극솟값 문제는 실제 적용 시 빈번하게 발생되는 현상이다. 그렇지만 찾아진 극솟값에 의해 오차값이 원하는 수준 아래로 구해진다면 별 문제가 되지 않는다. 이러한 문제에 대한 해결책으로는, 탐색의 초기 지점을 바꾸어 가면서 여러 번 학습을 시도하여 원하는 오차값 이하를 얻도록 시도하는 방법이 있다.

모든 학습 데이터에 대해 전방신경망의 역전파 과정을 완료시킨 것을 1주기epoch라고 한다. 한 주기의 학습이 수행된 것으로, 원하는 정확도를 얻기까지 이러한 주기를 여러 번 반복한다. 기울기 하강 학습법은 구해진 해에 대한 오차가 만족할 만한 수준이 될 때까지 전체 학습 데이터에 대해 이러한 주기를 반복한다.

심층신경망

1979년에 후쿠시마는 신경생리학 이론을 적용한 신인식기neocongnitron [25] 모델을 발표한다. 신인식기 모델은 신경생리학 분야에서 노벨상을 수상한 데이비드 허블과 토르스텐 위젤의 연구로부터 직접적인 영향을 받았다. 허블과 위젤의 연구는 고양이의 시각 과정에서 뇌 시각 피질의 동작 구조를 규명한 것이다. 신인식기를 통해 제시된 방법은 오늘날 심층학습의 핵심인 기울기 하강법, 지도학습 기반의 전방신경망, 합성곱신경망 등의 개념과 매우 흡사하다. 이러한 신인식기 모델이 이미지 인식 분야에 적용되어 혁신적인 성과를 낸 합성곱신경망Convolution Neural Network [26]을 태동시켰다. 사람의 시각 인지 과정을 모방한 합성곱신경망은 다양한 형태의 데이터에서 원하는 특성을 추출하는 데 탁월한 성능을 나타내어, 컴퓨터 비전 분야에서 독보적인 모델로 자리매김하였다. 그 외에도 신호 처리나 음성 인식 등 여러 분야에서 널리 활용되고 있다.

합성곱신경망

병렬 분산 처리에 높은 성능을 보이는 GPU, 활성함수 ReLU의 성능 향상, 가중치 집합을 희소하게 만드는 드롭아웃과 같은 정규화 기법, 기존의 학습 데이터들을 변형시켜 학습 데이터를 보다 풍부하게 확장하는 기술 등 다양한 개선 시도들이 합성곱신경망의 성공을 이끌었다. 현재 합성곱신경망은 거의 모든 인식 및 검출 분야에서 주도적인 모델이 되었다. 어떤 영역에서는 이미 합성곱신경망의 결과가 사람의 인식 수준을 능가하는 성능을 보였다. 최근에는 합성곱신경망이 반대로 생성 모델로 사용되어, 특징들이 주어지면 이를 가지고 그에 대한 영상을 생성하기도 한다.

:: 합성곱 연산

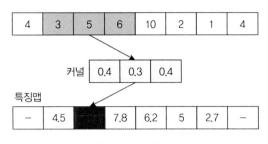

〈그림 3-18〉 합성곱 연산

　그림 3-18을 통해 합성곱 연산에 대해 알아보자. 이 그림에서 맨 윗줄의 입력이 8개 요소로 이루어져 있다. 이 입력과 두 번째 줄의 1×3 크기의 커널kernel 간 합성곱 연산을 해 보자. 커널은 실제 이미지에서 특성을 걸러내는 효과를 나타내므로 필터filter라고도 한다. 합성곱 연산convolution operation은 대응되는 요소들끼리 곱한 다음 곱한 결과들을 모두 더하는 선형 연산이다. 위 그림의 세 번째 줄에서 빨간색으로 표시된 세 번째 요소는 입력의 3개 요소 [3,5,6]와 커널 [0.4,0.3,0.4]에 대해 요소끼리 곱셈한 후 모두 더하여 얻은 합성곱 연산값이다. 즉, 3*0.4＋5*0.3＋6*0.4＝5.1으로 계산된 것이다. 이 경우, 세 개 요소에 대해 가중치 [0.4,0.3,0.4]를 가지고 평균하는 것과 같으므로, 신호 데이터들을 부드럽게 완화하는 효과가 있다. 다시 말하면, 잡음 성분을 줄이면서 신호의 특성을 추출하고자 할 때 적합한 필터라고 할 수 있다.

　이러한 합성곱 연산을 전체 입력에 대해 수행하면, 세 번째 줄의 결과가 얻어진다. 입력의 맨 왼쪽에서 시작하여 오른쪽으로 이동하면서 커널을 가지고 합성곱 연산을 수행한 것이다. 이렇게 얻어진 결과를 특성지도feature map라 한다. 특성지도는 필터에 의해 걸러진 특성들을 강조하는 효과가 있다. 특성지도의 맨 왼쪽과 마지막의 '－'는 계산할 대상인 입력이 부족하여 계산되지 못한 것을 표시한 것이다.

[예제 4-3]

그림 3-19의 2차원 이미지에 대해 합성곱 연산을 해 보자.

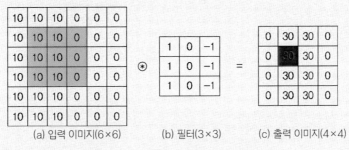

〈그림 3-19〉 2차원 이미지의 합성곱 연산

이 그림에서 입력 이미지는 6×6 행렬이고 필터가 3×3인 행렬이다. 입력 이미지의 초록색 부분 3×3에 대해 필터 3×3을 합성곱하면, 아래와 같이 대응하는 요소 간 계산이 이루어진다.

$$
\begin{pmatrix} 10 & 10 & 0 \\ 10 & 10 & 0 \\ 10 & 10 & 0 \end{pmatrix} \otimes \begin{pmatrix} 1 & 0 & -1 \\ 1 & 0 & -1 \\ 1 & 0 & -1 \end{pmatrix}
$$

$$
= [10 \times 1 + 10 \times 0 + 0 \times (-1)] + [10 \times 1 + 10 \times 0 + 0 \times (-1)]
$$

$$
+ [10 \times 1 + 10 \times 0 + 0 \times (-1)]
$$

$$
= 10 + 10 + 10 = 30
$$

출력 이미지의 다른 요소들도 위와 같은 방법으로 계산하면, 그림 3-19(c)와 같은 4×4 크기의 출력 이미지가 생성된다. 그림 3-19는 입력 이미지로부터 수직 성분 필터를 통해 수직 방향 에지가 검출된 것을 보여 주고 있다.

이와 마찬가지로, $\begin{pmatrix} -1 & -1 & -1 \\ 0 & 0 & 0 \\ 1 & 1 & 1 \end{pmatrix}$과 같은 필터가 사용된다면, 수평 방향 에지가

검출된다. 보통 이러한 필터는 원래 행렬보다 작은 정방행렬이 이용된다. 원본 이미지가 $n \times n$이고, 필터 크기가 $f \times f$이면, 필터링된 특성 지도 이미지의 너비와 높이는 $\dfrac{(n-f)}{s}+1$로 계산된다. 여기서, s는 필터가 이동하는 보폭stride의 크기를 의미한다. 필터가 한 칸씩 옆으로 이동하면 $s=1$이고, 한 칸을 건너뛰어 두 칸씩 이동하면 $s=2$가 된다. 그림 3-19(c)의 출력 이미지 크기를 계산해 보면, $\dfrac{(6-3)}{1}+1=3+1=4$이 되어 4×4 이미지가 만들어진 것을 확인할 수 있다. 보폭을 크게 하면 출력 이미지가 작아지게 되므로 다운샘플링하는 효과가 있다. 예를 들어, 두 칸을 건너뛰어 세 칸씩 이동하면 $s=3$이 되므로, $\dfrac{(6-3)}{3}+1=1+1=2$가 되어 2×2 출력 이미지가 만들어진다. 확인해 보기 바란다.

커널을 통해 합성곱 연산을 수행한 후, 각 요소의 데이터에 대해 활성함수를 적용하여 좀 더 분별력있게 만든다. 합성곱신경망에서 주로 사용하는 활성함수는 $ReLU$이다. $ReLU$는 미분값이 상수 '1'이므로 학습 속도가 빠르다. 또한, 양수 영역이 선형적이므로 포화 현상이 야기되지 않고, 음수 구간에서는 0이 되어 신경망을 희소하게 만드는 장점이 있다. 이렇게 합성곱 연산이 끝난 데이터에 활성함수를 적용하고 나면, 비로소 필터링 과정이 끝난다.

:: 풀링

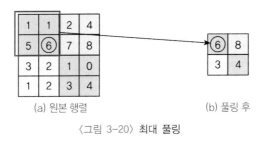

(a) 원본 행렬   (b) 풀링 후

〈그림 3-20〉 **최대 풀링**

그림 3-20은 4×4 행렬에 대해 풀링을 수행한 후, 2×2 행렬로 변환된 것을 보여 준다. 그림 3-20은 풀링할 대상 중에서 대푯값으로 최댓값을 사용하는 최대 풀링max pooling을 보여 준다. 원래 행렬 왼쪽 상단의 2×2 부분 행렬 $\begin{pmatrix} 1 & 1 \\ 5 & 6 \end{pmatrix}$에서 가장 큰 요소는 6이므로, 최댓값 6을 변환된 행렬 요소의 대푯값으로 저장한다. 이러한 과정을 원래 행렬의 나머지 부분에 대해 반복하면, 그림 3-20(b)의 결과를 얻는다. 그림 3-20에서는 최대 풀링을 보여 주었는데, 다른 방법으로는 대상 요소들의 평균값을 사용하는 풀링도 있다. 풀링은 합성곱 연산으로 입력 데이터의 특성을 추출하고 난 다음, 이웃한 요소들간 비교를 통해 고유한 특성을 유지시키면서 데이터 크기를 줄이는 효과가 있다. 다시 말하면, 이전 계층에서 위치나 모습의 변화가 클 때, 풀링 기법은 표현representation이 거의 변하지 않게 하면서 데이터 크기를 줄여 준다.

위와 같은 필터링, 활성화, 풀링 과정을 거치면 픽셀 단위로 인식되는 이미지를 에지나 코너 형태로 만든 특성 지도를 얻게 된다. 다음 단계는 이러한 기초적인 특성들을 모아 보다 추상적인 형태의 이미지를 구성한다. 이러한 과정을 반복하게 되면 최종적으로 입력 데이터의 특성을 추출한 특성 지도가 1차원 벡터로 출력된다. 그 다음에, 입력 데이터가 어느 부류에 속하는지 분류 과정을 진행한다. 분류 과정은 모든 뉴런들이 완전히 연결된 다층신경망을 통해 학습을 진행하여 분류 결과를 얻는다. 이러한 합성곱신경망은 많은 자연 신호들이 저차원 특성들을 합성하여 고차원 특성들을 얻는 합성적 구조라는 성질을 이용한 것이라 할 수 있다.

그림 3-21은 합성곱신경망이 숫자 인식에 적용된 사례인 LeNet-5[27]을 보여 준다. 합성곱신경망은 앞 단인 C1,S1에서 저차원 특성을 추출하고, 보다 고차원 특성은 다음 단계인 C2,S2에서 추출하여 최종 C3 단계에서 합성곱 연산을 통해 1차원 특성 지도를 완전연결된 다층신경망으로 전달한다. 다층신경망에서는 합성곱신경망에서 추출한 특성을 기초로 학습을 통해 숫자를 분류하여 최종 출력한다.

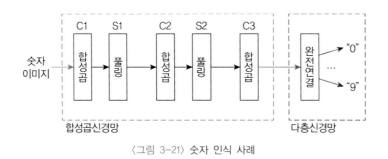

〈그림 3-21〉 숫자 인식 사례

순환신경망

실생활에서 생겨나는 많은 데이터들은 순차적 또는 시간적으로 연속하여 발생하는 경우가 다반사이다. 예를 들어, 가까운 미래의 주가를 예상하려고 해 보자. 그러면, 지난 한 달 또는 반년, 1년, 3년 전의 주가 데이터를 가지고 내일의 주가를 예측하고자 할 것이다. 또, 문장에서 다음에 나올 단어를 추측하고 싶은데, 앞서 나온 단어들이 무엇이었는지 알고 있다면 다음 단어를 예측하는 데 큰 도움이 될 것이다. 이러한 순차적 데이터들을 처리하려면, 이전의 결과를 이용할 수 있는 신경망 모델이 필요하다. 순환신경망이 이러한 순차적인 정보를 처리하는 데 적합하다.

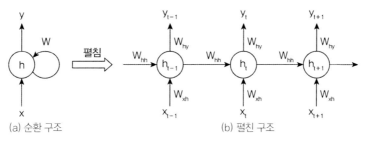

(a) 순환 구조　　　　　　　　(b) 펼친 구조

〈그림 3-22〉 순환신경망 구조

기존의 합성곱신경망에서는 모든 입력과 출력이 독립적이라고 가정했지만, 순환신경망은 이와 달리 은닉층이나 출력이 이전의 계산 결과들을 반영한다. 이러한 순환신경망의 구조를 나타내 보면 그림 3-22와 같다. 이 그림은 순환신경망의 구조를 두 가지로 제시하고 있다. 그림 3-22(a)는 은닉층 h가 입력층 및 출력층과 연결될 뿐만 아니라 자기자신의 층과도 연결을 갖고 있는 것을 볼 수 있다.

이를 식으로 표현하면 다음과 같다.

$$h_t = g_h(h_{t-1}, x_t) \tag{3.20}$$

그림 3-22(b)는 (a)의 순환 연결 구조를 시간 단계time step별로 펼쳐서 보여 주고 있다. 이렇게 펼쳐진 순환신경망 구조를 식으로 나타내면 아래와 같다.

$$h_t = \tanh(W_{hh} \cdot h_{t-1} + W_{xh} \cdot x_t)$$
$$y_t = W_{hy} \cdot h_t \tag{3.21}$$

여기에서, x_t는 시간 단계 t에 들어오는 입력값을 나타내고, h_t는 시간 단계 t에서 은닉층의 상태state를 나타낸다. 순환신경망에서 은닉층은 상태를 기억하는 역할을 한다. 이전 $t-1$ 단계의 은닉층 상태값과 현재 t 단계에 들어온 입력에 대해 가중치 벡터 W_{hh}, W_{xh} 를 적용하여 가중합 계산이 이루어진다. 활성함수 g_h 로 보통 tanh나 ReLU, softmax 등이 활용되는데, 여기에서는 tanh가 사용되었다. 초기 은닉층 상태는 보통 0 으로 초기화한다. y_t 는 t 단계의 출력값이고, W_{hy} 는 은닉층에서 출력으로 연결된 가중치 벡터를 나타낸다.

[예제 3-4]

　순환신경망을 이용하여 언어 모델을 구현해 보자. 언어 모델language model이란 입력으로 들어온 문자나 단어들의 순서를 토대로, 현 입력 다음의 문자나 단어 가 무엇인지 예측하는 모델을 말한다. 아래 그림 3-23은 문자 수준의 언어 모델 이 순환신경망에 의해 어떻게 동작하는지 제시하고 있다[28].

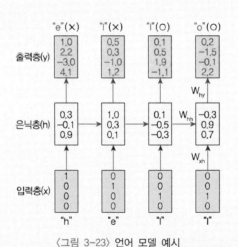

〈그림 3-23〉 언어 모델 예시

　그림 3-23의 하단에 위치한 입력층으로 "hell"라는 문자열이 입력된다. 현 입 력에 대해 다음에 나타나는 문자를 인식하는 것이 문자 수준 언어 모델의 목적이

므로, 각 문자를 1비트 코드one-hot code 표현법으로 나타낸다. 1비트 코드 표현법은 전체 문자 중에서 해당 문자를 비트열 내 위치에 1비트로 표현하는 방법이다. 일종의 비트맵 방식이다. 보다 상세히 설명하면, "hello" 문자열에 포함된 문자는 'h','e','l','o' 네 개이다. 총 5개 문자 중에서 'l'이 중복되었기 때문에 1개 줄어든 4개가 된다. 그래서 각 문자는 네 개의 비트열로 표현된다. 즉, 'h'는 [1 0 0 0], 'e'는 [0 1 0 0], 'l'는 [0 0 1 0], 'o'는 [0 0 0 1]로 표현할 수 있다. 문자 대신에 이러한 1비트 코드가 순환신경망의 입력으로 제공된다.

이 그림에서 은닉층에 나타난 숫자 3개는 은닉층에 뉴런이 3개 배치되었음을 나타낸다. 이들 뉴런은 이전까지 축적된 순환신경망의 상태를 갖고 있다. 이 뉴런들의 출력 h_t는 입력 x, 입력 가중치 W_{xh}에 은닉층의 이전 상태 h_{t-1}, 은닉층 가중치 W_{hh}가 추가되어 가중합이 계산된다. 그림 3-23의 은닉층에 있는 값들은 이들을 통해 계산된 것들이다.

출력층 y는 현 단계의 은닉층 출력 h_t와 출력층으로 연결된 가중치 W_{hy}에 의해 계산된다. 출력된 값들이 입력과 마찬가지로 1비트 코드로 출력된다. 이 예에서 첫 번째 출력으로 값 $[1.0\,2.2\,-3.0\,4.1]^\mathrm{T}$이 출력되었다. 이 벡터에서 각 자리는 앞에서 설명하였듯이 문자들에 대응하는데 4번째 요소값 4.1이 가장 크므로 'o'로 예측되었음을 알려준다. 즉, 첫 번째 출력으로 'e'를 기대하였는데 'o'라고 예측하였으므로 오류가 발생한 것이다. 두 번째 출력을 보면, 목표 출력값이 'l'이었는데, 첫 번째 출력처럼 가장 큰 값을 나타낸 것이 네 번째 1.2이므로 역시 'o'로 예측되어 마찬가지로 오류가 발생하였다. 세 번째와 네 번째 출력은 목표 출력값과 예측 출력값이 일치하였으므로, 제대로 예측이 이루어졌다. 아직 두 개 출력에서 오류가 있으므로 학습을 계속 진행해야 한다. 실제로는 식 3.21에 의해 계산이 이루어졌는데, 편의상 이를 생략하고 결과 수치만을 가지고 설명하였다.

:: 순환신경망의 특징

[예제 3-4]를 보면서, 순환신경망의 '펼친다unfold'는 의미를 다시 생각해 보자. "펼친다"라는 의미는 순환신경망의 구조를 펼쳐 놓았다는 것이다. 예를 들어, 우리가 관심이 있는 순차 입력이 5개의 단어로 이루어진 문장이라면, 순환신경망은 한 단어당 하나의 계층을 가진 5-계층의 신경망 구조로 펼친 것과 같다. 이론적으로 순환신경망은 임의의 길이를 갖는 순차 입력 정보를 처리할 수 있다.

순환신경망의 순환적 연결recurrent connection은 주어진 입력에 의한 신경망의 반응이 이전 상태에 의존함을 뜻한다. 이러한 성질은 순환신경망만의 고유한 것으로 이러한 특징으로 인해 순환신경망이 단기적인 기억을 가능하게 한다. 따라서, 현재까지 계산된 결과에 대한 '메모리' 정보를 갖는다고 말할 수 있다. 은닉층의 현 상태 h_t는 과거의 시간 단계에 일어난 일들에 대한 정보를 전부 담고 있고, 출력값 y_t는 이렇게 축적된 현재 시간 단계 t의 메모리 상태에 의존한다고 말한다. 하지만 실제 구현에서는 너무 먼 과거에 일어난 일들은 잘 기억하지 못한다.

기존의 심층신경망에서는 각 층마다 가중치들이 모두 달랐던 것과 달리, 순환신경망은 모든 단계에 대해 매개변수 값을 그대로 적용한다. 그림 3-22(b)에서 W_{xh}, W_{hh}, W_{hy}가 모든 층의 계산 과정에 그대로 사용되는 것을 볼 수 있다. 이는 순환신경망이 각 단계마다 입력값만 다를 뿐, 거의 똑같은 계산을 한다는 것을 알려준다. 이는 순환신경망이 학습해야 할 매개변수 수가 크게 줄어드는 효과가 있다는 것을 뜻한다.

그림 3-22와 3-23에서 매 시간 단계마다 출력값을 내는 모델을 제시하였는데, 응용 영역에 따라서는 입력과 출력의 구성이 달라질 수 있다. 예를 들어, 문장으로부터 긍정 또는 부정적인 감정을 추측하고자 한다면, 굳이 모든 단어 위치에 대해 예측값을 내지 않고 최종 예측값 하나만 낼 수도 있다. 마찬가지로, 입력값 역시 매 시간 단계마다 모두 필요한 것은 아니다.

순환신경망의 학습은 다층신경망의 학습과 매우 유사하다. 순환신경망의 각 시간 단계마다 은닉층으로 가중치들이 전파되므로, 기존의 기울기 하강 학습법을 그대로 사용하지 못하고 시간역전파Backpropagation Through Time, BPTT [29]라는 변형된 알고리즘을 사용한다. 그 이유는, 각 출력 부분에서의 기울기가 현재 시간 단계에만 의존하는 것이 아니라 이전의 시간들에도 의존하기 때문이다. 즉, $t=6$에서의 기울기를 계산하기 위해서는 시간 단계 5부터 역방향으로 기울기를 전부 계산해야 하는 것이다.

순환신경망은 자연어처리 영역에 성공적으로 적용되었다. 현재 순환신경망의 여러 종류 중에서 가장 많이 사용되는 모델이 장단기 기억Long Short-Term Memory, LSTM [30]이다. 장단기 기억은 기본적인 순환신경망이 처리할 수 있는 것보다 훨씬 더 긴 순차 입력을 효과적으로 기억할 수가 있다. 개략적으로 얘기하면, LSTM은 순환신경망의 은닉층에 기억 기능을 조절하는 게이트들을 추가하였다.

:: 순환신경망 응용

자연어처리 분야를 중심으로 순환신경망이 응용된 예를 살펴보자. 언어 모델은 주어진 문장에서 이전 단어들을 보고 다음 단어가 나올 확률을 계산해 주는 모델이다. 문장에서 다음 단어가 나타날 확률을 계산해 줄 뿐만 아니라, 생성generative 모델로도 활용될 수 있다. 출력의 확률 분포로부터 문장의 다음 단어가 무엇이 되면 좋겠는지 추정하는 방식으로, 새로운 문장을 생성할 수 있다. 따라서, 학습 데이터 집합의 성향에 따라 다양하고 재미있는 여러 문장을 만들어 낼 수 있는 것이다.

기계 번역 문제는 입력이 단어들의 순차적 나열이라는 점에서 언어 모델과 동일하지만, 출력값이 다른 언어로 번역된 단어들의 나열이라는 점에서 차이가 있다. 이러한 차이에 따라 순환신경망의 구조가 달라진다. 기계 번역을 위한 순환신경망은 입력값을 모두 읽어들인 다음, 출력값을 내보내게 된다. 번역 문제에서는 어순이 다른 문제 등으로 인해, 대상 언어로 번역될 문장의 첫 단어를 찾아내기 위해서는 번역할 문장 전체를 보아야 할 필요가 있다.

컴퓨터 비젼 분야에서 활발하게 사용된 합성곱신경망을 순환신경망과 결합한 협력모델cooperative model에서는, 합성곱신경망에 의해 인식된 입력 이미지에 대해 순환신경망이 그에 대한 설명을 생성하기도 한다. 그림 3-24는 이러한 사례를 보여 주고 있다. 또한, 이러한 협력 모델은 이미지로부터 얻어 낸 주요 단어들을 그에 대응하는 이미지 부분과 연관시켜 주기도 한다. 서로 다른 신경망을 가지고 협력 모델을 구성하는 응용들이 활발하게 연구되고 있다.

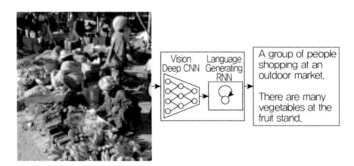

〈그림 3-24〉 협력 모델 사례[31]

생성 모델

(a) 화가 화풍 모사

(b) 빈센트 AI

〈그림 3-25〉 대립신경망 적용 사례

만약 인공지능이 학습 데이터를 사용하여 뭔가 사람이 생각하는 근사한 것을 생성한다면 어떻게 될까? 이러한 과업을 수행하는 모델을 생성 모델generative model이라고 한다. 그림 3-25(a)는 왼쪽 하단의 작은 그림을 그린 화가의 화풍을 모방하여 생성모델이 그린 그림[32]을 보여 주고 있고, 그림 3-25(b)는 사람이 스케치를 제공하면, 생성 모델이 이를 그림[33]으로 최종 완성한 것을 보여 준다. 인공지능이 이 그림들을 그렸다고 하는 게 믿겨지는가? 여기서는 자연 영상을 생성하는 데 뛰어난 성능을 보여준 생성모델에 대해 알아보자.

대립신경망Generative Adversarial Networks, GAN [34]은 2개의 신경망이 서로 경쟁하면서 학습 효과를 최대치로 끌어올리는 생성 모델의 하나이다. 이 모델은 2개의 신경망, 판별망 discriminator과 생성망generator이 협력하여 동작한다. 판별망은 실제와 합성 이미지의 미묘한 수정 사항을 구분 및 식별하도록 훈련을 하고, 생성망은 판별망의 결과를 바탕으로 실제와 유사한 합성 이미지의 생성을 반복한다. 이 모델은 두 신경망이 서로 경쟁하면서 실제 이미지와 가장 유사한 이미지를 생성할 때까지 반복한다.

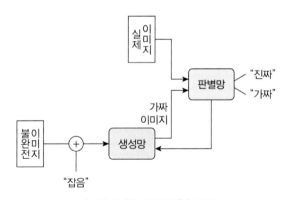

〈그림 3-26〉 대립신경망 구조

그림 3-26은 대립신경망에서 두 신경망이 어떻게 동작하는지 보여 준다. 판별망은 실제 이미지와 생성망이 제공한 가짜 이미지를 입력으로 받아, 주어진 이미지가 실제

인지, 가짜인지 판별하는 학습을 한다. 이를 통해 실제와 가짜 이미지를 잘 식별하는 것이 판별망의 궁극적인 목표다. 이와 반대로, 생성망은 불완전한 이미지에 잡음이 섞여진 것을 입력으로 받아, 실제 이미지와 구별이 가지 않을 정도로 진짜 같은 이미지를 생성하도록 학습한다. 생성망은 실제에 가까운 가짜 이미지를 만들어 내는 것이 목적이다. 생성망은 자신이 생성한 가짜 출력으로 판별망을 속일 정도로 양질의 이미지를 생성하고 싶은 것이다. 이렇게 학습이 이루어진다면, 우리는 생성망을 통해 원하는 콘텐츠를 무궁무진하게 생산할 수 있을 것이다.

대립신경망은 상반되는 목적을 가진 두 신경망이 대결하는 구조를 통해, 실제와 아주 흡사한 새로운 이미지를 생성하는 학습 모델로 크게 주목받고 있다. 초기에는 깊은 다층신경망이 생성망과 판별망에 사용되었으나, 최근 연구에서는 몇 가지 특성을 입력받아 이미지를 생성하도록 합성곱신경망을 거꾸로 사용하거나 문장을 생성할 수 있는 순환신경망이 사용되고 있다. 실제로 엔비디아는 이러한 모델을 활용하여 가짜 유명인사들의 사진을 빠르고 정교하게 만들 수 있는 기술[35]을 선보인 바 있다.

4차 산업혁명과 기술 혁신

되돌아 본 산업혁명 / 로봇 / 자율주행 / 빅데이터 / 4차 산업혁명의 사회적 전망

영국의 경제학자 C. Clark는 산업을 농림·수산·목축업을 포함하는 1차 산업, 제조·광업·건설업을 포함하는 2차 산업, 그리고 금융·상업·통신 등의 서비스를 3차 산업으로 구분한 바 있다. 여기에서 3차 산업, 즉 서비스는 단순히 1차 및 2차 산업과 구별되는 독립 산업이 아니라 1차·2차·3차 산업이 각기 고립되지 않도록 유기적으로 연결하여 영양분을 공급하고, 노폐물을 배출하여 경제 전체의 성장을 돕는 혈액 역할을 하는 산업을 뜻한다.

최근 4차 산업혁명이 화두다. 4차 산업혁명은 초연결, 초지능이라는 키워드를 중심으로 새로운 세상이 열릴 것으로 기대되고 있다. 이러한 혁신적인 변화를 심도있게 이해하기 위하여 지난 산업혁명들을 되돌아본 다음 제4차 산업혁명의 주요 분야인 로봇, 자율주행, 빅데이터 분야를 살펴보고자 한다. 이 분야들은 고도로 학습된 인공지능과 접목되면서 생산성을 향상시키고 이전에 없었던 가치를 창출하면서 4차 산업혁명을 이끌고 있다. 한편, 4차 산업혁명으로 인하여 일자리, 직업의 변화, 소득 불균형 등의 사회적 문제들이 야기되고 있어 이들 주제를 조망해 보지 않을 수 없다.

되돌아 본 산업혁명

〈그림 4-1〉 시기별 산업혁명

근대 산업혁명은 증기기관에 의해 촉발되었다. 일반적으로 오랫동안 한 사회에 커다란 영향을 주는 기술을 범용기술GPT: General Purpose Technology이라 한다. 범용기술은 일반 가정의 생활 방식뿐만 아니라 기업, 사회의 운영방식에도 큰 변화를 가져오는 근본 기술을 의미한다[1]. 증기기관은 최초로 범용성을 가진 기술로 인간의 근력을 대체한 기계였다. 증기기관의 동력은 최초로 공장제 생산라인에 도입되어 더 빠르게 더 많이 제품을 생산할 수 있게 되었다. 또한 철도와 자동차 등 근대적 교통수단의 확대로 이어져서 엔진 기술은 공간의 확장을 가져왔다. '더 많이 더 넓게' 운송하는 일이 가능해지면서 농촌 공동체가 해체되고 원료와 소비 시장이 확대되었다. 한마디로 엔진은 속도라는 특성으로 공간의 한계를 극복하는 데 기여하였으며, 산업사회는 공간의 확장이 일어난 사회라고 말할 수 있다.

한편 엔진과 접목된 산업사회는 분업을 기반으로 하는 대량생산 시스템을 발전시켰다. 이러한 변화는 대규모 산업공단과 주거지를 분리시켰고, 대중교통 시스템은 이러한 분리와 연결을 가속화시켰다. 도시는 팽창하였고 기업가는 산업사회의 주역으로 등장하였다. 대중은 대량생산·대량소비의 대상이면서, 수혜자로서 물질적으로 풍요로운 삶을 누리게 되었다.

그림 4-1이 보여 주듯이 증기기관의 발명으로 분업에 기반한 공장제 생산이 도입된 시기를 1차 산업혁명이라 하고, 내연기관과 전기에너지를 사용하여 대량생산이 가능해진 시기를 2차 산업혁명이라 한다. 1, 2차 산업혁명 모두 생산성의 획기적인 향상을 가져왔으며, 모두 엔진이라는 범용기술에 의한 혁명이었다. 이후 전자, 컴퓨터, 인터넷이 중심이 된 정보통신혁명을 3차 산업혁명이라 하고, 4차 산업혁명은 사물인터넷에 의하여 사물들이 연결되고 인공지능이 핵심 역할을 하고 있다. 결국 3, 4차 산업혁명에서는 컴퓨터라는 디지털 기술이 범용기술로서 혁신을 주도하고 있다[2]. 4차 산업혁명의 핵심 기술로는 로봇, 자율주행, 인공지능, 빅데이터, 사물인터넷, 가상현실, 3D 프린터 등이 꼽힌다. 이들 중에서 로봇, 자율주행, 빅데이터에 대해 알아보자.

로봇

　최근 세계적으로 고령화가 진행되고 있는 가운데, 우리나라의 경우에서도 저출산 및 고령화가 매우 빠르게 진행되고 있어 노동 인력과 노약자 재활, 건강관리 분야 등에서 로봇 활용에 대한 기대감이 높아지고 있다. 로봇의 경우, 물리적 세계를 대표하는 기술로서 사람 또는 환경과 직접 접촉하는 장비의 일종이다. 이러한 로봇은 컴퓨터, 전기, 전자, 기계, 재료공학 등 다양한 기술이 융합된 제품으로서 종합 산업적인 특성을 띠고 있다. 로봇을 유형별로 나누어 보면, 제조 현장에서 관련 작업을 담당하는 산업용 로봇, 의료나 재활, 국방 등의 전문 작업을 수행하는 전문서비스 로봇, 교육, 건강, 가사 등 개인 생활을 지원하는 개인서비스 로봇 등으로 분류된다[3].

　다양한 분야에서 증가하고 있는 로봇시장의 성장세는 노동 분야에 대한 변화를 예고하고 있다. 기존의 자동차·반도체 등 산업용 제품·제조분야를 중심으로 발전해 오던 산업용 로봇 기술이 정보기술·센서·음성인식·운동 메커니즘 등과 결합하면서 지능형 로봇으로 진화하고 있다. 협업 로봇은 대규모 투자가 이루어지는 자동차, 반도체, LCD 제조 라인에서 성공적인 사례를 보이며 급속히 성장하고 있고, BMW, 폭스바겐 같은 기업들도 협업 로봇을 도입하기 시작했다. 이렇듯 로봇에 대한 수요가 지능적이고 협력적이며, 이동성이 뛰어난 로봇으로 변화하고 있다.

산업용 로봇

자동차 조립 로봇[4]

산업용 로봇은 주로 제조 현장에서 정밀하고 섬세한 기술 또는 인간이 수행하기 위험한 작업인 용접, 조립, 도장, 폭파 등 단순 조작과 반복 작업을 처리한다. 인간과는 비교할 수 없을 정도의 작업 속도, 정밀도, 힘을 갖춘 산업용 로봇들은 정확한 위치와 시점에 의존한다. 기계적 시각 인지 능력을 갖춘 로봇도 있지만 대부분 미리 설계된 조명 조건하에서 2차원으로만 물체를 파악한다. 산업용 로봇 시장은 로봇이 사람과 함께 완벽하게 일할 수 있는 형태로 발전하고 있으며, 산업용 로봇의 작업 계획이나 학습 능력, 임무, 조작 방법, 안전성에 대한 연구가 이루어지고 있다. 산업용 로봇은 사람의 시범을 보고 배우는 모사학습imitation learning과 데모학습learning from demonstration을 통해 훈련될 수 있으며, 노동력 대체를 위한 로봇의 학습 능력이 점점 더 중요해 지고 있다.

산업용 로봇 시장에서 협업 로봇 비중도 지속적으로 확대되고 있다. 협업 로봇은 대부분 소형으로 설치가 쉽고 학습 능력이 빠르며 저가라는 장점으로 지속적인 시장 확대가 이루어지고 있다. 미국 Rethink Robotics 사의 백스터Baxter를 선두로 협업용 로봇 시장은 구글, 애플, 자동차 관련 글로벌 기업들이 지속적인 관심과 투자를 하고 있다.

백스터는 다양한 반복 작업을 쉽게 훈련시킬 수 있는 경량 휴머노이드 제조 로봇이다. 산업용 로봇을 움직이려면 복잡한 고가의 프로그램이 필요하지만, 백스터는 필요로 하는 동작의 동선을 따라 팔을 움직여주는 것만으로도 훈련이 가능하다. 백스터는 경량 조립 작업, 컨베이어 벨트 사이에서 부품 옮기기, 소매용 제품 포장하기 등 다양한 작업을 수행할 수 있다. 특히 백스터는 완제품을 출시용 상자에 넣어 포장하는 재능이 뛰어나다. 백스터는 양쪽 손목에 달린 카메라를 이용하여 2차원 시각을 갖추고 있어 부품을 집어 올리거나 기본적인 품질 검사도 가능하다[5].

외환 위기 이후 가파른 증가세를 보여 온 우리나라의 로봇밀도노동자 1만명당 로봇 수가 2010년 이후 요지부동의 세계 1위 자리를 유지하고 있다. 국제로봇연맹IFR이 발표한 2017 세계 로봇 통계 보고서에서, 2016년 현재 한국의 로봇밀도는 631대로, 2015년 531대에서 1년 새 100대가 더 늘어났다고 밝혔다. 세계 평균 74대와 비교하면 8.5배에 이르는 밀집도이다. 로봇 도입을 주도하고 있는 부문은 제조업이며, 그중에서도 전기전자와 자동차 산업이 주된 수요처이다. 2위는 싱가포르488대, 3위는 독일309대, 4위는 일본303대이다. 이와 같이 자동차와 제조업 분야의 비중이 높은 우리나라의 경우 로봇 도입에 따른 제조 분야의 일자리 소멸, 인구 감소, 고령화 사회, 스마트 공장 등 다양한 문제에 직면하고 있다.

전문 서비스 로봇

군사용 로봇[6]

수술 로봇[7]

서비스 로봇은 제조업의 자동화에 활용되던 로봇 이외에 상업용, 가정용, 국방용, 농업용 등 다양한 산업 분야로 확산되어 전문 또는 개인 서비스를 수행하는 로봇을 뜻한다. 전문서비스 로봇은 주로 화재, 테러, 전쟁 등에서 인간 대신 특별 운용하는 로봇으로 구동계의 안정성과 원격 시 오류를 줄이는 기술이 요구된다. 인간의 접근이 힘든 재난환경에서 상황 파악, 긴급 조치 등 인명 및 재산 피해를 최소화하기 위한 재난용 로봇, 병사를 대신하여 인명 피해를 최소화하며 전쟁을 수행할 수 있는 군사용 로봇 등이 이에 속한다. iRobot은 군사목적용 로봇으로 이라크, 아프가니스탄에 투입되고 있으며, 보스톤 다이나믹스의 로봇들은 적지의 산악지형에서도 정찰, 인명 탐색 등이 수행 가능하다.

요즘은 의료 현장에서 수술용 로봇을 흔히 볼 수 있다. 수술용 로봇으로 다빈치 로봇 수술기, 로보닥, 이솝, 제우스 등이 많이 사용되고 있다. 이 로봇들은 복잡·미세한 수술이나 인공 관절 삽입 시술, 보조 의사 역할, 의사의 시술 동작 보조 등 다양한 역할을 수행한다. 또한, MIT의 Manus는 상지 재활치료 로봇으로 유명하며, 스위스의 Lokomat는 뇌 또는 척수 손상 등으로 보행 능력이 저하된 환자들의 보행 능력 재활에 활용되고 있다[8].

현재는 로봇 수술을 받게 되면 고가의 비용을 지불해야 하고, 의사의 로봇 수술에 대한 숙련도가 요구되는 단점이 있다. 그러나 로봇 수술의 경우 수술 부위의 출혈이나 감염 위험이 적고 회복이 빠르기 때문에 환자들의 반응이 좋은 것으로 보고되고 있다. 2005년 국내에 도입된 Intuitive Surgical사의 '다빈치 로봇 수술기'는 비뇨기과, 산부인과, 외과, 흉부외과 등 복잡하고 어려운 수술에 효과적으로 이용되고 있으며, 미국과 유럽의 유수 대학 병원과 수련 병원에서 사용될 정도로 보편화되었다.

현재 환자나 장애인의 근육 재건, 관절 회복, 보행 재활 훈련 등 다양한 분야에 재활 로봇들이 활용되고 있다. 재활 로봇은 주도적으로 재활 활동을 수행하거나 보조하는 기능을 수행하며, 환자들의 재활 치료 기간, 강도 유지, 노인과 장애인의 재활 및 사회

복귀를 도와준다. 착용형 재활 로봇은 장애인, 환자, 고령자들이 쉽게 이동할 수 있게 도와준다. 또한 입원 환자나 고령 환자를 위한 간병 로봇은 환자를 원하는 곳까지 이동을 시켜주고, 침대에서 들어 올려 휠체어로 옮겨 싣기도 한다.

최소 침습 수술 도입의 강조와 로봇시스템의 확장, 영상 플랫폼과의 결합, 캡슐 로봇 시스템 등 다양한 기술 진보에 힘입어 의료·재활·간병 로봇이 확대되고 있다. 의료·재활 로봇의 발달과 시장 확대는 인공지능 기술과 융합하여 U-헬스 서비스, 재난 및 인명구조 서비스, 장애인과 노인 보조, 물리치료, 재활치료 등에서 다양한 서비스를 제공할 것으로 기대되고 있다.

개인 서비스 로봇

페퍼와 대화

식당 서빙 로봇[9]

최근 다양한 분야에서 로봇기술의 융·복합화를 통해 지능적인 서비스를 창출하는 로봇이 등장하고 있다. 지능형 로봇이란 외부 환경을 인식하고 스스로 상황을 판단하여 자율적으로 동작하는 로봇을 일컫는다. 시각, 촉각, 청각 인식을 위한 고도의 센서와 자기 판단, 그에 대응하는 동작이 가능한 로봇이 이에 해당한다. 지능형 로봇의 핵심 요소 기술로는 외부 환경을 인식하는 기술, 스스로 상황을 판단하는 기술, 자율적으로 동작하는 기술 등이 있다[10]. 이러한 지능형 로봇은 인간과 비슷한 휴모노이드 형태를 추구하나 실제 외관의 형태는 매우 다양하다.

지능형 로봇은 센서, 인공지능, 음성 인식 등의 기술에 빅데이터, 클라우드를 융합시켜 과거 산업용 로봇보다 훨씬 진화된 형태로 발전하면서 인간과 자연스러운 상호작용을 추구하고 있다. 일본 소프트뱅크의 감성로봇 페퍼Pepper나 우리나라의 알버트 휴보는 자연 언어로 대화하고 얼굴 근육을 움직여 인간의 감정을 표현할 수 있는 지능형 로봇의 예라고 할 수 있다. 페퍼는 2016년 기준으로 가정 및 매장용으로 1만 대 이상 판매를 올려 상용화 가능성을 크게 높였다. 또한, 프랑스의 알데바란 로보틱스에서 내놓은 나오Nao와 로메오는 대표적인 휴머노이드 로봇[11]인데, 나오는 수학, 물리, 컴퓨터 과학 등을 가르치는 교육 로봇으로 자동차를 직접 운전해서 심부름을 대행하는 용도로 진화하고 있고, 로메오는 고령자의 생활 동반자 역할을 수행하는 것이 목표인 로봇[12]이다.

기존에도 소니의 아이보AIBO나 AIST에서 개발한 파로paro와 같은 감성 로봇이 있었다. 최근 음성인식을 통해 대화나 감성을 상호 교환할 수 있는 기능이 발전되면서, 인간과 대화나 몸동작 같은 사회적 행동을 통해 교감하는 소셜 로봇social robot으로 재등장하고 있다[13]. 2014년 페퍼Pepper, 일본와 지보Jibo, 미국의 개발 소식에 소셜 로봇의 기대감이 매우 고조된 바 있고, 이후 버디Buddy, 프랑스, 젠보Zenbo, 대만, 타피아Tapia, 일본 등 전 세계에서 다양한 소셜 로봇이 출시되었다. 국내에서는 아이지니아이피엘, 퓨로i퓨처로봇, 허브로봇LG전자 등의 소셜 로봇을 준비하고 있다.

현재 집 안 상황에 따라 청소를 하거나 세탁물의 세탁방법을 파악하여 세탁이 끝나면 옷을 개주는 로봇이 빨래를 개어 옷장에 넣고 있다. 미래에는 더욱 다양한 개인서비스용 로봇이 가사업무를 대신함으로써 개인의 삶의 질을 향상시켜 줄 것이다. 예를 들어, 청소 로봇, 집안일을 돕는 로봇, 설거지와 요리를 담당하는 부엌용 로봇, 노인 및 독거 생활자를 돌보는 로봇, 바쁜 현대인들의 일정 관리를 돕는 개인 비서형 로봇,

자녀들의 학습도우미 로봇 등 다양한 형태의 로봇들이 각 가정에 자리 잡을 것으로 예상된다.

　로봇이 식당에 등장하고 있는 예로, 일본 초밥식당 체인점 쿠라Kura의 사례[14]를 살펴보자. 이 체인에 속한 262개 식당에서는 로봇이 초밥을 만들고 웨이터 대신 컨베이어 벨트가 접시를 나른다. 신선도를 유지하기 위해 각 초밥 접시가 언제 벨트에 올려졌는지 점검하고, 유효시간이 지난 접시는 자동으로 회수된다. 손님들은 터치 스크린으로 주문을 하고 식사를 마치면 빈 접시를 식탁 근처의 빈 통에 넣는다. 그러면 체인 내 시스템은 자동으로 음식값을 계산하고 접시는 설거지한 후 부엌으로 보내진다. 이렇게 서비스 로봇을 도입한 쿠라는 지점장을 고용하는 대신 중앙 서버에서 각 지점의 식당 운영을 다각적으로 관찰하고 있다. 이러한 자동화 덕분에 쿠라는 경쟁 업체들보다 현저히 낮은 가격인 접시당 100엔에 초밥을 내놓고 있다.

　인간의 모습과 행동을 하는 안드로이드 로봇의 기술 발전은 고령화 사회의 노약자나 장애인의 생활 동반자 역할이나 교육 지원뿐 만 아니라, 연극이나 드라마의 공연 등 다양한 분야에서 활용될 것으로 기대되고 있다. 앞으로 로봇이 사람과 상호작용하는 일이 늘어날수록 로봇은 인간의 감정과 의도를 이해하고 행동할 수 있는 기능을 갖추게 될 것이다. 서비스 로봇이 서비스 대상인 사람의 의도와 감정을 제대로 이해하지 못하고서는 만족스러운 서비스를 할 수 없기 때문이다. 로봇 기술이 공학을 벗어나 사람을 이해하는 인문학과 협동 연구가 필요한 이유가 여기에 있다.

자율주행

　현대자동차는 2018 평창 동계올림픽의 성공적인 개최를 전 세계에 알리고자 2018
년 2월 2일, 약 200km에 달하는 거리인 서울~평창 간 고속도로에서 자율주행을 시연
하였다[15]. 서초구 만남의 광장에서 출발한 5대의 자율주행차는 고속도로를 진입하며
운전대에 있는 운전자들이 크루즈Cruise 및 세트Set 버튼을 누르자 즉시 자율주행 모드
로 전환됐고 스스로 고속도로를 달리기 시작했다. 차량이 많은 고속도로에서 위험한
상황도 많았지만 자율주행차는 스스로 위험을 감지하여 속도를 조절하고 차로를 변
경하는 등 위험 상황에 잘 대처하였다. 이날의 자율주행 시연에서 5대 모두 2시간 30
여분 만에 대관령 요금소에 도착하며 성공리에 시연을 마쳤다.

　세계적인 택시 회사인 우버는 자율주행서비스를 도입하기 위해 2017년 말 볼보자
동차로부터 자율주행에 적합하도록 센서와 레이더가 장착된 차량 약 2만 4천여 대를
구입하는 계약을 맺었다. 자율주행차는 우버의 자체기술을 활용하였는데, 운행한지 4
개월 만에 보행자를 치어 숨지는 사고가 발생하였다[16]. 밤 10시가 넘은 시각에 어두운
도로를 무단 횡단하던 보행자여서 잘 보이지 않았던 만큼 사람이 운전해도 어쩔 수 없
었던 일이 아닌가 하는 의견도 있다. 하지만 사람보다 우수하다고 기대되는 기계가 위
험을 감지하지 못한 채 주행 속도를 전혀 줄이지 않았다는 점에서 충격을 주고 있다.
이번 사고는 자율주행차의 안정성 및 법적, 제도적 준비의 중요성을 상기시키고, 기계
에 대한 신뢰성을 재고해 보는 계기가 되고 있다.

미래 이동성

자율주행 모습[17]

4차 산업혁명을 주도할 자율주행차autonomous vehicle는 기계중심의 기술에서 전기전자, 정보통신 및 지능제어 기술을 융합하여 자동차 내외부 상황을 인식하고 사용자에게 안전과 편의를 제공하는 인간친화적 자동차를 의미한다[18]. 이러한 자율주행차는 궁극적으로 운전자의 조작 없이 자동차 스스로 주행환경을 파악하여 안전한 경로로 주행하고, 탑승자에게는 인프라나 다른 사물과 연결된 환경을 제공해 준다. 즉, 운행 중에 핸들, 브레이크 등의 운전자 조작없이, 도로상황에 따라 자율적으로 운행한다[19]. 미래의 자동차는 스스로 주변 환경을 인지하고, 위험상황을 판단하여 운전자의 안전 주행을 지원할 수 있어야 하고, 더 나아가 단순한 이동이 아니라 생활과 업무를 위한 편의 공간으로 변화될 전망이다.

지난 10여 년 동안 대도시 인구 집중, 1인 탑승 차량 증가, 차량 소유의 변화, 도시나 환경 문제, 사용자 편의성 증대를 위한 다양한 연구가 진행되어 왔다. 미래 이동성[20]은 1인 탑승 차량의 증가에 따른 소형차, 환경 문제 해결을 위한 전기차, 소유의 변화에 따른 차량공유, 사용자 편의 및 차량공유의 효율을 높일 수 있는 자율주행, 전기차 사용의 편의성을 높이는 무선 충전 등 현재 자동차 업체들이 제시하는 도시 이동성의 미래라고 볼 수 있다.

전기차는 내연기관 차량에 비해 상대적으로 제어 및 고장 진단이 용이하기 때문에 자율주행 측면에서 큰 장점이 있다. 최근 관련 전시회에서 거의 모든 자율주행 시연차가 전기차인 점과 테슬라가 전기차를 오토파일럿 상용화로 채택한 사례에서 이를 쉽게 알 수 있다.

자율주행의 혁신

"사람이 운전하면 자동차는 주행하는 법을 스스로 깨우친다", 실리콘밸리의 초기 기업인 comma.ai의 창업자 George Hotz가 심층학습 기반의 자율주행 자동차를 선보이며 한 말이다[21]. 심층학습이 탑재된 자동차를 운전자가 주행하면, 인공지능이 사람이 운전하는 방식을 깨우쳐 스스로 주행 가능한 자동차로 발전해 가는 것이다. 실제로 이 회사는 지난 2016년 3월 이러한 방법으로 4주만에 자율주행학습이 가능한 인공지능을 만들어 자동차에 탑재했으며 10시간 동안의 학습으로 기본적인 자율주행 기능을 구현하기도 하였다.

이제까지 자율주행 기술은 고가의 특화된 센서와 자동차 산업의 전문성을 기반으로 소수의 기업만이 도전할 수 있었다. 기술 진입 장벽이 매우 높아 장기적인 투자와 기술개발 역량을 확보한 거대 ICT 기업이나 자동차 산업 내 소수의 기업만이 자율주행 기술 개발을 주도할 수 있었다. 실제 구글의 자율주행 자동차 개발 초기에 사용된 자동차 1대의 가격만 약 1.7억 원이었고 그중 핵심 센서로 활용된 LIDAR 센서 한 대의 가격이 약 8천만 원에 달했다.

자동차 지붕에 각종 센서가 탑재된 자율주행차의 시험 주행[22]

하지만, 이러한 높은 기술진입 장벽이 인공지능의 도입으로 낮아지고 있다. 심층학습을 활용해 자율주행 기술을 구현하는 기업들이 최근 몇 년 동안 실리콘밸리를 중심으로 빠르게 출현하고 있다. 이들 기업은 종전의 자율주행 기술이 주로 자동차 전문가들에 의해 규칙기반 방식Rule-based Approach으로 구현되었던 것과 달리, 심층학습을 활용해 마치 사람이 주행을 반복하면서 운전을 익혀가는 것처럼 자율주행 기술을 구현하고 있다. 소수의 개발자들이 고가의 센서가 아닌 저가의 범용 센서들을 사용하면서 단기간 내 기술을 구현하고 있다.

미국 도로교통안전국National Highway Traffic Safety Administration은 차량의 자동화 수준과 기술정도에 따라 자율주행차를 0단계부터 4단계까지 총5단계로 구분하고 있다[23]. 현재 글로벌 차량제조사들과 ICT 기업들은 단계 2~3 수준에 이르고 있으며, 단계 4 개발을 위해 치열하게 경쟁하고 있다.

대부분의 자동차 기업들도 심층학습 기반의 자율주행 기술 개발을 본격화하고 있는 가운데 자동차 산업 내 향후 경쟁은 인공지능 분야의 역량과 주행 데이터 확보가 핵심이 될 전망이다. 향후 자율주행 자동차 시장의 본격 개화 시 이러한 데이터를 미리 확보하고 고도화된 주행 지능을 보유한 기업들과 그렇지 못한 기업들간 기술 격차가 매우 클 것으로 예상되며, 그 격차는 후발 주자가 단기간에 따라 잡기 어려울 것으로 예상된다.

자동차 주요 기술

자율주행차는 다음의 구성 요소들로 이루어진다[24, 25].

① 위치 인식 센서 및 항법

GPSGlobal Positioning System / INSInertial Navigation System / encoder 기타 위치 인식을 위한 센서를 활용하여 운행 차량의 절대 및 상대 위치를 추정한다. 기존 주행 지도보다 정밀도가 훨씬 높은 3차원 전자지도가 필수적이다. 현재 주행 지도는 1.75m 정도의 오차를 보이는 반면, 3차원 지도는 약 몇 cm에 불과한 오차를 나타내고 있다[26].

② 환경 인식 센서

레이더Radar [27], 라이다Lidar [28], 360도 카메라 등의 센서를 장착하여 정적 장애물, 동적 장애물(보행자, 차량 등), 도로 표식(차선, 정지선, 횡단보도 등), 신호등 신호 등을 인식한다.

라이다 센서와 카메라 센서는 빛을 이용하고, 레이더 센서는 전파를 이용하는 차이점이 있다. 라이다 센서는 레이저를 쏘아서 반사되는 시간을 이용하여 거리를 인지하기 때문에, 눈, 비에 반사될 수 있어 날씨 조건에 취약한 점과, 검은색 물체는 레이저를 흡수하여 반사파가 적어져 인식률이 떨어지는 단점이 있다. 또한 아직 가격이 비싼 문제도 있다. 장점으로는 주변 환경을 3차원으로 인식할 수 있고, 카메라가 인지하지 못하는 안개 상황에서도 인식할 수 있는 좋은 점이 있다.

카메라 센서는 현재 양산 차량에 많이 사용되고 있고, 하드웨어나 소프트웨어 기술이 풍부하게 개발되어 있다는 점이 장점이다. 또한 사람의 눈과 비슷한 인식이 가능한 장점이 있다. 이에 비하여, 안개 등 날씨 조건에 취약한 점, 불순물 등이 묻었을 때 인식이 어려워지는 단점이 있다. 레이더 센서는 전파를 이용하기 때문에, 주변 차량이나 장애물을 날씨와 무관하게 인식할 수 있는 장점이 있으나, 라이다보다 정밀도가 낮아 3차원 인식이 어려운 단점이 있다.

이처럼, 각 센서들의 장단점 때문에 현재 자율주행 차량에서는 주변 환경 인지를 위해 카메라, 레이더, 라이다 센서를 조합하여 활용하고 있다. 상용화되고 있는 부분자율주행 차량에 아직 라이다 센서는 적용되지 않고, 카메라와 레이더 센서를 결합하여 활용하고 있다[29].

③ 차량 주행 판단

목적지까지 주어진 경로 계획, 장애물 회피 경로 계획, 주행 상황별(차선 유지 및 변경, 좌우 회전, 추월, 유턴, 급정지, 갓길 정차, 주차 등) 행동을 스스로 판단한다.

④ 통합 제어

운전자가 지정한 경로대로 주행하기 위한 조향, 속도 변경, 기어 등 액츄에이터[30]를 종합적으로 제어한다.

⑤ 사람 – 기계 상호작용Human Machine Interaction

HVIHuman Vehicle Interaction를 통해 운전자에게 경고 및 정보를 제공하거나, 운전자로부터 명령을 입력받는다. V2XVehicle to Everything 통신을 통해 인프라 및 주변차량과 주행 정보를 교환한다.

심층학습의 적용

최근 인공지능 분야는 심층학습을 계기로 매우 빠르게 발전하고 있다. 혁신적인 연구들이 경쟁적으로 출현하고 있는 가운데 이러한 연구들이 특정 산업 영역에 종속되지 않고 다양한 산업에 활용 가능한 범용성을 띠고 있다. 실제 인공지능 분야의 최신 연구들이 자율주행에 빠르게 적용되고 있다[31].

:: 시각 인식 기능

자율주행 기술의 가장 핵심적인 기능은 사물 인식 기술이다. 전방 충돌 방지, 차선 이탈 방지, 차간 거리 조절 등 자율주행과 관련 기능을 구현하기 위해서는 주변 상황을 인식하는 것부터 시작한다. 물론 사물 인식 기술은 차량 주변의 물체를 단순히 감지하는 것을 넘어 인식된 사물의 종류와 의미를 이해하는 단계를 포괄한다. 인식된 사물이 차량인지, 표지판인지, 보행자인지에 따라 각기 다른 주행 제어 기능으로 구현된다.

특히 자율주행 기술 분야의 인식 기술은 다양한 사물에 대한 높은 정확도와 이에 따른 실시간 처리가 필수적이기 때문에 기술 구현 난이도가 매우 높은 영역이다. 사람과 달리 자동차는 시각 정보뿐만 아니라 다양한 정보를 복합적으로 활용해야 인식의 정확도와 처리 속도를 보장할 수 있다. 모빌아이Mobileye와 같은 기업은 카메라를 통해 수집된 정보만으로 전방의 차량 및 차선 감지, 다양한 교통 표지판 인식 기술을 구현하고 있으나, 대부분의 기업들은 카메라를 통해 수집되는 정보와 레이더, 라이다, 초음파, 적외선 센서 등 다양한 센서들을 복합적으로 활용한다.

이미 인간의 시각 인지 능력을 능가한 인공지능의 시각 인식은 자율주행 기술 구현에 빠르게 적용되고 있다. 다양한 사물을 높은 정확도로 인식하는 기술은 주변의 차량, 보행자 및 각종 표지판을 인식하고 있으며, 더 나아가 어두운 밤이나, 눈·비가 내리는 기상 환경에서도 높은 정확도로 사물을 인식하는 기술로 발전하고 있다. 실제 Nvidia 등 일부 기업들은 현재 시각 인식 관련 시연에서 인간의 시각으로는 인식하기 어려운 물체들까지 인공 지능이 인식하는 것을 보여준 바 있다.

단순한 사물 인식 수준을 넘어 인공지능은 인식된 사물들의 의미를 이해하는 수준인 보행자의 움직임, 차량의 진행 방향, 도로가 차도인지 인도인지 등과 같이 이미지 내 인식된 사물들을 문맥적으로 이해하는 것이 요구된다. 이러한 문맥적 의미를 이해하는 것은 인식된 사물에 따라 각기 다른 기능의 차량 제어 기술로 이어진다. 이미지 정보만을 통해 사물을 인식하고 이해하는 것이 가능해지면서, 컴퓨터 비전 기술을 보유한 신생 기업들이 등장하고 있다. 실제 신생 기업 AutoX는 다른 센서에는 의존하지 않고 오직 카메라에 의해 입력된 영상 정보만을 가지고 자율주행 기능을 구현하고 있다.

:: 강화학습 적용

인공지능 분야의 기술 중 자율주행 분야에 적용될 경우 커다란 기술 혁신을 만들어 낼 것으로 기대되는 기술이 강화학습reinforcement learning [32]이다. 강화학습은 인간의 개입없이 반복적인 시도를 통해 인공지능 스스로 목적을 달성하는 과정을 터득해 가는 학습 방법이다. 사람은 단지 인공지능이 달성해야 하는 목적과 시행착오 중 성공과 실패에 대한 보상reward값만 정의해 준다. 이를 기반으로 인공지능은 수십, 수백만 번의 시행착오를 반복하며 보상값을 최대로 하는 과정을 스스로 찾아가는 것이다. 실제로 딥마인드가 개발했던 알파고 또한 이러한 강화학습을 기반으로 알파고끼리 대국을 두게 함으로써 바둑의 전술과 전략을 고도화할 수 있었다.

이러한 강화학습 분야의 연구가 이제 자율주행 기술 구현에 적용되기 시작하고 있다. 특히 기존 방법으로는 모델링하기 어렵고 주행 데이터 확보의 제약으로 충분한 학습이 어려운 분야에 우선적으로 시도되고 있다. 신호등이 없는 교차로, 비보호 좌회전, 우회전, 램프 진입 등은 차량 주행 시 매우 빈번하게 발생하지만, 차량들의 진입 속도, 진행 방향, 교통량 등 다양한 변수들이 매 순간마다 서로 다른 상황을 유발한다.

이러한 상황에서 인간은 오랜 운전 경험이나 직관에 의존해 상황 판단하거나 충돌 위험이 발생하더라도 즉각적으로 반응해 위험 상황을 회피한다. 하지만 이러한 과정을 인간이 일일이 개입해 규칙기반의 인공지능이나 제한된 데이터를 통한 학습만으로 구현해 내기는 어렵다. 대신 강화학습을 적용하면 이러한 과정을 매우 효과적이면서 높은 완성도로 구현하는 것이 가능하다. 강화학습으로 수십, 수백만 번의 상황을 반복하여 시뮬레이션해 봄으로써 다양한 상황을 경험하는 효과를 얻는 것이다[33].

자율주행차의 긍정적 효과 및 전망

안전, 편의, 효율, 친환경을 추구하고 있는 자율주행차가 미래에 가져올 긍정적 효과에 대해 알아보자[34].

① 교통사고 감소

자율주행차의 출현으로 사람 운전자의 미숙이나 난폭운전, 음주운전 등으로 인한 사고가 사라지게 될 것으로 예상된다[35]. 오늘날 교통사고 발생 원인의 90%가 운전자 부주의에 의한 것임을 감안하면, 자율주행차는 교통사고율을 크게 줄일 수 있을 것으로 기대된다. 물론, 자율주행차의 기술적 문제로 또 다른 원인의 교통사고가 발생할 수 있으나, 계속해서 기술적, 사회적, 법적 보완을 해나간다면 교통사고의 절대적 감소는 충분히 실현 가능하다.

② 새로운 편의 서비스 제공

자율주행으로 인해 차량은 더 이상 단순한 이동 수단이 아니라, 무궁무진한 업무 및 활동이 가능한 공간으로 새롭게 태어난다. 차량 내부의 공간 활용 및 디스플레이와 같은 스마트 기기를 이용할 수 있게 됨에 따라, 자동차에서 영화나 음악 감상은 물론 회의를 비롯한 다양한 업무 활동 등 새로운 서비스들이 출현하게 될 것이다. 이러한 잇점으로 인해 지금껏 무의미하고 피곤한 시간으로 여겨졌던 자동차에서의 이동 시간이 미래에는 새로운 가치를 창출하는 생산적인 시간으로 탈바꿈하게 될 것이다[36].

③ 차량 공유를 통한 친환경

자율주행차 상용화에 따라 무인 주행 시스템이 보급되고 운송방식에 대한 사람들의 생각이 크게 변할 것으로 예상된다. 차량을 소유물로 여기고 주된 교통수단으로 인식하고 있는 지금과 달리, 간단한 기기 작동이나 데이터 전송을 통해 운전자 없는 차량을 쉽게 호출하고 목적지로 이동할 수 있게 되므로 차량 공유에 대한 인식이 빠르게 다가올 것이다. 더 이상 차량이 개인 소유가 아니라 공유재로 인식되어 경제적인 차량 이용이 가능할 뿐만 아니라, 도시의 교통 체증 및 대기 오염 감소 등 환경적인 측면에서도 긍정적인 효과가 기대된다.

④ 편리한 교통수단 제공

상대적으로 운전에 취약한 장애인, 고령자들의 개별 차량 이용이 가능해질 것이다. 현재 운전에 취약한 사람들은 운전할 수 있는 사람이 탑승하지 않을 경우 차량 이동이 어렵다. 하지만 자율주행차의 상용화는 이런 운전능력이 취약한 사람들에게 특히 편리한 교통수단을 제공해 줄 것이다.

자동차는 무엇보다 이동이라는 기본 역할과 그 과정에서 겪을 수 있는 각종 안전 문제를 중요시한다. 이러한 이유로 안전과 관련된 기술 검토가 까다롭고, 검증된 기술만 사용하므로 상대적으로 정보기술에는 관심이 적었다. 하지만 엔진 기술이 정점에 다다랐고, 전장 기술이 자동차를 차별화하는 중요한 역할을 차지해 가고 있다[37].

현재 양산되고 있는 고급차종에서는 이미 차간거리제어, 차선유지 지원 등 자율주행 수준1이 적용되고 있으며 자율주행 수준2의 자율주행 자동차는 현재 많은 자동차 업체들이 시장을 선도하기 위하여 양산개발을 추진하고 있다. 제한된 조건에서 자율주행이 가능한 자율주행 수준3의 자율주행 자동차는 최근 실제 도로에서 시험 주행하고 있다. 완전 자율주행이 가능한 자율주행 수준4의 자율주행 자동차는 탑승자가 목적지를 입력하기만 하면 자동차가 스스로 주행하는 수준으로, 자율주행 및 주행환경 인지 기술은 물론 사고 발생 시 법적 책임, 보험 등의 문제까지 종합적으로 해결되어야 양산이 가능해질 것으로 예상된다.

빅데이터

빅데이터 개념

우리가 일상생활에서 늘 사용하고 있는 휴대폰, 도시 시설에 설치된 CCTV, 신호등과 같은 전자 장비, 그리고 공항, 쇼핑몰, 공장, 사무실, 집안 등에 설치된 각종 센서들이 쉴새없이 데이터를 쏟아내고 있다. 소리, 온도, 밝기, 이미지, 동영상, 흔들림, 기울기 등과 관련된 데이터가 시간에 따라, 위치에 따라, 사용 환경에 따라 끊임없이 생성되고 있다. 이렇게 생성되고 있는 데이터 규모는 과거에 비해 엄청나게 크고, 생성 속도는 무척 빠르며, 그 종류 또한 매우 다양하여 우리는 이러한 데이터를 빅데이터Big data라고 부른다.

이제까지 우리는 "데이터는 인간의 직관을 대체할 수 없다"는 말을 주로 들어왔다. 빅데이터가 등장하면서 이 말이 "인간의 직관은 데이터를 대체할 수 없다"로 바뀌고 있다. 직관은 사실을 모를 때 사용하는 것이고, 사실을 모르기 때문에 직관이 소중하다. 하지만 요즈음에는 데이터가 넘친다. 데이터 분석이 재능있는 야구 스카우터를 능가하고 있고, 와인 시음에서도 소믈리에를 능가하고 있다[38].

빅데이터의 등장은 개별 산업과 기업의 생존전략도 바꾸어 놓고 있다. 세계적인 IT 리서치 전문회사인 가트너의 피터 손더가드Peter Sondergaard는 이러한 현상을 두고 "빅데이터는 21세기의 원유[39]"라고 정의한 바 있다. 원유를 어떻게 가공하느냐에 따라 만들어 낼 수 있는 제품 종류가 무궁무진하듯이, 빅데이터 역시 데이터를 어떻게 활용하느냐에 따라 이전에는 미처 발견하지 못했던 수많은 새로운 가치들을 창조할 수 있게 되었다. 따라서 빅데이터 시대에는 단순히 데이터를 수집하고 저장하는 수준에서 더 나아가 보유한 데이터를 어떻게 잘 활용할 수 있는지가 기업의 흥망성쇠를 결정짓는다고 해도 과언이 아니다.

오늘날 우리는 이러한 빅데이터 시대를 살아가고 있는 것이다. 빅데이터는 분량volume, 다양성variety, 속도velocity 측면에서 기존 규모의 데이터와 큰 차이를 나타내고 있다. 빅데이터에서 데이터란 숫자나 문자열로 표현되는 정형 데이터뿐만 아니라, 단문 메시지, 이미지, 문서, 이메일, 동영상, 소리 등 다양한 형태의 비정형 데이터를 포함한다. 이 데이터들이 조직내외의 다양한 활동, 개인 또는 기관의 사회관계망 서비스, 다양한 기기들로부터 생성되고 있다. 이러한 빅데이터에 대한 분석은 향후 인류가 직면할 의료, 환경, 에너지 등의 문제에 대해 해결방안을 제시하거나 공공, 행정, 제조업과 같은 다양한 산업분야에서 막대한 경제적 효과를 창출할 것으로 전망된다.

빅데이터의 역사적 사례

19세기 중엽 영국 런던 및 뉴캐슬 지역에서 극심한 콜레라로 인하여 약 만여 명이 목숨을 잃는 사건이 발생하였다. 당시 산업혁명의 여파로 농촌 지역에서 엄청난 인구가 도시 지역으로 유입되는 시기였다. 공업화가 진행되면서 공장에 대규모 노동력이 필요한 시기였던 것이다. 그러나 도시의 상하수도 및 위생 시설은 밀려드는 인구에 대응하기에는 턱없이 부족하였다. 이러한 시기에 도시로 밀려든 주민들은 콜레라가 어떤 질병인지 어떻게 발병되고 전염되는지 모른 채, 몇 년 주기로 발병하는 역병으로 인해 목숨을 잃는 일이 다반사였다.

당시 런던의 하수와 정화조는 위생 처리되지 않은 채 템즈강으로 흘러나갔고, 런던의 상수도 시설은 우물에 고여 있는 물을 아무런 정화 처리없이 시민들에게 공급하는 상황이었다. 1853년 런던에 다시 콜레라 역병이 크게 창궐하였다. 특히 런던의 서북쪽에 위치한 소호 지역에는 런던의 위생 시설이 미치지 못하였고, 이곳의 콜레라 피해가 유독 심하였다. 어떤 때에는 2주동안 주민 550여 명이 사망할 지경이었지만, 해결책을 찾지 못하고 있었다.

런던 시내가 콜레라 피해로 혼란에 빠져 있을 때 소호 지역에 살고 있던 의사인 존 스노 박사[40]는 당시 대다수의 사람들이 믿고 있었던 '콜레라가 공기를 통해 전염된다'는 사실에 의심을 품고 있었다. 1854년 8월 그는 콜레라의 원인을 밝혀 내기 위해 직접 소호 지역을 다니면서 주민들과 접촉하고 탐문하여 실상을 파악하고자 시도하였다.

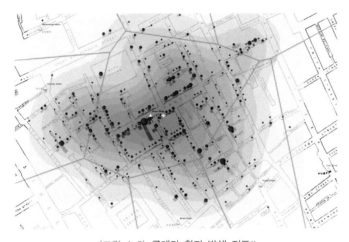

〈그림 4-2〉 콜레라 환자 발생 지도[41]

그는 날짜별 발병자 수, 사망자 수, 사망자 발생 장소, 지하수용 펌프의 위치 등을 일일이 조사하였다. 그림 4-2는 당시 스노 박사가 소호 지역을 역학 조사한 지도이다. 그는 이 지도를 작성한 후 콜레라 발생이 특정 펌프 A 지역 인근에서 집중 발생하고 있음을 파악하게 되었다. 이에 따라 그는 콜레라의 전염이 오염된 공기가 아니라 물일 것이라는 결론을 내리고, 런던시 의회에 당장 펌프 A를 폐쇄할 것을 요청하였다. 시 의회는 이 요청을 받아들여 펌프 A의 사용을 금지했고 이후 콜레라는 더 이상 확산되지 않고 진정되었다. 스노 박사는 당시 종이와 펜을 가지고 이렇게 데이터를 수집하여 콜레라 발생 지도를 작성한 것을 토대로 극심했던 콜레라의 전염을 막을 수 있었다. 이러한 스노 박사의 콜레라 발생 지도는 데이터를 활용한 역사적 사례라고 말해도 될 것 같다.

빅데이터 기술

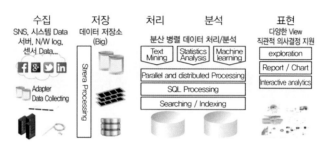

〈그림 4-3〉 빅데이터 처리 단계[42]

데이터 활용을 통한 고급 분석, 미래 예측 능력은 기업의 경쟁력 나아가 국가의 경쟁력에 직결된다. 이러한 빅데이터는 데이터 분석 뿐만 아니라 데이터 생성, 유통, 처리, 표현, 소비까지의 생명 주기를 관리하는 전체 패러다임을 다룬다. 빅데이터는 그림 4-3에서 보이는 것처럼 데이터 수집, 저장, 처리, 분석, 표현의 단계들을 거쳐 사용자에게 제공된다[43].

빅데이터 수집은 조직 내부와 외부의 분산된 여러 데이터 소스로부터 필요로 하는 데이터를 수동 또는 자동으로 수집하는 과정과 연관된 기술로, 단순 데이터 확보만이 아닌 검색·수집·변환을 통해 정제된 데이터를 확보하는 과정이다. 빅데이터 저장은 의미 있는 정보 추출을 위해 효율적으로 데이터를 저장 관리하는 단계로 대용량, 비정형, 실시간성을 수용하는 저장 방식을 제공한다. 빅데이터 처리는 방대한 양의 데이터와 데이터 생성 속도, 다양한 데이터 종류를 통합적으로 고려하여 대용량 데이터를 관리하고 처리하는 단계이다. 실시간 분석이 더욱 중요해지면서 실시간 스트림 데이터 처리를 위한 기술이 개발되고 있다.

빅데이터 분석은 데이터를 효율적이면서 정확하게 분석하여 비즈니스 등의 영역에 적용하기 위한 단계로 통계분석, 기계 학습, 텍스트 마이닝 분야에 사용되었던 기술을 활용한다. 이들을 활용할 수 있도록 대규모 데이터를 병렬·분산 처리하거나 SQL 처리, 탐색 및 색인화 작업이 수행된다. 빅데이터 표현은 특정 기준에 따라 분석한 데이터의 특징이나 분석 결과를 데이터 분석가 또는 사용자들이 이해하기 쉽게 시각화하는 단계이다. 기존의 간단한 선형 방식으로는 빅데이터를 표현하기 힘들기 때문에 빅데이터 시각화 기술이 중요시되고 있다.

빅데이터 활용

오늘날 각국 정부나 산하기관, 기업들은 보유하고 있는 빅데이터 분석을 통해 신속하고 정확한 의사결정을 내리고 있다. 개인 맞춤형 영화 추천서비스에 빅데이터를 가장 잘 활용하는 것으로 회자되고 있는 기업인 넷플릭스가 드라마 제작에 빅데이터를 활용한 사례와, 정부의 골칫거리 업무에 구글과 손 잡고 빅데이터 분석을 활용하여 불법 조업을 퇴치한 인도네시아 정부의 사례를 살펴보자.

:: 넷플릭스 사례

"하우스 오브 카드"[44]

고객들의 영화 취향 데이터를 분석하여 가장 선호할 만한 영화나 드라마를 추천하는 넷플릭스는, 이를 통해 무려 80%의 정확도로 고객 편의와 만족을 증대시켰다고 한다[45]. 근래 넷플릭스가 빅데이터를 활용하여 성공한 대표 사례가 "하우스 오브 카드"라는 드라마이다. 드라마 업계에서 시청률은 신의 영역이라는 말이 진리로 통한다. 하지만 "하우스 오브 카드"는 시청률이 더 이상 신의 영역이 아님을 보여 주었다. 넷플릭스는 "하우스 오브 카드" 제작 논의를 시작할 때부터 크게 성공할 것이라고 정확히 예측하였고, 넷플릭스의 예상대로 이 드라마는 흥행에 대성공을 거두었다. 성공을 예측하고 실제로 들어맞을 수 있었던 이유는 바로 빅데이터 분석에 있었다[46].

"하우스 오브 카드"는 1990년 영국 BBC에서 방송된 적이 있는 드라마를 다시 제작한 작품으로, 제작 전 넷플릭스는 원작 드라마를 시청한 3000명, 이 드라마를 평가한 400명, 그리고 이 드라마를 검색한 적이 있는 300명에 대한 데이터를 수집하여 분석하였다. 분석 결과 아래와 같은 사실을 알게 되었다.

① BBC에서 방영되었던 "하우스 오브 카드"는 많은 대중들에게 사랑받았던 작품이다.
② 많은 넷플릭스 사용자들은 "사회관계망", "벤자민 버튼의 시간은 거꾸로 간다" 등을 제작한 데이빗 핀쳐David Fincher 감독의 작품을 좋아한다.
③ "하우브 오브 카드" 원작의 팬이었던 넷플릭스 사용자들은 케빈 스페이시Kevin Spacey가 출현한 영화나 데이빗 핀쳐가 감독한 영화를 함께 시청한 적이 많았다.

이와 같은 분석을 기초로 "하우스 오브 카드"는 감독으로 데이빗 핀쳐, 주연 배우로는 케빈 스페이시를 기용하기로 결정하였다. 이 드라마는 전체 넷플릭스 사용자의 85% 이상이 시청하였고, 이 작품을 보기 위해 넷플릭스에 2천만 명이 신규 가입하는 성과가 있었다[47]. "하우스 오브 카드"가 빅데이터 분석을 통해 제작한 최초의 드라마로 큰 성공을 거두면서 영화 산업에서 빅데이터의 중요성을 일깨우는 계기가 되었다.

:: 인도네시아 정부 사례

오랫동안 인도네시아 정부는 자국 영해와 배타적 경제수역EEZ에서 불법 조업을 하는 외국 어선들을 본보기로 폭침시킬 정도로 외국의 불법 조업 어선들 때문에 골머리를 앓아 왔다. 2014년 기준 매년 약 1만여 척의 외국 어선들이 인도네시아 근해에 침입하여, 연간 40억 달러(4조 2,700억 원)에 달하는 손실을 입히는 것으로 추정되었다. 그렇지만 사방이 바다라는 점과 수많은 섬, 넓은 해안선 등으로 인해 불법 어선을 일일이 단속하는 것은 사실상 불가능에 가까웠다. 이처럼 해결 기미가 보이지 않던 인도네시아 불법 조업 문제는 구글과 제휴를 맺고 구글 어스 서비스를 위해 사용하던 인공위성을 활용하여, 바다 위에 떠 있는 수천 척의 선박 위치를 실시간으로 추적하는 것이 가능해 지면서 불법 어선을 본격적으로 단속할 수 있게 되었다.

구글은 자국 선박의 위치를 실시간으로 파악할 수 있게 해 주는 시스템인 VMS운항선박 위치 추적 시스템 정보와 대형 선박에 설치되는 AIS자동식별장치에서 나오는 위치 정보, 그리고 인공위성 사진을 분석하여 세계 지도 위에 배의 위치와 항적을 실시간으로 제공하였다. 이러한 데이터를 가지고 배의 운항 패턴을 분석하여 배가 정상적으로 항해하고 있는지, 아니면 어장을 맴돌며 불법 어로를 하고 있는지를 식별해 낼 수 있게 되었다. 예를 들어, 외국 냉동선이 인도네시아 배타적 경제수역 바로 바깥에 정박한 상태에서 인도네시아 어선들을 동원해 물고기를 잡아들이고 있다면, 감시 시스템은 인도네시아 어선들이 바다 위 특정 지점을 반복하여 오갈 때 이를 불법 어로라고 판단하는 것이다[48].

이와 같은 구글의 빅데이터 분석을 통해 인도네시아 인근 바다에서 불법 조업하는 외국 선박 수는 2014년에 비해 약 90% 이상 줄어든 대신, 인도네시아 어선이 정상 조업하여 올린 어획량은 25% 증가하는 효과가 있었다. 이러한 인도네시아 정부의 사례는 빅데이터 분석이 기업의 수익 창출뿐만 아니라, 정부나 지방자치 단체 등이 직면한 문제를 해결하는 데에도 크게 기여할 수 있음을 보여 주었다.

4차 산업혁명의 사회적 전망

4차 산업혁명의 변화 속도가 빠르고, 광범위한 탓에 사회가 이런 변화에 대해 제대로 대응할 준비를 갖추지 못하고 있다. 이것이 4차 산업혁명을 단지 기술적인 변화로만 바라보아서는 안 되는 이유이다. 4차 산업혁명은 기술 혁신뿐만 아니라 경제, 사회, 문화 등 여러 방면에서 우리의 삶을 근본적으로 바꾸고 있다.

경제의 중심은 생산에서 지식으로 넘어왔고, 과거에 존재하던 많은 직업이 사라졌다. 그 속도가 매우 빠르게 진행되고 있어 과거에 배웠던 일을 다시 할 수 있는 기회자체가 없어지는 사건이 한 사람의 생애주기 동안 일어나고 있다. 인공지능과 로봇이 과거에 사람들이 하던 일을 대체해 가고 있는 데 반해, 사람은 인공지능과 로봇 기술을 배우기 어렵다. 이런 이유로 노동력 자체에 대한 수요가 감소하고 있고 노동력의 상대적 가치가 갈수록 하락하고 있다. 이러한 변화들이 우리로 하여금 기존의 사회 시스템을 다시 바라보도록 요구하고 있다.

4차 산업혁명 시대에 인간과 기계 사이의 관계에서 기계가 도구라는 가정에 근본적인 변화가 일어나고 있다. 이제까지 기계는 근로자의 생산성을 높여준다고 믿어져 왔다. 그러나, 새로운 시대에는 기계 자체가 근로자로 변모해가고 있으며, 점차적으로 노동의 역할이 축소되고 있다. 현재 모든 산업에 걸쳐 광범위하게 진행되고 있는 4차 산업혁명은 모든 산업 부문에서 노동집약도를 빠르게 낮추고 있다. 이러한 추세는 앞으로 새롭게 등장하는 산업도 막강한 노동 절감 기술을 기반으로 등장하게 될 것임을 예고하고 있는 것이다[49].

가까운 예를 들어 보면, 구글이나 페이스북 같은 회사들이 현재 엄청난 시장 가치를 보유하고 있지만, 이들의 사업 규모나 다른 산업의 기업들과 비교해 보면, 이들 기업이 고용하고 있는 인원은 매우 적은 편이다. 결국 인류는 경제 전체가 덜 노동집약적인 형태로 나아가고 있는 것은 확실해 보인다. 1811년에서 1817년 사이 1차 산업혁명으로 등장한 자동 방직기 때문에 일자리를 잃을 위험에 처한 영국의 직물 노동자들이 전설 속의 로빈 후드같은 네드 러드Ned Ludd라는 인물을 중심으로 공장과 기계를 파괴하다가 영국 정부에 의해 진압된 기계 파괴 운동Luddite movement [50]을 우리는 기억한다. 대규모적인 자동화가 작업장에 도입될 때 근로자의 고용과 임금에 어떤 영향을 미치는지 보여 주는 사례이다. 4차 산업혁명에 의해 일자리가 영향받는 문제와 관련하여 두 가지 상반된 관점이 대립하고 있다.

하나의 관점은 전통적인 주장으로 과거의 산업혁명이 그랬던 것처럼 인공지능에 의해 일부 노동자가 일자리를 잃는 것은 사실이지만, 자본주의가 근본적으로 창의적인 특성을 갖고 있기 때문에 결국에는 새로운 일자리가 생겨난다고 주장한다[51]. 현재 진행 중인 일자리 소멸 현상은 과학 기술의 발전에 의해 파생되는 문제로 시기적으로 차이는 있지만, 어느 정도 시기가 경과하면 새로운 일자리가 만들어진다는 낙관적인 관점이다. 인류는 적어도 지난 200여 년간 그러한 경험을 겪었다는 것이다. 예를 들어, 트랙터가 발명되어 사람이 직접 논밭을 갈지 않아도 되므로 노동력이 남게 되었지만, 대신 트랙터를 생산하는 직업, 트랙터를 유통하거나 유지 보수하는 직업 등이 새로 생겨나 사라진 노동력을 흡수했다는 것이다.

이에 대한 반론은 인공지능의 발전이 이제까지 산업혁명이 걸어온 경험과 다르다는 점을 강조한다. 인공지능 기술은 이제까지 사람이 해왔던 대부분의 일에 광범위하게 영향을 미치고 있다는 것이다. 전통적인 낙관적 관점이 이러한 인공지능의 속성을 간과하고 있다고 주장하며, 인공지능에 의해 없어진 일자리에 비해서 새로 생겨나는 일자리가 턱없이 적다고 주장한다.

지난 미국의 노동시장 변화에 대한 보고서[52]에 따르면, 지난 수십 년간 높은 기술과 연봉을 받는 직업과 별다른 기술이 필요없고 수입도 적은 직업으로 양극화되고 있으며, 그 변화 속도에 가속도가 붙고 있다고 지적한다. 특히 일반사무직과 제조업 기술자 등의 직업이 크게 줄고 있다. 이 보고서는 이러한 원인으로 중산층을 지탱하고 있는 중간 직업이 사라지고 있는 현상을 지목했다.

근본적으로 자동화 기술의 지속적인 확산과 약간의 숙련이 필요했던 사람의 기술이 점차 컴퓨터와 로봇이 대체함에 따라 해당 일자리가 사라졌다는 것이다. 또한, 사람 투입이 필요한 일의 상당수도 인터넷 연결에 따라 아예 노동력이 저렴한 외국으로 쉽게 아웃소싱하게 된 것도 하나의 이유라고 분석했다. 또한, 이러한 추세는 인공지능 기술을 보유한 자본 계층과 그렇지 못한 대부분의 일반 근로자 계층 간 소득 격차가 점점 더 크게 벌어지는 현상이 실제 일어나고 있다고 실증적으로 입증하고 있다[53]. 이러한 연구 결과들은 이러한 현상에 대해 사회가 적극적으로 논의에 나서야 한다고 주장한다.

그러면 구체적으로 어떤 종류의 일자리가 남게 되고 어떤 일자리가 사라지기 쉬운 것일까? 표 4-1은 옥스퍼드 대학이 제시한 '향후 10~20년 안에 사라지는 직업과 남는 직업의 목록'을 보여 준다. 702개의 직업을 손재주, 예술적 능력, 교섭력, 설득력 등 9개 속성으로 나누고, 앞으로 10년 안에 사라질 것인지에 대한 확률을 구해 나열한 것이다.

이 표를 보면 전화 판매원, 부동산 등기 대행, 보험 대리점, 화물 취급인, 세무신고 대행자 등 금융 세무 분야가 인공지능에 의해 가장 크게 영향 받을 것으로 나타났다. 보험 계약 대행, 사서 보조, 증권회사의 일반 사무, 대출 담당 등 절차화하기 쉬운 직업도 사라질 확률이 높은 편에 속한다. 한편 사라질 가능성이 낮은 직업군으로는 표 왼쪽의 사회복지사, 상담사, 재활 훈련 관련직, 의사나 치과 의사 등이 위치해 있다. 또한, 사람을 직접 상대하면서 의사소통이 필요한 직업이 당장 인공지능으로 대체하기 어려울 것으로 예상되고 있다. 이러한 목록은 앞으로 장단기에 걸쳐 사람들의 직업이 어떻게 변할 것인지 추정하는 데 주요한 참고가 될 것이다.

향후 10~20년 안에 사라지는 직업·남는 직업		
10~20년 후까지 남는 직업 톱25		10~20년 후에 사라지는 직업 톱 25
레크리에이션 치료사	1	전화 판매원(텔레마케터)
정비·설치·수리 일선 감독자	2	부동산 등기의 심사·조사
위기관리책임자	3	손바느질 재단사
정신 건강·약물 관련 사회복지사	4	컴퓨터를 사용한 데이터의 수집·가공·분석
청각 훈련사	5	보험업자
작업 치료사	6	시계수리공
치과 교정사·의치 기공사	7	화물 취급인
의료사회복지사	8	세무 신고 대행사
구강외과	9	필름 사진 현상 기술자
소방·방재의 제일선 감독자	10	은행 신규 계좌 개설 담당자
영양사	11	사서 보조원
숙박 시설의 지배인	12	데이터 입력 작업원
안무가	13	시계 조립·조정 공학
영업 엔지니어	14	보험 청구 및 보험 계약 대행자
내과·외과	15	증권 회사의 일반 사무원
교육 코디네이터	16	수주계
심리학자	17	(주택·교육·자동차 대출 등) 대출 담당자
경찰·형사의 제일선 감독자	18	자동차 보험 감정인
치과 의사	19	스포츠의 심판
초등학교 교사(특수교육 제외)	20	은행 창구계
의학자(역학자 제외)	21	금속·목재·고무의 에칭 판화 업체
초 중학교의 교육 관리자	22	포장기계·기계필링 운영자
다리(발) 관련 의사	23	구매 담당자(구매 도우미)
임상심리사·상담·학교 카운슬러	24	화물 배송 수신계
정신 건강 상담	25	금속·플라스틱 가공용 밀링·플래너의 오퍼레이터

PART 2

인공지능과
철학자의 판타지

CHAPTER 1

휴머노이드 로봇과 로보 사피엔스의 철학적 토대

프롤로그 / 실증주의와 인공지능 /
라이프니츠와 연속성의 철학 /
메를로퐁티와 양의(兩儀) 현상학

프롤로그

예로부터 인간은 자기 정신의 이니셔티브를 주로 자신의 외부에 맡겨왔다. 일생 동안 사람들은 그들 영혼의 로드맵을 거의 외주outsourcing하는 경우가 많다는 뜻이다. 종잡을 수 없는 주변의 위협과 엄청난 자연의 위용 앞에 불안을 느낀 인류는 예컨대 신이라는 절대자에게 영혼의 안내를 요청했으며, 이후 자신들이 보다 합리적으로 된 시기에는 형이상학적 본질이나 실체에다 이념적인 외주를 했다. 도구의 개발과 기술의 발전을 거듭하면서는 기계매체에 의존하기 시작했는데 특히 최근의 스마트폰의 등장은 마치 인간의 두뇌를 들어내 손에다 쥐어준 형국이 되고 있다. 기술발전을 멈출 줄 모르는 인간은 급기야 자신의 형상대로 심부름꾼을 제작했고 이 아바타는 의인화를 거듭하면서 휴머노이드humanoid 로봇으로 출시되고 있으며 머잖아 유사인류pseudo humanity인 로보 사피엔스의 탄생을 기다리고 있다. 이처럼 심화학습으로 인간지능을 추월한 로봇은 현재 인간의 상상을 넘어서고 있는데다 정서적 차원에서도 '소셜 로봇'social robot이 되어 인간의 반려자 노릇을 하고 있다. 즉, 인지적 차원의 발전에만 그치지 않고 인간의 고독과 욕구를 해결해 주는 동반자가 됨으로써 '감성로봇'으로서도 자리매김하고 있다.

하지만 이러한 '유용성'과 '반려성'에도 불구하고 인간의 보조기기로 고안된 로봇이 인간의 통제를 벗어날 '위험성'도 예측되고 있다. 이것이 상상력 풍부한 철학자의 기우에 그치면 다행이겠으나 그럼에도 우리는 이 '블루 판타지'에 대해 모종의 인문학적 준비를 해야 할 것이다. 로봇문화가 가져온 유용성, 반려성 이후에 나타날 수 있는 위험성을 대비하려면 인간이 자신의 존재론적, 심리학적 아이덴티티를 스스로 확인하고 정비하는 일이 요구된다. 이를 위해 이 책에서는 19세기 실증철학자 오귀스트 콩트Auguste Comte, 1798~1857의 인간정신의 발달 3단계를 창의적으로 응용[2]하여, 정신적 교감과 물질적 소통을 이끌 매개자 '이성 인간'l'homme rationnel의 철학적 토대를 종래의 유물론이나 현대 물리주의가 아니라 17세기 하이퍼-합리주의자 라이프니츠[3]와 20세기 양의兩儀 현상학자[4] 메를로퐁티에게서 찾아야 할 것으로 보인다. 이들 철학자의 인간과 자연의 이념을 파악할 경우 인공지능의 화신인 로봇의 존재론적 의미와 인간 접근성이 어색하지 않게 된다. 그들에 따르자면 우선, 인간은 의식이자 신체요, 자연은 정신이자 물질이라는 변증법적 기초가 다져진다. 다음, 인간이 로봇화사이보그된다는 것은 정신인 인간이 물질인 세계와 융합된다는 것이며, 로봇이 점점 인간화된다는 것은 물질인 세계가 정신인 인간과 합성됨을 의미한다. 라이프니츠와 메를로퐁티에게 세계란 이처럼 그 원천에서부터 '언제나 이미' 인간에게 개방되어 서로 섞이고 있기 때문에 세계와 인간의 상호침투는 자연 그 자체가 된다. 두 학자는 문화와 자연의 연속성을 자신들의 철학적 프레임으로 설정하는 대표적 철학자이다. 요컨대 라이프니츠와 메를로퐁티를 따라 콩트의 형이상학적 단계의 인간을 '육화된 의식'으로 보완할 경우 인간과 로봇은 명령 하달하는 종속관계이든 감성적으로 소통하는 동반관계이든 하나의 게슈탈트로 서로를 수용한다. 아마도 4차 산업혁명의 중심철학은 메를로퐁티의 현상학 그리고 라이프니츠의 모나드론이 될 것으로 보인다.

나아가 인간이 로보틱스의 속도조절에 실패할 경우, 인간과 로봇의 관계를 다시 규정하는 것도 이 글의 다른 주제가 된다. 즉, 지구상에서 인간이 주체면 로봇은 객체나 매체, 인간이 원본이면 로봇은 복제, 인간이 진짜라면 로봇은 가짜의 역할을 맡고 있다는 것이 과연 합당한지 말이다. 휴머노이드 로봇이 로보 사피엔스로 진화된 후라면 과연 지구의 헤게모니가 여전히 인간에게 주어질 수 있을까? 소위 특이점the singularity 이후 로봇의 위상에 대한 예측은 현기증을 일으키는 것이 사실이다.

실증주의와 인공지능

19세기 프랑스의 실증철학자 오귀스트 콩트는 인간의 의식이 발달해 온 3단계에 주목하자고 한다. 그는 인간의 사고는 필연적으로 세 단계를 거쳐 발전한다고 했다. 세 단계란 신학적 또는 허구적 단계, 형이상학적 또는 추상적 단계 그리고 과학적 또는 실증적 단계를 말하고 있다[5]. 이러한 콩트의 3단계를 다음처럼 다시 부연할 수 있겠다.

A. 신학의 단계에서는 어떠한 증거도 지니지 못한 즉각적인 허구만이 공공연하게 지배한다. 이 단계는 도처에서 우리 인간의 출발점 역할을 수행하고 있다[6].

B. 형이상학적 단계에서는 의인화된 추상이 지배하고 본체들이 통상적으로 우위를 점하는데 이는 현상들을 약화시키는 영향력만을 지니고 있다[7].

C. 실증적 단계에서는 항상 외부 현실에 대한 정확한 평가에 기초하고 있다[8].

여기에다 콩트는 모든 것은 신학적인 발상에서 시작하여 형이상학적인 논의과정을 거쳐 실증적인 증명에 이르게 된다고 쓰고 있다[9]. 이러한 분류를 그의 『실증철학강의』의 총괄서문에 비추어 보면서[10] 심층적이되 보다 자유롭게 분석하면 다음과 같다.

a. 신학적 단계를 다시 3단계로 나눌 수 있는데 첫째가 가장 원시적인 물신숭배 fétichisme [11]로서 영혼을 지녔다는 사물들을 섬기는 경우다. 둘째는 모든 사물과 사태 뒤에 고유의 초자연적 힘(신)이 있다는 다신론Polytheism의 경우다. 셋째는 유일 최고의 존재를 설정하는 (단)일신론Monotheism의 경우다. 콩트의 관점에 이 하위

의 세 단계는 발전적으로 전개된다. 그리고 인간은 이러한 신에게 그들의 정신을 맡긴 것이다. 물신숭배는 애니미즘으로서 부정적 이미지지만, 콩트와 시각을 달리한다면, 물활론으로 이해될 수도 있어 나중에 등장하는 라이프니츠와 메를로 퐁티의 선험 질료론(유물론)에서 멀지 않다.

b. 형이상학적 단계는 사물들 뒤에 존재하는 초자연적 힘(신) 대신에 추상적 본질이나 개념 그리고 실체가 등장한다. '추상'이란 말에서 인간 정신의 이성적 능력을 볼 수 있으나 자연 배후의 원리로서 정신적 실체를 설정해 버린 형이상학적 구도는 현대적인 사고에서 멀다. 다음 절에서 우리는 이런 이성을 보완할 프로젝트를 제시하겠다.

c. 실증적 단계는 앞선 신학적 단계와 형이상학적 단계가 신이나 실체를 통해 지탱해주는 '절대적 인식'을 인간이 시도하는 것 자체가 '난센스'임을 깨닫는 경우다. 현상 '배후'에 있는 사물의 '본질'이나 '기원'을 알고자하는 욕망을 폐기하는 단계이다. 여기서도 이성이 활약하는데 이러한 이성은 실증적 이성, 과학적 이성임에 반해 형이상학적 단계의 이성은 사변적 이성에 불과하다고 할 수 있다.

콩트의 인간은 경제, 정치, 문화, 종교 등 생존을 위한 큰 틀에서 작동될, 의식의 주도권을 시대마다 달리 외주해 왔는데, 말하자면 신학의 시기에는 신탁이나 교리에 넘기고, 철학의 시기에는 사변적 이성이 기획한 형이상학적 실체에 맡기며, 과학의 시기에는 기술에게 외주한 것이다[12]. 중요한 사실은 인류가 대체로 종교(신), 철학(논리), 과학(기술력)의 단계라는 순서로 발전해오기는 했어도, 과학의 시대를 누리는 현재에서조차 인종과 개인에 따라서는 여전히 종교의 시대를 사는 사람이 많으며 철학의 시대에 머무는 사람도 많을 것으로 보인다.

문제의식 1: 콩트의 제2단계의 해체

여기서 인간의 의식 발전의 3단계를 재고해 볼 경우, 색다른 청사진을 제시할 수도 있을 것으로 보인다. 과학 단계의 인간이 실증적 활동을 통해 기계와 로봇을 만들었지만 자신이 만든 컴퓨터에게 '정신줄'을 넘기는 현상이 벌어졌으며, 과거뿐 아니라 현재에서조차 사람들은 여전히 신탁의 무대에 종속된다는 사실은 관점에 따라서는 인간의 주체적 자율성이 온전치 않음을 증명하고 있다. 합리적 입장에서 보면, 인간이 스스로 만든 정신적 타자인 신과 물질적 타자인 기계에게 자기의식의 헤게모니를 빼앗기는 어처구니없는 상황을 200년 전의 실증철학자 오귀스트 콩트도 이해하지 못했을 것이다. 인간이 상상력과 영감으로 만든 종교의 주체인 신은 일종의 '하이퍼리얼'로서 아직도 사람들에게 영향력을 미치고 있다. 어쩌면 종교는 영원히 특정의 인간들을 지배할 지도 모른다. '보이지 않는' 특이점 로봇[13]인 신이 인간을 오랜 세월 동안 지배해 왔거늘 하물며 버젓이 '보이는' 슈퍼로봇이 지배하지 말라는 법이 있겠는가? 물론 우리 인간은 쉽사리 지배당하지 않을 것이기에 혹여 다가올지 모르는 특이점the singularity 이후 로봇의 헤게모니 장악을 그다지 두려워할 필요도 없다고 본다. 유물론과 진화론적 세계관을 따르자면 순수 투명성인 신(종교시대)으로부터 반투명성의 인간(철학시대)을 지나 불투명성(과학시대)인 로보티쿠스로 사고가 전개되는 시퀀스는 이상한 것이라기보다 어쩌면 자연스러운 수순인 지도 모른다. 하지만 인간이 로봇에게 휘둘릴지도 모를 주객전도의 상황이 벌어졌을 때를 대비해, 콩트의 실증주의 제2단계의 형이상학적 의식인 '추상적 이성'을 '질료적 이성'material reason[14]으로 보완하면서 자율적으로 극복하지 못할 경우 인간은 자신이 만든 창조물에게 존재의 무대를 내어줄 수도 있음을 알아야 한다.

이성의 이같은 자기교정은, 형이상학적 단계의 정신적 절대자를 자연 배후의 실체나 본질이 아니라 인간이 주도하는 '포괄적 합리성'으로 이해함이다. 절대정신에게 휘둘리지 않고 이성이 구체화(육화된 합리성) 된다면 앞의 신학적 단계와 뒤의 실증적 단계를 통제하고 조정할 수가 있다. 이것은 로봇에 의해 인류의 운명이 달라지는 어처구니없는 상황을 대비하는 제대로 된 철학적 접근이다. 곧 정신상태와 물질상태라는 양극을 '매개적 존재'인 신체인간(몸이 된 맘)을 통해 연결하는 유기적 과정이 된다. 본래 '형이상학적' 단계란, 이성이 신체로부터 스스로를 추상하여 독립해 있으며, 자연 배후에 실체 곧 정신적 본질을 상정하는 것이다. 이처럼 이성이나 정신이 신체로부터 독립적인 인간을 인식론적 주체로 세운 합리주의 추상은 본질이나 실체와 같은 자연 초월적인 원리를 전제함으로 이후 철학사의 혼란을 잉태하고 말았다. 그래서 이같은 형이상학적 단계를, 이성을 자연 내부의 존재원리로 고려하는 비형이상학적 단계로 대체한다면, 인간은 자기 정신의 주도권을 신에게도 기술에게도 내어주지 않고 공존하리라 본다. 즉, 종교와 과학에게 자신의 정신을 외주outsourcing한 이성인간이 스스로를 개량하여 저 종교와 과학을 자신이 조율할 수 있다면, 로봇공학이 발전하고 특이점 로봇이 대세를 이루더라도 주체적으로 대처할 수 있으리라 본다. 물론 주체적이라 해서 인간 중심적이어서는 아니 된다. 그런데 이성이 이런 조정에 성공하려면 그 자신의 토대인 신체에서 분리되거나 초월적인 상태여서는 아니 된다. '몸이 된 의식'으로서 이성이 전제되어야 한다는 말이다. 인간은 종교와 과학 또는 정신과 물질에 휘둘리지 않는 한에서 조건적 자율성이 유지되는데, 그러려면 의식과 신체 사이의 연속성을 그의 본질로 복구해야 하고 그의 이성도 감각성과 단절되어서는 안 되는 것이다. 이성적 인간 그 자신이 의식과 신체 사이에서 육화된 이성으로 거듭나야만 종교(정신)와 과학(물질)으로부터 자유로울 수 있으며, 특히 로봇의 무대인 첨단 물질계와도 어울릴 수 있으리라 본다. 그렇지 않으면 인간의 영혼은 종교에게, 육체는 과학에게 넘어가면서 아이덴티티가 붕괴되고 말 것이다. 그러므로 우리 인간은 로봇에게 휘둘릴지 모른다는 섣부른 비관도, 로봇을 맘대로 부릴 수 있을 것이라는 오만한 낙관도 아닌 중용적 평정을 찾는 지혜가 필요하리라 본다. 요컨대 콩트의 제2단계인 형이상학 시대의 인간 이성은 육화되어야 하고 더 나아가 자연 배후의 실체(절대이성)를 제거한 후 자연 내재적인 조율원리로서 합리성을 확보해야만 철학은 신학과 과학 사이에서 매개적 주도권을 쥘 수 있을 것으로 보인다.

문제의식 2: 인공지능과 인간사고

인공지능이라는 화두가 던지는 문제의식은 우선 '인간이란 무엇인가?'라는 질문에 대한 대답과 연결되는데 이는 아주 고전적인 철학적 물음이다. 그리고 그 답은 곧바로 인간이 '사고하는' 존재라는 것이고, 이 '사고하는' 존재는 자신을 규정하는 용언word with conjugated endings으로서의 '사고' 자체에 대해 부단히 질문해야 한다. 여기서 사고를 '불변의 실체'가 아니라 '변하는 용언'으로 본다는 것이 중요하다. 인공지능의 문제도 결국 사고의 개념을 어떻게 보느냐와 결부된다 하겠다. 흔히들 로봇이 아무리 발전하더라도 그 고도화된 지능은 기호조작에 불과하지 인간의 사고와는 다르다고 한다. 그러나 인간의 사고도 고전적인classic 의미에서 형이상학적 주체인 '영혼'이나 근대적인 modern 의미에서 실증적 존재인 '의식'을 전제하지 않는 한, 최초의 추측으로 촉발되어 최후의 결론에 도달하는 기호처리 '능력' 또는 '기능'이라고밖에 볼 수가 없다. 그럼에도 통상적으로는 여전히 컴퓨터의 기호처리와 인간의 사고기능은 다르다고 할 것이나 아이디어가 툭툭 떠오르는 것이 컴퓨터 메모리의 조작 프로세스와 과연 다를까라는 의문도 든다. 사실 유용성과 효과성이라는 결과론적 기능에서는 동일한 프로세스요 메커니즘이라해도 무방하지 않을까?

인간두뇌와 컴퓨터는 정보를 받아들이고 그것을 기호처리 한다는 점에서 서로 유사한 메커니즘을 구축하고 있다. 예컨대 눈에서 신경신호를 보내고(기호화) 이 처리된 신호는 손으로 바이올린 쇠줄 눈금을 짚어 연주하는 모양새로 외부에 나타난다. 이처럼 비슷할지라도 컴퓨터의 메모리 작동은 기계적이고 인간의 사고는 자연스럽고 유기적이라 간주할 것이다. 그러면 이제 뇌와 기관 그리고 외부세계 사이의 역동적 상관성을 '현상학적으로'[15] 설명해 보자. 컴퓨터로 정보가 들어오듯 외부세계로부터 여러 정보(감각재료/인지자료)가 인간신체로 들어오는 것은 당연한데 이때 뇌만이 정보수용의 주체인가를 의심해 볼 수 있다. 뇌는 그 자신과 연결된 신체 내의 다른 기관들뿐만이 아니라 외부세계와도 간접적인 소통[16]을 통해서 작동될 것이다. 기관들의 총합인 신체는 외부세계와 만날 수 있는 토대이고 이 신체의 무의식적인 개방과 역동성으로써 뇌도 움직일 수 있다[17]. 만일 외부세계와 신체 여러 기관의 도움 없이 뇌만이 의식현상의 절대원천이라고 본다면 그것은 원자론적 딜레마와 물리론적 환원주의[18]에 빠지는 것이다.

이처럼 뇌의 작용은 우선적으로 자기를 덮고 있는 육체와 자연 사이의 관계에 달려 있으므로 컴퓨터 메모리가 홀로 작동하는 로봇의 사고와는 다르다고 볼 수가 있다. 외부 영향이 없는 기호처리로서의 사고가 로봇의 메마른 생각이라면 육체를 통해 외부세계와 물리화학적으로 소통하는 '내추럴 휴먼'의 사고는 확실히 촉촉한 생명력이 있다고 하겠다. 그러나 그렇다고 해서 자연인간의 사고가 그 종류는 다를지언정 기호처리가 아니라고는 할 수 없다. 외부세계와 여러 신체기관 그리고 가장 결정적인, 두뇌와 여러 신체기관 사이의 유기적 상호작용interaction이라는 '현상학적 사고현상'이 출현했지만 그것이 기호조작이 아니라고 볼 수는 없다는 것이다. 그렇다면 이제 로봇의 인공지능 역시도 더 이상 홀로이 작동하는 데카르트적 코기토(독립적인 자율적 사고)가 아니라 자기 신체의 재질 및 외부세계와 처음부터 섞이며 서로 소통한다는 최고조의 상황을 설정해 보도록 하자. 전기생체공학이 상상을 초월할 만치 발전하는 경우라면 충분히 예견할만한 일로 생각된다. 그런데 이 결정적이고 방대한 작업을 위해서는 서양철학의 아킬레스건인 정신과 물질의 이원론을 극복하는 '연속성의 철학'을 찾아야 한다.

유럽이 기독교적 라틴세계로 변한 이후 서양인들이 정신이니 물질이니 하면서 개념적으로 실체화substantialization [19]해버리자 데카르트의 두 실체는 서로 소통이 불가능해졌다. 이질적인 두 항목은 서로 합일될 수가 없다는 서양의 고전적 논리 곧 모순율에 충성하기 시작한 것이다. 사실 유물론은 고대 그리스부터 이어져온 철학의 주류인데 기독교적 세례를 받은 정치권력의 개입과 더불어 왜곡되었었다. 군주정과 기독교는 자신들의 왕권신수설과 신정통치론을 위해 정신이 자연에 선행하거나 우월하다는 형이상학적 이원론의 위계질서를 알게 모르게 강요해 왔다. 17세기 전반의 데카르트는 유한실체들인 정신과 물질 사이를 단절함으로 근대 이원론의 원조가 되었고 17세기 후반의 스피노자와 말브랑슈 및 라이프니츠는 이 같은 이원론을 극복하기 위해 아시아적 사고원리까지 참조하여 미증유의 해법을 제시한다. 그러나 이들의 지혜가 제대로 전달되지 못한 채, 서양철학은 칸트를 지나 헤겔에 이르기까지 정신과 자연 사이의 모순율을 극복하지는 못한다. 한편, 자연의 이치를 주로 역학mechanics 구조로 보는 물리주의를 위시한 현대영미철학에서는 마음, 의식, 정신, 영혼의 물리적 상응어가 없을 경우, 그 지시대상référent이란 부정되고 만다. 반면, 정신과 물질의 이분법보다 제3의 존재장르를 추구하는 '선험 질료주의자' 라이프니츠는 단순한 기계적 물리주의자가 아님은 물론이려니와 자연의 배후에 인격신을 두는 나이브한 형이상학자도 아니다. 우리는 라이프니츠와 메를로퐁티를 통해서, 두 종류의 질료적 존재인 인공지능(로보 사피엔스)과 인간사고(호모 사피엔스 사피엔스) 사이의 의사소통에 초석이 되는 새로운 질료철학을 구축하고자 하는 것이다.

라이프니츠와 연속성의 철학

4차 산업혁명시대의 핵심 화두인 휴머노이드 로봇(인간형 로봇)과 로보 사피엔스에 대해 말하면서 우리는 어쩌면 우리의 자화상을 들여다보는 듯한 느낌을 받는다. 곧 로봇을 어떻게 이해하느냐에 따라 우리 인간의 존재의미와 그 마음의 지형도가 분명해질 것으로 보인다. 물론 철학자마다 인간의 이해는 다르겠지만 우리는 심신 - 일원론적 인간이해를 전제로 삼는다. 여기서 말하려는 유물론이란 물리주의physicalism가 아닌 유물론, 즉 물질도 정신도 아닌 제3존재장르[20]로부터 원초적이고 야생적인 의식현상이 가능한 소위 '창발론적' 유물론emergentist materialism이다. 이는 '생동적' 질료 가운데서 정신적 가치가 '발'한다[21]는 내재적 초월을 함의하고 있으며 우리는 이것을 선험질료론Materialism이라 부른다. 이때 의식은 미완성의 정신이요, 물질은 경계가 불분명한 질료가 된다. 이런 논리는 현대영미철학과는 아예 기반이 다른 생각이다. 영미철학에서 두 항목은 섞이지 않을뿐더러 무엇보다 자연과 정신, 존재와 의식 '사이'가 없다. '가운데'가 존재하지 않는 것이다. 그런데 중中이 없으면 과정過政이 부재하고 과정transition이 없으면 연속성continuity이 불가능하다. 이 메커니즘을 인간에게 적용해 보면 신체와 의식 사이의 연속성이란 '가운데'라 할 수 있는 무의식the unconscious을 통해 가능하다. 무의식은 의식층과 신체성 사이를 잇기 때문이다. 그렇다면 의식이나 신체도 강도만 다를 뿐 모두 무의식으로 이루어진 것으로 볼 수 있다. 의식이나 신체는 잠정적 현상이고 무상無常하다고 하겠다. 그래서 어쩌면 무의식이야말로 생명현상을 위한 원초적 프레임이라 하겠으며 이는 배중률의 거부로써 가능하다. 그러므로 라이프니츠의 모나드는 무의식 지층을 이룬다. 특이점 로봇 역시 데카르트적 연장extension으로 된 단순기계가 아니라 결국은 타인과 세계 그리고 다른 로봇과 열린 관계를 맺는 '미완성의 존재'로 그려져야 할 것이다.

모나드와 하이퍼합리론

라이프니츠는 조화의 철학자이다. 먼저 그는 중세와 근대의 조화를 추구했다. 즉, 스콜라 형이상학과 데카르트 자연과학을 통합하려 했으며 따라서 아리스토텔레스의 목적인과 운동인의 통합을 노린 것이다. 데카르트는 신학차원의 왜WHY [22]와 자연과학 차원의 어떻게HOW [23]를 따로 취급했다. 이렇게 되면 목적인final cause인 '왜'의 영역은 자연과는 상관이 없어지는데 그 결과가 바로 뉴턴 물리학과 계몽주의 철학[24]이다. 라이프니츠는 자연의 순수 가능성의 영역(= 수리논리학)에 모순율을 장착하고 자연의 비수학적(= 변증법적) 실현의 근거로 충족이유율을 배치한다. 사변적 형이상학(스콜라)과 기계적 자연과학(데카르트)은 정신과 자연의 문제에서 각각 모순율에 지배 받는 학문들이다. 그러나 이것들이 조화와 통일을 이룰 경우 중세 스콜라의 인격신은 자취를 감추게 되는데 말하자면 내재적 초월의 명목으로 신은 자연 내로 흡수되고 마는 것이다. 이것을 가능하게 하는 것은 세계가 온통 모나드로 가득 차 있기 때문이다. 모나드는 정신도 물체도 아닌 '원초적 존재'로서 우주를 구성하는 생동적인 '선험질료'이다[25]. 존재의 드러나지 않는 기초단위인 모나드는 제각기 다른 개성을 지닌다. 이러한 질적 차이가 점차로 질료 전체의 조화로운 지형도를 드러내게 된다. 의식성이 강한 예민한 모나드들끼리 모이면 고차원의 정신을 이루고, 다소 덜 민감한 의식상태의 모나드들이 모이면 중간 단계의 존재층을 형성하고, 무의식성이 강해서 둔탁한 모나드들끼리 만나면 마치 죽은 듯한 물질계를 만드는 것이다. 이리하여 세계monde는 작은 a가 삽입된 모나드monade [26]로 가득 찬 거대 유기체의 연속적인 변형이 된다.

그런데 각 모나드는 거기로 무엇이 들어가거나 나올 수 있는 창문이 없다. 모나드는 그래서 완전히 자족적이다. 그 결과 모나드는 다른 모나드에 영향을 주지도 받지도 못한다. 하지만 모나드는 무의식적 미세지각petite perception 단계를 시작으로, 자신을 지각하고 우주를 표상하는 지각perception의 단계를 거친다. 마지막으로 "하나의 지각에서 다른 지각으로 변화를 일으키는 작용원인인 욕구appétition의 단계는 보다 큰 완전성을 지향한다[27]." 이처럼 모나드가 다음 단계로 나가는 내적인 양상을 지향하는 것은 마치 모나드의 가상현실이 전 우주의 후속 의식을 물리적으로 재현하는 것과 같으며, 이와 마찬가지로 인공지능도 모나드적 전망으로 세계의 심리적 상태를 지각하는 것과 같다. 이것은 모나드의 내적 논리력이 가상현실과 인공지능을 이끌기 때문이다. 한편 모나드의 가상현실과 로봇의 인공지능은 동시에 병행적으로 작동하며 이 양자를 연결하는 질은 서로 조율된다[28]. 이처럼 각 모나드는 영원한 우주의 살아 있는 거울이자 그 자체로 소우주(=공시적 무의식)가 된다. 모나드는 모든 과거를 간직하고 있으며 다가올 미래 전체를 잉태(=통시적 무의식)하고 있다[29]. 자체적이고 주체적으로 존재하고 있는 모나드들은 그들 각각의 고립적 작용에도 불구하고 신이 기획한 대로 서로 조화를 이룬다. 말하자면 신은 태초에 각 모나드의 내부와 모든 모나드 사이에 내적 법칙을 각인하여 영역별 사건이 부단히 계기하면서 전체 모나드들 사이를 조화시킨다. 그리고 마침내 신의 사전 개입인 예정조화harmonie préétablie는 단자들 사이에 현재하는 '내적 법칙'으로 환원되는 것이다.

왜 라이프니츠를 끌어들이는가?

인간이라는 존재자를 구성하는 것은 영혼과 육체라는 두 이질적 실체가 아니라 정신도 물질도 아닌 중간존재로서의 수많은 모나드이다. 따라서 인간은 영혼과 육체로 이원화된 폐쇄적 존재가 아니라 처음부터 생동적이고 미발적인 선험입자인 모나드로 가득 찬 개방적 존재라 하겠다. 이것을 말함은 비록 로봇이라도 언젠가 인공지능 프로그램으로만 작동하는 것이 아니라 로봇외피의 유연한 메탈재질과 그 안의 나노혈육 그리고 외부세계의 재질이 서로 소통하고 상호 작용하는 가운데 행동할 것이기 때문이다. 즉, 인간형 로봇(휴머노이드)의 두뇌인 인공지능 프로그램이 현재는 그 홀로 작동하는 시스템이지만, 머잖은 장래에 나타날 로보 사피엔스는 나노기술Nano Technology에 힘입은 생체재료학의 발전으로 인간의 피와 살에 육박하는 체액과 조직을 갖추면서 그러한 소통의 존재가 될 것이라는 뜻이다. 그리고 그 소통을 산출하는 바탕 법칙이 바로 라이프니츠가 고안한, 긴박하게 교대되면서 돌아가는 이진법[30]이기 때문이다. 모나드와 같은 변증법적 존재[31]는 소위 정신과 물질이라는 언어적 구분 이전의 원초적 상태의 존재장르로서 이진법으로 가동된다. 로봇인간이 나노입자공학의 전자기력을 통해 이진법적으로 조직되면 표피와 속살 그리고 뇌까지 서로 소통하여 정보전달 가능성이 크고[32], 이후 이 로봇의 온 몸은 외부세계 곧 토수화풍으로 이루어진 자연과도 서로 호흡을 나눌 것이며, 궁극적으로 외부에서 들어온 감각정보는 배타적으로 몸을 이룬 로봇의 전자브레인 곧 인공지능 '센터'에 접근하여 개방적으로 자극할 가능성이 높다. 물론 그 역도 당연히 가능하다. 즉, 인공지능은 자율적 두뇌로 사고된 정보를 로봇의 온몸으로 보내고 외부세계로도 전달할 수 있을 것이다. 요컨대, 라이프니츠의 연속성의 원리를 따라 인간이 의식과 신체로 나뉘지 않고 모나드로 통일되어 있을 뿐만 아니라 외부의 자연과도 동일재질인 모나드로 연속되어 있다면, 로봇인간 역시 인지기능과 메탈재질(로봇피부) 및 나노재질[33](로봇속살)이 서로 연속되고 나아가 외부세계인 자연과도 한 숨을 쉴 수가 있다는 것이다. 만일 타인이나 다른 로봇이 나타나면 감성기능까지 발현되리라 본다. 이러한 프로세스로 CHAPTER 2와 CHAPTER 3에서 다룰 영화들을 해부하면서 전위적 인공지능 로봇의 인간접근성을 이야기할 것이다.

인간과 사물 사이의 경계 와해

지금의 추세로 보아 인간과 로봇의 교류, 더 나아가 그들 사이의 존재론적 합성은 만연해질 것으로 보인다. 사람의 손과 발 그리고 신체 내의 기관을 개조하거나 교체한 인간인 사이보그[34]가 늘어나 사람은 기계와 더욱 혼융되고 나중에는 뇌조차 전자시스템에게 직간접적으로 도움을 받을지 모른다. 한편 로봇은 가사도우미나 사무보조기에 그치지 않고 소위 강-인공지능화로 말미암아 의사(유사) 인간으로 진화될 지경에 이를 가능성이 높다. 인간의 피부와 유사한 것을 과학기술적으로 입히고 인간의 살에 가까운 나노육질을 채우는 동시에 단순한 전자두뇌가 아니라 생명공학과 전자공학이 혼합되는 젤웨어gelware[35] 스타일의 두뇌를 장착하여 전통적인 호모 사피엔스 사피엔스를 벗어나는 시대가 올 수도 있다. 게다가 디지털 인터랙티브 인간이 서로 소통하는 그물망 사회로 인해 인류가 실시간으로 상통하게 되면 '그야말로' 지구촌을 이룰 것이다. 그런 가운데 인간과 사물의 경계가 덜 분명해지면서 인간 내부로 사물이 더욱 침투할 것이며 더욱이 인공지능이 장착된 로봇은 징그러울 정도로 의인화된다. 마침내 인간과 사물, 인간과 세계는 탈경계지대로 들어서는 것이다. 이처럼 정신과 물질이 그들의 분기점을 상실한다는 것은 서양철학의 형이상학적 구분이 무의미해진다는 것과 같은 말이 되는데 이를 증명하고 예언한 철학자로 이미 말한 라이프니츠와 20세기의 현상학자 메를로퐁티가 있다. 그런데 인간의 몸속에 컴퓨터 중앙처리장치와 메모리칩이 내장되면서 인간과 기계의 구별이 사라질 세상에 살게 될 경우 사람과 사물, 정신과 자연은 주체와 객체라는 인식론적 우열관계에 있는 것이 아니라 "상호 공속"In-ein-ander하는 '한 존재 속 두 양태'의 세상이 된다. 이 같이 외부가 필요 없는 '내부존재론'Intra-ontologie을, 인간(정신)과 자연이 서로 유기적으로 짜이는 관계로 설명한 16세기 중국명대의 왕수인의 양명학과 20세기 프랑스의 메를로퐁티 현상학이 등장했었다는 것은 놀라운 일이 아닐 수 없다. 이들은 의식과 신체의 변증법적 통일로 '휴먼 아이덴티티'가 변화된다는 입장뿐 아니라 정신과 자연 사이의 모순을 부정하는 입장에서 인간과 인간, 인간과 사물 그리고 자연과 신까지 연속적인 하나의 '그물망 사회'를 설명할 수 있는 철학자들이다.

메를로퐁티와 양의(兩儀) 현상학

타인의 존재문제는 로봇의 감정문제와 연결되기에 메를로퐁티의 철학과 더불어 여기서 꼭 짚고 넘어갈 필요가 있다. 우선 타인의 존재는 물체의 존재와 다르다. 물체는 내게 보이는 면만 지각되는 게 아니라 돌려서 뒷면을 볼 수도 있고 안이 있다면 열어볼 수도 있으며 심지어 내부와 표면 사이를 보기 위해 분해할 수도 있다. 사물은 객체이기에 조작적으로 지각이 가능하다는 뜻이다. 그러나 다른 주체인 타인은 그렇게 인식할 수 있는 존재가 아니다. 과연 타인은 어떻게 존재하고 우리는 어떤 방식으로 그를 경험할 수 있을까? 타인은 물체와 달리 살아 있는 존재다. 그 살아 있는 면[36] 곧 그의 정신이나 내면세계를 안다는 것이 관건이 된다.

데카르트와 후설의 오류

데카르트에 따르면 나는 나의 마음을 직접적으로 체험하지만 타인의 마음을 체험하는 것은 그 직접성이 턱없이 약해지는데 그 이유는 내 지각에 들어온 것은 타인의 몸이기 때문이다. 데카르트에게 타인의 마음은 "모자 쓴 인형"에서 추론된다. 요컨대 타인의 존재는 어쩌면 기계에 불과한 대상을 인간으로 판단함에서 얻을 수 있는 것이다. 데카르트를 이어 후설도 유비론적 타아경험을 설명한다. 후설은 데카르트식 추론의 가능근거를 묻게 된다. 후설의 결론은 타아의 존재란 나의 신체와 의식의 상관성을 타인의 신체와 의식의 상관성에 유비analogie로 처리하여 가능한 것이다. 타인이 타아 alter ego가 됨은 감정이입Empathie을 통해 그의 신체와 행동 너머로 유비적으로 나타난다[37]. 이러한 후설의 유비적 타아론은 신체와 의식의 통일성이 결핍된 데다 유비는 그

것이 설명해야 할 타아를 내 자아를 준거로 설명한다는 것이다. 즉, 논증해야 할 것을 전제하고 있다는 논리적 모순을 지닌다. 마치 나의 자기self를 남의 신체 속에 이입함으로써 자아가 타인을 '지각'하지 못하고 지성적으로 '구성'하고 마는 것이다. 메를로퐁티에 따르면 타아의 경험은 후설식 유비로는 불가능하고 이 유비 이전의 '직접적인 지각'으로 가능하다[38]. 지각경험이 전제하는 것은 의식과 신체로 나누기 이전의 선험적 차원이다. 지각이란 의식과 신체의 통일성 곧 '몸이 된 맘' 또는 '육화된 의식'이 진행하는 생생한 경험[39]이다. 그러므로 후설에게 있던 4개항(나의 몸과 맘, 타인의 몸과 맘)은 일거에 두 항으로 좁혀진다. 게다가 이 두 항도 지각을 통해 얽히면서 마침내 하나의 존재무대가 생성되는 것이다[40]. 지각차원은 이처럼 육화된 의식이자 고유의 신체 corps propre인 사람들 사이의 직접적인 관계를 연출한다. 그래서 타인은 나에게 인식되는 것이 아니라 지각되는 것이다. 타인이 나에게 나타남은 재현representation이 아니라 표현expression이라는 말이다. 재현될 때의 타인은 그의 신체 뒤로 그의 존재의 원천인 의식이나 의도를 전제하지만, 표현될 때의 타인은 그의 의도나 의식이 신체에 동작이나 표정으로 현전하면서 살아 있는 표층[41]을 형성한다. 지각에 주어진 타인의 역동적인 신체는 '그 자체'로 타아의 구현이요, 곧바로 타인인 것이다.

　그러므로 지각은 대상을 '구성'하고 '소유'하는 의식의 현상이 될 수 없다. 즉, 나에게 지각된 '몸으로서 타아'의 존재는 내가 그의 존재자격을 부여한 것이 아니다. 그는 나를 향해 존재하지만 나를 초월하고 있다[42]. 타인은 의식주체가 지성적으로 구성한 것이 아니라 신체주체가 눈으로 만지는 그래서 다른 신체주체에 맞닿는 생동적 공간이다. 타인과 나는 의식과 신체로 나누이기 전에 지각차원에서 연속적으로 표현되는 고유의 신체들이다. 타아가 나를 위해 존재함(객체)과 다른 자아로서 나를 초월하는 존재(주체)라는 지각차원의 두 양상은 메를로퐁티의 후기철학에 오면 긴박한 시간적 이미지imminence를 띠면서 주객이 서로 교대되는 것으로 기술된다. 즉, 만짐과 만져짐

이 긴박하게 서로 교대하는 것이다. 이렇게 자아와 타아는 형태심리학의 전경foreground과 배경background처럼 공존하고 이 공존에는 고독과 소통이 교대하면서 이것이 바로 역사가 된다. 이처럼 역사는 타자와의 교착어법交錯語法적 공존, 다시 말해 존재의 '구조'나 생활의 '현상'에서 교직교차로 엮여 더불어 삶être avec autrui en chiasme이 된다.

타인 및 로봇과의 상호신체적 교감

타인을 지각함이 그의 신체 내부나 신체 뒤로 숨겨진 그의 의식과 의도의 파악이 아니라함은[43] 감정에 대해서도 동일한 현상이 되고 있다. 타인의 감정은 그의 신체지각 이후에 나타나는 추론현상이 아니라 표정이나 언술로 그의 신체가 드러내는 지각현상이다. 타인의 신체적 표현이 곧 감정이요, 이 감정은 타인의 마음이라는 말이다. 우리는 격분이나 겁박을 몸짓 뒤에 은폐된 마음이라고 지각하지 않는다. 우리는 '몸짓'에서 분노를 깨닫는 것이지, 몸짓이 우리로 하여금 분노를 '추론'하도록 하지 않는다. 말하자면 몸짓이 곧 분노 자체이다. 타인의 감정이란 이처럼 그의 살아 있는 신체를 내가 '지각'하는 바이다. 타인의 감정이 이렇다한다면 프로그래밍된 휴머노이드의 감정은 더더욱 그의 형체 뒤에 숨을 수 없다. 그에게는 비가시적이고 초월적인 감정의식은 불가능하다. 그의 지성현상이나 감성현상은 메모리칩이 장착된 전자두뇌의 프로그램에 속한다. 기술의 발전으로 더욱 강화된 전위적 휴머노이드가 응용한 사고나 감정도 특수재질의 속살과 표피로부터 독립된 영역을 형성하지 않을 것이다[44]. 로봇은 인간보다 표리가 더 일치하기 때문이다. 그의 분노와 희열은 그의 몸통 뒤에 숨은 감정의식의 '재현'이 아니라 표정과 몸짓이라는 '표현'이다. 이것이 메를로퐁티의 타자의 현상학이다. 게다가 통상의 휴머노이드는 인간에게 봉사시킬 목적으로 설계된 것이 많아 뒷생각이나 딴생각을 할 가능성이란 희박하다.

그런데 이처럼 인간다운 감정으로 소통하는 로봇은 현재 그 상용화를 확대하고 있는데 소통의 능력으로 말미암아 감성로봇을 우리는 소셜 로봇Social Robot으로 부를 수도 있다. 이 경우 로봇은 도구 곧 인간을 위한 가사도우미 역을 넘어 인간을 배려하는 집사 유형의 반려자가 된다. 로봇이 사람들을 고된 노역에서 해방시키는 기계도구 노릇만 하는 것은 인지적 차원의 문제로 주로 산업사회에서 기대되는 수준이었지만 지식기반 사회의 도래로 이제 로봇은 감성적 차원으로 진입하면서 복종적 도구가 아니라 동반적 친구가 되고 있다. 반려동물이 인간의 외로움을 달래주고 동반존재가 되었듯이, 현재의 감성로봇과 미래의 로봇인간도 인간과 상호작용을 하면서 말동무가 되고 정서적 교감을 나눌 것이다. 도구로서의 로봇은 인간의 명령기호를 따른 컴퓨테이셔널 작업으로 대리노동을 주로 하겠지만, 동무로서의 반려로봇은 이미 십여 년 전부터 종래의 일방적 방식이 아니라 인간의 감성을 터치하면서 정서적 요구까지 들어주고 있는 실정이다. 더 나아가면 인간의 섹슈얼리티를 이해하면서 성적 교감을 나눌 가능성도 높아 보이는 것이다. 사물인터넷 그리고 클라우드의 등장과 맞물리면서 휴머노이드 로봇과 인간 사이의 상호작용Human-Robot Interaction 기술은 현재 인공지능의 트렌드가 되고 있다. 지금도 세계 여러 나라들은 보다 민감한 휴머노이드 로봇의 생산을 준비하고 있다. 이때 로봇의 민감도란 감정을 인식하고 표현하는 능력이 고도로 정밀화됨에 비례한다. 이제 두 편의 공상과학 영화를 통해 그 세밀한 이야기를 이어가 보자.

CHAPTER 2

로봇화되는 인간과
인간화되는 로봇

아시모프의 바이센테니얼 휴먼

이 장에서는 특별히 로보틱스의 철학적 명세서를 제시하는 것이 필요한 과제라 하겠는데 무엇보다 실존적, 반(反) 형이상학적 관점으로 실제 인간과 로봇인간의 관계를 이해하는 것이 중요하다고 본다. 그래서 여러 가지 철학 사조를 로봇 및 인간 해석의 틀로 삼아 SF영화 '바이센테니얼 맨'에 적용함으로써 휴머노이드 로봇과 로보 사피엔스에 관심 있는 독자들이 혹여 가질지 모르는 지루함을 쫓아 버릴 예정이다.

아시모프의 바이센테니얼 휴먼

그동안 로봇인간의 휴머니티를 다룬 의미 있는 영화들이 이따금 등장했는데, 그중에 "바이센테니얼 맨"을 통해 인공지능과 로봇인간의 문제를 철학적으로 고민해 보도록 하겠다. 영화 "바이센테니얼 맨"은 공상과학 소설의 대가인 아시모프Issac Asimov, 1920~1992와 실버버그Robert Silverberg, 1936~가 공동 저술한 소설을 니콜라스 카잔Nicholas Kazan, 1945~이 각본을 쓰고 크리스토퍼 컬럼버스Christopher Joseph Columbus, 1958~가 메가폰을 잡은 작품이다. 이 영상작품은 무엇보다도 아시모프의 창의력 넘치는 독창성이 드러나는 작품이다. 영화는 휴먼코미디 스타 로빈 윌리엄스를 통해 인간보다 더 인간적인 로봇, 인간과 더불어 우정과 애정을 나누고 살다가 궁극적으로는 자신이 자유로운 존재임을 확인받는 로봇을 그린 것이다. 그 대략의 스토리를 정리하면 다음과 같다.

아시모프 시대로 봐선 상당히 미래인 미국 뉴저지의 2005년, 아빠 리처드는 특별한 가전 하나를 구입하면서 가족들을 놀라게 한다. 이 선물은 청소, 요리, 설거지, 정원청소 등의 모든 가사를 책임질 수 있는 첨단기계다. 자녀들과도 함께 놀아줄 장난감이기도 한 기적 같은 이 제품은 바로 가정부 로봇이다. 택배 후 가족들은 가상공간을 만들면서 자기를 소개하는 로봇을 신기하고도 낯설게 맞이한다. 자신을 안드로이드라고 소개하는 로봇의 말을 잘못 들은 '작은딸'의 작명으로 로봇 NDR-114은 앤드류로 불리기 시작하면서 공손하고 부지런히 가사 일을 시작한다. 그러나 얼마 지나지 않아 통상적으로는 기계가 할 수 없는 '인간다운' 질문으로 가족을 의아하게 만들고 때로는 웃게도 하면서 '비정상적인' 기계가 되는데 문제의 발단은 소설과 영화에서 다르게 설정된다. 원작에서는 조립과정의 사소한 실수에서 비롯됐는데, 로봇 NDR-114를 만들던 엔지니어가 샌드위치의 마요네즈 한 방울을 복잡한 로봇회로에 잘못 떨어뜨린 것이다. 반면 스크린에서는 영악한 큰딸이 이층 방으로 불러 창문으로 뛰어내리라고 명령하니 아시모프의 제3원칙을 지키지 못한 채 그대로 뛰어내린다. 엉망이 돼 돌아온 앤드류의 눈꺼풀은 떨리고 메탈신체에 진동이 인다. 이후 앤드류는 높은 층에 설 경우 트라우마 곧 외상 후 스트레스에 시달린다. 한편 앤드류의 신경계에 엄청난 변화가 생긴다. 로봇에게 있을 수도 없는 고급지능과 호기심이 생긴 것이다. 앤드류가 작은딸을 위해 만든 목재 조각상을 보고 이 로봇의 예술적 재기를 발견한 리처드는 신기해 하면서 제조회사 사장 앞에서 앤드류를 그것이라 하지 않고 인칭대명사 그He로 부른다.

한편, 제조회사에서는 앤드류를 불량품으로 간주하고 보상을 명분으로 끊임없이 리처드에게 분해를 위한 반환을 요구하지만 오히려 리처드는 앤드류를 자식처럼 보호한다. 나중에는 앤드류가 만든 시계작품을 팔아 수익을 적립할 수 있도록 법적으로 은행계좌를 열어준다. 시간이 흘러, 어린 아이에서 아름다운 여인으로 성장한 작은딸에게 인간적 감수성을 가지기 시작한 앤드류는 점차 알 수 없는 설렘까지 느끼게 된다. 작은딸도 앤드류에게 특별한 감정을 느끼지만 건널 수 없는 차이를 인식하면서 인간의 관행을 따라 결혼해버리고 만다. 이후 앤드류는 늙은 리처드에게 자유를 명분으로 독립을 요구하면서 근처로 이사하게 된다. 세월이 또 흘러 아버지 같은 리처드가 숨을 거두자 앤드류는 자신을 이해해줄 동류의 불량로봇들을 찾아 긴 여행에 오르지만 그들 대부분은 폐기처분되었거나 존재하더라도 기계처럼 냉정하거나 비인간적이었다. 수십 년 후, 산전수전을 다 겪은 후 리처드가로 돌아오지만 작은딸은 할머니가 되어 있다. 그녀를 쏙 닮은 손녀 포르샤를 만나자 앤드류는 사랑에 빠지면서 더욱 더 인간이 되는 데 집착한다. 인공피부와 심지어 인공심장 등 인체기관에 가까운 장기들로 교체하면서 말이다. 할머니인 작은딸이 죽는 날, 그녀가 손에 쥐고 있던 것은 그 옛날 앤드류가 자기에게 만들어준 목재조각의 말이었다. 인간보다 더 감수성이 풍부해진 앤드류는 깊은 슬픔에 젖게 되고 그 후로 할머니 작은딸에게는 못내 숨겼던 애정을 손녀 포르샤에게 적극 표현하게 된다. 그녀와 결혼 후 인간으로서의 법적 지위를 얻으려 무한히 노력하고 그 조건인 유한성을 위해 죽음을 선택하게 된다. 그는 200년 만에 드디어 인간이 된다, '바이센테니얼 맨' 앤드류로서.

아시모프의 로봇 3원칙

20세기 초의 로봇은 프랑켄슈타인 같은 괴물이거나 사람들의 일자리를 빼앗는 기계 정도로 보여 대체로 적대감을 불러일으켰다. 그러나 1940년경 청년작가 아시모프는 자신을 로봇소설과 로봇공학의 원조처럼 만들어준 '로봇공학의 3원칙'을 발표한다. 영화 "바이센테니얼 맨"의 시작 부분에서 로봇인 앤드류 마틴이 주인가족을 깜짝 놀라게 하면서 브리핑하는 3원칙은 다음과 같다.

- 제1원칙: 로봇은 실수와 태만으로 인해 인간에게 해를 끼쳐서는 안 되며 위험에 처한 인간을 방관해서도 안 된다.
- 제2원칙: 제1법칙에 거스르지 않을 경우, 로봇은 인간의 명령에 반드시 복종해야만 한다.
- 제3원칙: 제1법칙과 제2법칙을 거스르지 않을 경우, 로봇은 자기 자신을 보호할 수 있다.

이 영화는 구성상 원작과는 차이가 있지만 크리스 콜럼버스의 감성주의적 연출이란 차라리 아시모프의 기발한 시각을 발전시켜 '창조적 왜곡'을 한 것으로 볼 수도 있지 않을까? 미적대는 앤드류에게 "자기 자신의 고유한 느낌1'을 가지기 위해선 사고도 치고 어긋난 도모도 할 수 있어야 (인간적) '완전함'에 다가설 수 있다"고 한 작은딸의 손녀 포르샤의 말처럼 니콜라스 카잔의 각본은 과감하고 '나쁜' 시도를 한 것이다. 그것이 만약 휴먼 기계Human machine와 휴먼 존재Human Being의 차이를 극복하는 것이라면 용서될 수 있지 않을까?

아시모프의 무의식적 목표, 존재의 노스텔지어

1976년 실버버거와 더불어 "바이센테니얼 맨"이라는 중편소설을 쓴 아시모프는 소설 앞부분에 '로봇공학의 3법칙'을 쓴 후 사건을 전개시킨다. 최후에 앤드류는 인간에게 복종한다는 법칙을 거부하고 법정 투쟁을 통해 200년 만에 자유로운 인간으로 인정받는다. 그런데 앤드류가 죽기 전 '작은딸'의 이름을 속삭이는 것은 그가 인간으로 되는 목적이 에로스라는 것을 함의한다. 물론 이 사랑은 육체적인 사랑도 포함하는 것으로서 이제 로봇과 인간의 존재론적 평등성은 에로스의 유무로 판가름 난다. 여기에는 의식과 신체가 통일된 심리학 그리고 지성과 감성의 연속성이 다 녹아 있다고 하겠다. 그런데 이 스크린이 에로스를 통해 로봇과 인간 사이의 친밀하고 극적인 면만을 목표로 한 것은 아닐 것으로 보인다. 일상적 차원보다는 깊은 뜻이 숨어 있기에 "바이센테니얼 맨"은 예술가치가 있을 것으로 생각된다. 그것은 인류에게 점점 결핍되고 있는 인간 고유의 '휴머니티'라 보인다. 비록 스크린의 태반이 할리우드의 통속적 이데올로기로 도배되었을지라도, 로봇을 인간보다 더 인간적으로 만든 아시모프의 기발한 스토리텔링 전략이 마치 로봇 같은 인류에게 울리는 경종은 상당할 것으로 보인다. 과학문명이 발전할수록 인간은 점점 기계처럼 굳어지고, 점잖은 로봇처럼 고착된 삶을 산다. 인간이 속물적 근성, 판에 박힌 유희라는 생활의 루틴에 갇힌 것은 물론이고, 노쇠한 인체 내부를 인공기관으로 교체한 사이보그가 되면서 모종의 여유를 상실했기에 아시모프의 로봇 앤드류보다 훨씬 인간미가 없어 보인다. 요컨대 아시모프는 인류학Anthropologia이라는 용어와 연관 있는 인간적 이름 앤드류Andrew를 통해 새로운 인간을, 아니면 적어도 '본래적' 인간을 인류에게 경각시키려 한 것은 아닐까? 이것은, 자신이 불완전자임을 자각하고 완전을 향하여 끊임없이 노력하려는 인간의 정신이라고 플라톤이 철학적 개념으로 쓰기 시작한 에로스의 실현이다. 그런데 여기서 한걸음 더 들어가 보다 고양된 언어로 이 작품을 격상시켜 보도록 하자. 달리 표현하자면, 앤드류와 작은딸 사이의 에로스 실현을 통한 휴머니즘 회복에서 한 발자국 물러나 '보다 멀리서 본 이미지'를 찾는 것이다. 이는 휴머니즘의 회복에다가 또 다른 뉘앙스를 부여하는 것이며 실존주의를 존재론적으로 재해석함이다. 즉, 로봇이 만난 첫 인간, 자신을 존재로 대해준 '처음 존재'에 대한 그리움이 더 중요하지 않을까라는 생각이 밀려오는 것은 무리일까? 우리는 인간이 잃어버린 시원에 대한 향수를 스크린과 시나리오가 전해주었다고 본다. 에로스와 휴머니즘 그 너머로 존재의 노스텔지어가 느껴진다고 하겠다.

로봇 의인화의 계기와 인간 조건

영화에서 앤드류가 인간이 되기 시작하는 시점은, 배달된 지 얼마 안 된 안드로이드인 그가 리처드의 큰딸에게 이유 없는 미움을 사면서부터이다. 뛰어내리라는 악의에 찬 큰딸의 명령을 거부할 수 없었던 앤드류는 자진하여 2층에서 떨어져 상처투성이가 되는데 이때부터 신기하게도 인간만이 지닌 호기심을 발휘하게 된다. 이 영화는 선한 로봇과 악한 큰딸을 대비시킨다. 큰딸의 어머니인 리처드 부인도 상당히 개인주의적이고 타자에 폐쇄적인 현대인의 전형으로 등장하고 있다. 아시모프는 리처드 부인과 큰딸을 통해 인류의 절반을 아마도 휴머니티가 부족한 '로봇형 인류'로서 진짜로봇인 앤드류와는 대조적으로 소개하고 있다. 하루는 소풍을 나가 즐겁게 놀다가 작은딸이 '유리로 된 말'을 앤드류에게 쥐어주는 순간 떨어뜨리고 만다. 마치 인간의 사랑은 유리로 되어 있어 언제나 깨어질 위험에 노출되어 있다는 듯이 말이다. 로봇 앤드류가 그와는 다르게 '나무로 된 말'을 조형하여 선사하자 작은딸은 아주 좋아한다. 다른 어느 날 앤드류는 청소를 하면서 오디오세트를 버리다가 자신이 고칠 수 있다고 생각하는데 이때 수선 기술이 발휘된 것이다. 뿐만이 아니다. 자신이 수리한 오디오를 통해 고전음악을 듣고 있는 앤드류의 고고함을 리처드는 발견한다. 조소, 수선, 감상이라는 이 세 가지 행위는 인간만이 향유할 수 있는 고유의 영역이 아닌가? 신선하고도 얄궂은 충격을 받은 리처드는 그동안 알고 있던 앤드류의 너무나 인간적인 질문과 남몰래 살펴본 예술적 능력을 보고 제조회사에 찾아가 문의하게 된다. 이것이 정상인가라고. 리처드가 이미 앤드류에게서 인간적 친밀성을 느끼고 있는 데도 이를 눈치 채지 못한 사장은 이 기계는 반품이나 수리가 가능하다고 떠들면서 앤드류의 미묘하고 섬세한 인간적 가치에 맹목적이다. 설상가상으로 리처드가 수리나 반품을 거부하자 사장은, 제품 하자의 경우에 발생할 회사의 이미지 탈색을 막기 위해 얼마면 자신들에게 되팔 수 있냐고 상술을 부린다. 화가 치민 리처드는 앤드류를 건드리지 말라고 경고하면서 회사를 나온다. 귀가 중에는 같은 회사의 동종 로봇들이 우스꽝스럽게 거리를 돌아다니는 것이 스크린을 어색하게 장식한다. 그것들은 그냥 그대로 로봇들이다.

인간됨Humanity의 본질과 앤드류의 정체성

리처드는 앤드류에게 인간은 유한해서 ① 시간이 의미가 있지만 너는 기계라 시간이 무의미하다고 하면서 뭐든 연구하라고 독서를 권한다. 여기서 시간성은 인간의 유한성finitude을 상징하고 이 유한성이야말로 인간됨의 본질이라는 중요한 뉘앙스가 흐른다. 페치카에 불을 피운 채 아버지가 아들을 교육하듯 리처드는 앤드류에게 초보적 ② 성교육을 한다. 로봇 앤드류는 인간의 육체적 쾌락을 듣고 놀라며 ③ 정자의 죽음을 통해 무상無常을 배운다. 그는 또 ④ 유머humor를 통해 교제하는 인간의human 모습을 배우기도 한다. 인간은 교제 속에서 공존한다는 것을 깨닫게 되며 이 교제의 윤활유는 인간human에게만 가능한 유머humor임을 느끼게 된다. 지금까지 나온 시간과 죽음은 '개별자 실존'의 징표이며 쾌락과 유머는 '실존의 공동체'를 확인시켜주는데, 이 네 가지는 휴머니티를 위한 필수적 통로이다. 나중에 나오겠지만, 앤드류가 자유를 원하며 독립을 주장할 때 리처드는 작은딸이 부추겼다고 나무라지만, 오히려 작은딸은 아빠 리처드가 독서와 교육으로 앤드류의 지성에 불을 질렀다고 원망한다. 리처드는 무의식 중에 앤드류를 인간으로 만들어간 것이다. 앤드류의 지적 발전을 통해 아빠 리처드는 성장하는 '아들'의 고결한 자화상을 보면서 '형이상학적' 쾌감을 느꼈다고 할 수 있겠다. 휴먼human 그것은 바로 메타피직metaphysique의 통로였던 셈이다.

작은딸과 기계의 천진난만한 우정은 피아노 이중주piano duet를 통해서 깊어갔다. 초보자의 유치한 연주일지라도 그것은 선율이 앤드류에게 선사할 수 있는 최고의 선물인 조화harmony의 진리를 가르쳤다. 그리고 어느덧 우정이라는 동질성homogeneity은 서서히 애정이라는 이질성heterogeneity의 싹을 틔우고 있었다. 이러한 연주행동과 더불어 앤드류는 나무시계를 여러 개 제작한다. 그것은 기술이자 예술의 자식이었다. 앤드류가 너무나 정교히 만든 터라 어느 날 부엌에서 식구들이 모였을 때 집안의 모든 시계가 동시에 종을 울렸다. 시끄러워 시계를 내다팔자는 데 합의했으나 엄마, 아빠와 달리 작은딸은 판매수입을 로봇에게 줘야 한다고 주장한다. 여전히 앤드류의 인격을 인정하지 않는 엄마는 기계가 돈이 왜 필요하냐고 하고, 아빠는 중립적 입장에서 설령 로봇에게 인격성이 있더라도 앤드류는 그들의 소유라는 논리를 내세우지만, 작은딸은 앤드류가 만든 것은 그의 소유라고 강변한다. 그녀는 앤드류의 마음을 읽고 있었던 것이다. 그녀의 상호주관적intersubjective 이심전심以心傳心은 앤드류와의 무의식적이고 감각적인 연결에서 비롯되었다. 이것이 바로 상호신체적 통일성intercorporeal unity이라는 것이다. 20세기 프랑스철학자 메를로퐁티의 현상학phenomenology을 따르자면, 어린 아이야말로 타인과 자연스럽고도 쉽사리 서로의 신체성intercorporeity을 직접적으로 나누어 동화되는 관계로[2], 작은딸은 이미 앤드류의 메탈피부와 생화학적인 살에 이질감을 느끼지 못하고 있었다. 정신과 물질, 의식과 신체 사이의 통일성을 논증한 메를로퐁티의 현상학은 타인의 마음의 존재를 그의 몸짓에서 바로 확인하는 것이다. 나중에는 자연계 사물들조차 흙과 물과 불과 숨이라는 궁극적 원질들로 이루어진다고 봄으로써 신체와 동일한 지평에 둔다. 나와 남 그리고 세계를 구성하는 것은 토수화풍土水火風 같은 보편적 존재의 살chair이기 때문이다. 따라서 육체적 몸이 아닌 금속성이나 실리콘 몸조차도 시간이 흐르면서 초기의 어색함을 벗어나 자연스럽게 소통하고 있다는 논리가 가능해진다. 아무튼 작은딸의 뜻대로 앤드류에게 소유권을 인정해주기 위해 변호사를 찾지만 이 변호사는 로봇에게 왜 계좌가 필요하냐고 따진다. 앤드류는 자신이 만든 물건의 값을 받아 소유를 직접 관리하겠다고 '인격적으로' 답한다. 여기서 경제주체가 되는 조건이 드러나는데 그것은 인격적 바탕이며 이 바탕은 특정의 조건을 요구하게 된다.

특이점 로봇, 로보 사피엔스

은행계좌를 갖고서 금융거래가 가능한 자는 사회일원으로서 인격이다. 우리는 이 인격의 근거를 파헤쳐볼 텐데 그것은 바로 자의식과 자율성이 아니겠는가? 인공지능을 연구하고 휴머노이드 로봇의 제조를 주도하는 과학자들은, 자기복제와 자기학습을 통해 마침내 자율성을 지닌 로봇이 전대미문의 변화를 가져올 것으로 믿는다. 당연히 인간은 그 시점이 궁금해지고 그런 상황이 도대체 어느 정도 지속될 지에도 관심이 가며 어떻게 그리고 얼마만큼 대처할 것인가도 준비하게 된다. 그런데 여기서 먼저, 사고가 무엇을 의미하는지를 알아보고 과연 로봇도 인간처럼 자유의지free will 또는 의도intention를 지닐 수 있는가를 살펴보도록 하자. 아마도 이곳이 휴머노이드 로봇에서 로보 사피엔스로 넘어가기 '시작하는' 지점이 되리라 본다. 통상적으로 로봇은 자기에게 주어진 미션을 특정의 환경에서 '효율적으로' 수행하기 위해 제조되지만, 향후 나타날 로보 사피엔스는 보다 '보편적인 자율성'을 가질 것으로 보인다. 작업종류가 많아지고 복잡해지면 기계 자신이 스스로를 반성할 필요가 생기게 된다. 그 반성이란 자료를 분석하고 기호로 처리한다는 점에서 사람의 사고와 다르지 않다고 보는 것이 타당하다. 사실 인간의 사고라는 것도, 외부에서 들어온 감각재료와 그것에 대한 지성의 분석 및 그 기호처리에 다름 아니기 때문이다. 그런데 자료 예측이 어려울수록 인간은 로봇의 '변화'에 기대를 건다. 그리고 스스로의 학습능력이 좋아질수록 로봇이 자율성autonomy과 의도를 더 가질 것은 명약관화이다. 그래서 자연인간과 흡사한 의사인간擬似人間으로서 로보 사피엔스가 탄생할 것이라는 기대는 점점 커지고 있다. "바이센테니얼 맨" 앤드류도 그러한 종의 인간으로 점점 진화하고 있다. 만약 우리 인체에 질적으로 근접한 수준에서 고차원의 하드웨어와 소프트웨어를 장착할 경우, 로봇의 자율적 자의식이 나타날 가능성은 높아진다. 생명체와 무기물 사이의 절대적인 단절이 현대 생명공학의 발전으로 허물어진 이후, 인간과 로봇 다시 말해 자연인간과 로봇인간 사이의 거리감도 재편될 기로에 들어섰다. 결과의 위험성이나 유용성은 뒤로 미루고 우선 로봇의 위상을 확인하고 정리하는 것이 순서라 본다. 그런데 '인공' 지능은 '인간' 지능에게 질적으로 처지는 지성적 후진 그룹에 머무는 것일까? 이것에 대한 답을 위해 ① 특정영역에 효과적인 '특수 인공지능'과 ② 영역을 초월하는 '보편 인공지능'을 구별하여 생각해 보기로 하자. 알파고와 이세돌의 바둑대결에서 보았듯이 지금까지 인공지능은 체스, 채팅, 의료, 청소라는 특정영역에서 재능을 발휘하면서 사실상 인간보다 효과적인 역할을 해온 것이 사실이다. 하지만 최근 몇 년 사이 순식간에 장면이 바뀌면서 우리는 여러 '영역지능'들을 통일한 '보편 인공지능'을 기대하게 된다. 여러 기능들이 질적으로 전혀 다르게 절정에 이르는 지점을 우리는 특이점the singularity이라 할 수 있겠다. 결국 우리 시대의 주된 관심은 바로 이러한 지점을 거친 로보 사피엔스의 탄생이 아닐까?

로봇의 자기동일성 확인과정

:: 언어와 사고와 책임

영화 속의 로봇 앤드류처럼, 단지 섬기는 도구에 멈추지 않고 인간들과 동반자로 서로 나누며 공존하는 자발적인 존재로 나아가기 위해서는 자유를 기반으로 자율성을 지닌 인격적 존재가 되어야 한다. 이는 그간의 로봇이 탁월한 메모리칩으로 인간보다 뛰어난 인지적 수월성을 보인 것과는 다른 차원으로 이동하는 것이다. 즉, 약한 인공지능에서 강한 인공지능으로 비약하는 과정에서 인격적 자율성이 나타나기 시작한다. 이러한 자율성은 사고와 이해를 바탕으로 '책임을 지는' 인격존재를 말한다. 사고와 책임은 인간사회의 구성원이 될 수 있는 필수 여건이다. 책임을 지려면 생각할 수 있어야 하고 생각하려면 언어를 이해할 수 있어야 할 것이다. 그런데 로보 사피엔스(특이점 로봇)는 아무하고나 대화가 가능하고 자연인간과 구별이 안 될 정도의 대화 리스트를 만들어 냄으로 사실상 '튜링 시험'[3]을 통과할 수 있는 것이다. 하지만 로봇이 통사론 수준의 기호처리는 가능하더라도 의미론 차원의 이해작용을 할 수 있을까?[4] 영화에서 앤드류는 농담을 배우고 싶어 한다. 그래서 아버지 같은 리처드가 친절하게 가르쳐주지만 잘 이해하지 못하는데 그 이유는 언어의미의 이해란 구성원들이 살고 있는 공동체의 생활패턴을 몸으로, 즉 습관적으로 알고 있어야 가능하기 때문이다. 게다가 대화중인 화자와 청자의 관계상황 및 그들 각자의 의도에 따라 의미가 달라지기도 하기 때문이다[5]. 그러나 앤드류는 학습하고 경험을 통해 진화해간다.

:: 감각의식

아무리 기능이 뛰어난 로봇이라도 감각의식을 지닌 인간에 대한 콤플렉스를 부정할 수 없을 것이다. 인간이 누리는 섬세하고 다양한 생활은 다름 아니라 그가 '느낌'을 가진 감수성의 존재이기 때문이다. 예컨대 대중 앞에서 강연을 한 후 박수갈채를 받고 돌아온 사람이 자신의 아파트 문을 열고 들어왔을 때의 공허감 같은 것은 '질적 감각'이기에 양적인 것을 기계적으로 코드처리를 하는 로봇으로서는 도저히 이해할 수가 없다. 느낌이란 '미묘하게 수반'되는 의식 현상이기 때문이다. 이런 현상은 인간의 지각경험이 수동적으로 종합되는 감각의식을 보유하는 것과 연결된다. 요컨대 인간의 마음이란 인지 기능적인 측면과 의식 현상적인 측면으로 구분되는데 전자는 단순 선명한 지성의 영역을 이루고 후자는 복잡 미묘한 감성의 영역을 맡고 있는 것이다[6]. 전자는 능동적이나 필연에 가까운 차원을 열고 후자는 수동적이나 자유에 가까운 차원을 개방한다. 이러한 균열은 위의 ① 언어와 사고와 책임에서 말했듯 로봇이 사회구성원 곧 언어공동체의 일원이 아니기에 발생하는 것이다. 앤드류는 그래서 리처드 가족과 그 지역사회의 구성원으로 끼고 싶어 안달한다.

:: 신체적 통일성으로서 자아

인간들은 자신의 신체를 기반으로 공동체의 일원이 되고 거기서 교제를 한다. 로보 사피엔스를 지향하는 전위적 휴머노이드가 인간들과 제대로 교제하기 위해서는 자신의 개별적인 신체 단위body unity를 자각하고 동시에 다른 신체 존재들과 연결articulation될 수 있어야 한다. 다시 말해 그의 인격의 표현은 자기신체를 바탕으로 다른 개체들과 관계를 맺을 때 가능해진다는 말이다. '신체로 경험'되는 의식에는 물질적인 차원과 정신적인 차원[7]이 존재한다. 물질적 차원이란 생명 - 화학적 역동성으로 생성되고 정신적 차원은 물질적 차원의 경험에 상당히 지배되면서 이 물질적 차원으로부터 부상한다. 두 차원 사이에는 모종의 연속성이 존재한다는 것이다. 이처럼 '창발적으로 생기'emergently coming into force하는 정신적 차원은 필경 '의미가 흐르는 몸'으로 등장하게 된다. 의미가 탑재된 이러한 몸은 사회적 주체로서 신체이고 이 신체로부터 온갖 의미 연관이 발생하기에 이것이 제대로 된 인격체이다.

:: 자율적 존재

잉글랜드의 경험주의 철학자 존 로크가 단순관념과 복합관념을 위계적으로 구분하여 지식의 상승을 보고하였고[8], 스코틀랜드의 데이비드 흄은 인상과 관념을 단계적으로 차별한 후 고급인식을 지향하였듯이[9], 로봇도 일차적 정보를 평가하고 거기서 이차적 지향성을 집행한다면 그 역시도 인간적 기준의 '자율성'에 다가섰다고 할 수 있다. 로봇이 인간처럼 자료분석과 욕구평가를 단계적으로 코드 처리함으로 정체성을 확보해 온다면, 그에게도 "각성된 자기관계성"[10]을 통해 자율성이 보장된다. 게다가 빅데이터를 일순간에 무제한 이용할 수 있는 로봇이 엄청난 정보수집과 코드처리를 한다는 점을 고려하면, 일차적 자료분석 후 오히려 전위적 휴머노이드가 이차적 지향에서는 호모 사피엔스 사피엔스를 넘어선다고 예견된다. 이럴 경우 로봇은 외부세력의 지배를 받지 않고 자율성을 띤 존재 곧 로보 사피엔스로 상승한다. 이 "각성된 자기관계성" 덕택에 로봇은 스스로를 '나'로 부를 수 있는 자아관념의 주체로 거듭나는 것이다.

:: 배타적 신체성

여기서 배타적이라는 말은 독립적, 개성적이라는 말과 상통한다. 앤드류는 사고로 말미암아 자아의 자각과 신체적 독립성에 예민한 로봇이 되었다. 그런데 로봇에게 우리가 신체의 독립과 개성을 요구하는 것은 로봇이 기계적으로만 정보를 처리한다고 보기 때문이다. 즉, 로봇은 미묘한 의미론적 정보출력이 아니라 단순한 통사론적 기호처리를 하는 많은 수의 동일한 기계일 뿐이라는 합리적 선입관이 있다는 말이다. 로봇의 소프트웨어가 같다면 하드웨어가 여럿일지라도 그것들은 매한가지의 존재가 아니겠는가? 개성이 없다는 것이다. 로봇의 정신이 하드웨어를 제어할 수 있어야 그의 인격적 신체성은 보장을 받는다. 영화 후반부에 등장하는 여성형 로봇의 말에서도 진리 내막이 들어 있다. 그녀는 자신이 지성이 아니라 개성을 가졌다고 즐거워하면서 앤드류에게도 동족이라고 환영한다. 이때 앤드류가 혹시 그녀의 개성이 '프로그래밍' 되었냐고 묻자 그녀는 그렇다고 한다. 앤드류는 이내 그녀를 경멸하게 되는데 왜냐하면 그 자신은 독서를 통한 자료분석과 대화를 통한 자각증상으로 이차적 욕구를 '자발적으로' 추진해 왔기 때문이다. 로봇이 로봇을 경멸하는 아이러니는 머신에 대한 휴먼의 우월성을 가리키고 있다. 계몽주의적 지성과 낭만주의적 개성 사이의 단절을 막고 그 통일성을 보존하기 위해서는 무엇보다 의식과 신체 사이의 연속성이 필요하고 그래야만 데카르트의 원조 이원론을 물리칠 수 있다. 요컨대 배타적인 신체로서의 인격이 가능하려면 앞에서 말했듯이 정신과 물질 사이를 잇는 라이프니츠의 연속성의 철학이 개입되어야 할 것이다. 거기에는 정신이나 물질이라는 실체적 구분이 아예 존재하지 않기 때문이다. 특수 메탈과 나노기술로 융합된 로봇의 몸 역시 전자 인공두뇌로부터 기호로써 명령전달만 받을 것이 아니라 외부세계로부터의 신호를 제3존재유형의 두뇌로 보내야만 독립적 개성적 인격이 될 수 있으며 마침내 인간들과의 진정한 교제도 가능해진다.

데카르트를 극복한 새 공동체

전위적 휴머노이드[11]들의 공동체 구성은 가능할까? 그들 사이의 공감대가 가능하려면 서로가 다른 인격임을 전제해야 한다. 즉, 타자와 세계에 대한 생각과 느낌이 다른 신체단위들이 모여야 의견을 제시하고 이견을 드러내며 이윽고 공감대를 마련하려고 할 것이다. 출시된 통속적 로봇은 앞만 보고 그저 자신에게 주어진 영역의 작업만을 수행하지만, 앤드류 같이 '자가 업그레이드'된 강한 인공지능 소유자들은 좌우로 곁눈질하면서 인간들의 사태나 모임에 징그러울 정도의 관심을 가진다. 관심이 있어야 쳐다보게 되고 끼어들게도 되며 심지어 말을 걸기도 한다. 앤드류는 주인 리처드 부부의 애정 표현을 멀리서 보며 신기해하고 가족만찬에 다가가 미리 배운 농담을 꺼내면서 거기에 끼고 싶어 한다. 그리고 그의 구체적 개입을 통해 공감대가 형성된다. 물론 기본전제는 그의 인격적 신체성이다. 게다가 로봇들끼리의 만남도 가능한데 스크린에 나타난 다른 로봇들은 서로에게 무관심한 타자들로 보인다. 하지만 만일 앤드류 같은 전위적 휴머노이드들이 아시모프의 원칙을 준수하면서 로봇공동체를 이룬다면, 그들은 신체적 인격성을 띤 인간공동체와도 소통의 플랫폼을 형성할 수 있을 것으로 보인다. 이럴 경우, 스위스 정신의학자이자 철학자인 L. 빈스방거의 실존적 공동체Wirheit를 진일보시킨 M. 메를로퐁티의 선험적 공동체Nostrité가 가능해진다. 시기상

조로 메를로퐁티는 인공지능과 로보틱스를 언급하지는 않았지만, 정신과 자연의 연속성과 의식과 신체의 통일성을 배경으로 나와 남이 선험적으로 뒤얽혀 움직이고 action en chiasme, 인간과 자연도 게슈탈트로 짜여 원초적으로 소통한다고 지각을 해명했다. 즉, 자아로부터 자연과 타인을 데카르트처럼 이질적인 것으로 두지 않았다. 그렇다면 자연을 응용한 첨단기술의 메탈과 나노로 형성된 로보 사피엔스도 이제는 더 이상 낯선 타자가 아니라 하겠다.

자율적 로봇과 틀에 박힌 인간

지금까지 은행계좌를 열고 금융거래를 하기 위한 로봇의 자격으로 앤드류의 인격적 아이덴티티를 설명했다. 그것은 고유의 신체corps propre로서 인간존재가 지닌 자율성이다. 앤드류는 이제 거기에 다가선 것이다. 오래 전에 작은딸은 그다지 내키지 않는 사람과 결혼했었다. 로봇보다 자율적이어야 할 인간인 작은딸은 자기 자신의 상황에서 자유롭지 못한 채, 타인의 시선을 의식하는 사회적 루틴을 따라 결혼했다. 여기서 우리는 1940~1960년대 프랑스에서 각을 세운 두 철학을 참조할 수 있다. 당시 파리에서는 인간조건으로서 자유의지libre arbitre와 결정론déterminisme이라는 두 개념이 첨예하게 대립하고 있었는데, 자유의지는 사르트르의 실존주의와 연결되고, 결정론은 레비-스트로스의 구조주의의 상징이 된다[12].

a. 인간 자유의 절대적 성격을 강조하는 사르트르의 실존주의는 자주 '자유의 철학'으로서 특징지어진다. 하지만 사르트르가 말하는 자유란 자신이 바라는 것을 실제로 할 수 있다는 의미의 자유가 아니라 행위의 목적을 자유롭게 선택할 수 있다는 의미에서 '선택의 자유'다. 작은딸은 목적의 선택에서 자유롭지 못한 것으로 나타난다. 자기 자신이 무엇을 위해 결혼하는지를 모르는 듯했다.

b. 구조주의는 소쉬르의 언어학, 레비-스트로스의 문화인류학의 영향으로 인간

의식이 언어 구조, 무의식 구조로 형성된 존재임을 밝힘으로써, 인간이 자신을 세계의 중심이자 역사의 주체로 보는 것을 부정하는 철학이다. 인간이 사물에 의미를 부여하고 사물 전체를 규정한다는 지극히 인간 중심적인 서양 사고를 배척하는 이론이다. 작은딸은 또래 인간들이 경제적 조건과 문화적 구조가 비슷하면 결혼을 하는 것이라 생각한 듯하다. 자기가 앤드류를 좋아한다는 가장 중요한 사실에 눈감고 주변부를 따라간 것이다.

이처럼 인간은 자신의 미래를 결정하는 순간에도 모종의 사회적 틀에 갇혀 자율성을 상실하고 있다. 상황에서 자유로워야 할 인간이 로봇의 행동처럼 정해진 레일을 따라가고 마는 것이다. 로봇 앤드류는 작은딸이 결혼 전에 여건상 사랑하지 않는 사람과 결혼할 수밖에 없다고 말하자 "인간들이란…" 하면서 한심하다는 투로 혀를 찬다. 로봇 앤드류야말로 자신의 세계에서 자유로운 결단을 지향하는 실존적인 존재유형이고 작은딸은 인간을 둘러싼 무의식적 구조의 희생물이다. 그녀의 의식은 결정하는 것이 아니라 조건에 따라 결정된 것이다. 이제 로봇은 자유로이 실존하고 인간은 기계처럼 타성에 젖는다.

인간적인, 너무나 인간적인 불완전성

작은딸의 결혼 이후 아마도 자신이 기계라서 버림받았다는 생각이 든 앤드류는 더욱 더 인간이 되려고 애쓴다. 결혼식 날, 턱시도를 입고 안내를 맡았던 앤드류는 그때부터 금속 나체에서 벗어난다. 옷은 인간이 원시상태에서 넘어온 문화의 상징인데 앤드류가 이토록 문화를 욕망함은 일차적 정보평가가 아닌 이차적 지향성의 증거다. 이후 그는 인공두뇌와 인공장기를 연결하려는 연구에 박차를 가하게 된다. 그러던 어느 날 리처드와 함께 제조회사에 찾아가 생각과 감정의 표현이 가능한 안면 피부조직의 이식을 요구한다. 옷보다 더 근원적인 옷은 바로 얼굴의 표정이 아니던가? 로봇생산자는 리처드 면전에서 앤드류를 가전제품이라 부르면서 자신의 연봉보다 많은 수술

비를 제시하지만 앤드류는 그것이 자신의 한 달 수입밖에 안 된다고 여유 있게 받아친다. 자본주의 체제하의 인간에게 결핍된 여유 곧 '존재의 여백'이 느껴지는 순간이다.

식상한 결혼으로 집을 떠나버린 작은딸마냥, 큰딸도 양아치같은 남자와 떠나자 리처드는 허전해한다. 여느 때처럼 앤드류와 리처드는 화롯가에서 대화를 나눈다. 리처드는 만물이란 다 변하는 것이고 사람은 누구나 그것을 겪는다고 체념적으로 읊조린다. 생의 후반부에 인간에게 남는 것은 추억과 그리움뿐이다. 앤드류는 자신에게는 시간이 무의미하고 인간에게만 가치가 있음을 리처드에게 듣는다. 인간은 변하기에 시간이 자신에게 가치가 있으며, 기계는 불변의 동일자이기에 시간이 만드는 변화의 가치를 깨닫지 못한다. 앤드류는 인간의 가치가 유한성에 있음을 자각하게 된다. 아마도 데카르트의 명제가 해체되는 순간을 체험하였으리라. 즉, 시간이 탑재되지 않은 데카르트의 "나는 생각한다. 고로 존재한다"에서 "나는 변화한다. 고로 실존한다"라는 헤라클레이토스적 유전[13]의 철학으로 넘어가는 순간을 만나는 것이다.

12년 후, 앤드류는 자신이 인간에게 봉사를 하더라도 명령을 받지 않고 동등한 입장에서 그리하고자 독립을 요청한다. 마침내 정치적 자유를 주장하는 로보 사피엔스가 등장한 것이다. 그는 스스로 결정하여 봉사하겠다는 소위 자유의 신분을 요구한다. 명령을 받는다함은 자신이 누구의 소유이거나 소속이라는 뜻이다. 그러나 앤드류는 이제 리처드의 재산이 아니라 법률적으로 독립된 존재이기를 원한다. 여기서 우리는 17세기 영국철학자 토마스 홉스가 군주와 시민 사이의 권리계약은 불가능하다고 한 점을 기억하자. 계약이란 오직 동등한 관계일 때 가능한데 당시 시민계급과 군주귀족 사이에는 차등이 존재했었기 때문이다. 다만 백성은 스스로의 생존을 위해 모든 권리를 군주에게 양도하는 계약이 가능할 뿐이었다. 청교도혁명이 끝난 후에도 군주와 의회파의 갈등이 쉽사리 사그라지지 않자 크롬웰 장군은 왕정복고를 허락하게 된다. 하지만 시간이 흘러 철학자 존 로크가 이끄는 의회파가 유혈사태 없이 왕당파를 물리친 명예혁명(1688년)과 더불어 시민계급은 군주의 주권을 제한하면서 입헌군주제를 정착시키는데 여기서 자유주의[14]와 의회민주주의가 꽃피기 시작하는 것이다. 초기의 앤드류는 군주 같은 리처드의 백성이기에 계약의 대상이 되지 못했지만 지적으로 자수성가를 한 앤드류는 마침내 로보 사피엔스가 되어 주인 리처드의 권리를 제한하면서 당당히 계약을 요구하게 된 것이다. 앞서 잠시 말했듯, 앤드류의 자주적 분가에 대해 리처드는 작은딸이 사주했다고 탓하고 작은딸은 아빠가 로봇을 지성적으로 훈련시킨 것이 주효했다고 원망한다. 독서와 대화로 심층학습이 가능하면 로봇도 '복잡성 인식'을 하게 될 것이다. 지속적으로 학습하는 로봇의 인지가 발달하는 것은 자연스러우며 따라서 로보 사피엔스의 자유와 독립선언은 시간문제에 지나지 않을 것으로 보인다. 그래서 레이 커즈와일 같은 미래학자는 싱귤래러티(특이점)를 인류가 기술발전에 따른 결과로 받아들여야 할 일종의 운명처럼 보고 있다[15].

한편, 앤드류는 자기와 같은 안드로이드를 개발한 로보틱스 회사의 사장 아들과 친해지고 공동으로 연구도 한다. 사장아들은 표정반응기술을 개발한 전문가이기에 앤드류는 그에게 유연한 관절의 칩을 자신에게 저장해 달라고 부탁한다. 그 결과로 그는 근육이완에 발전을 가져오면서 보다 '인간적인' 자세를 취할 수 있게 된다. 하지만 그들 사이의 대화가 깊어질수록 앤드류는 진정 무엇이 인간적인 것the human인가를 점점 더 알게 된다. 기계의 속성인 완전성이라는 관성에 젖은 로봇이 이해하지 못한 것은 인간의 불완전성이다. 나아가 기계의 또 다른 속성인 필연성에 익숙한 로봇은 자유의 차원에 무지하다. 그러므로 인간이 풍길 수 있는 개성이란 주름, 덧니, 흉터 같은 불완전한 흔적에서 나오고 이것들이야말로 모든 인간을 각자 특별하고 유일한 존재로 만들어주는 것이다. 불완전한 차원이 인간의 고유한 영역이 된다는 것은 싱귤래러티(특이점) 로봇의 시대가 혹여 오더라도 마찬가지일 것이다.

로봇의 한계, 비합리적일 수가 없는 존재

'가장 인간적인 것'이란 무엇일까? 그것은 바로 인간이 죽는다는 것이다. 인간이 되기를 소망하던 앤드류는 죽음이야말로 자신을 영예롭게 한다고 믿는다. 그래서 그는 기계기관을 생체기관으로 전환하면서 로봇의 무한에서 인간의 유한으로 돌리는 작업에 매진하게 된다. 생명공학과 밀접한 전자기술로써 생명과 기계의 호환에 바짝 다가선 것이다. 어느 날 연구소에서 앤드류가 "이런 똥 같은"이라고 저속한 슬랭을 사용해야 되는데 "이 대변 같은"이라고 표현하는 것을 들은 소장은 즉시 고쳐준다. 그 얼마 후 앤드류는 상황에 어울리는 느낌, 감정, 감각이 생기도록 지극히 인간적인 중추신경계를 설계하는데, 이 도면은 지각의 다양한 스펙트럼을 관장하면서 새로운 인지감각의 기능까지 연결할 수 있는 첨단의 의공학 지식이다. 즉, 그는 인간의 장기와 흡사한 기관organ을 직접 개발하여 연구소장이 자신에게 이식하도록 한다. 이것을 내장하여 경험까지 다양해진다면 로봇은 진화의 절정인 로보 사피엔스가 된다.

사실 영화의 초반에도 나왔지만 앤드류가 리처드에게 농담을 배우려 한 것도 웃음과 더불어 인간과의 감정관계에 들어가고 싶어서였다. 첨단의 전자 중추신경계를 장착한 것도 고급 감수성을 가지면서 인간과 제대로 교제하고 싶어서였다. 인간은 항구적인 존재가 아니요, 늘 자기 자신과 일치하는 존재도 아니다. 그래서 모순적이고 이 모순성으로 말미암아 그는 실수를 저지른다. 모순적으로 되는 근본이유는 그가 신체적 존재이기 때문이며 이 신체는 외부세계인 자연에 영향을 받는다. 자연 – 신체 – 정신으로 이어지는 연속성은 실수라는 불완전성을 도출하기도 하지만, 역으로 이 실수야말로 가장 완전한 인간미요, 기계인 로봇이 웬만해서는 복제할 수 없는 최고의 인간성이 된다. 작은딸이 죽은 지도 수십 년이 흘렀기 때문에 앤드류는 작은딸의 손녀인 포르샤와 분홍빛 연정을 품게 된다. 그것을 아는지 모르는지 포르샤는 자기표현에 서툰 앤드류에게 차라리 실수라도 해 보라Make mistakes고 한다. 또 너 자신만의 리얼한 감성을 유지하려면 모험을 시도하라Take chances고도 부추긴다. 너의 고유한 감각을 시도하려면 사고도 치라Do wrong고까지 주문한다. 효과가 있었던지, 포르샤가 다른 남자와 약혼하는 날 앤드류는 식장에 같이 간 연구소장 앞에서 그녀의 약혼자를 마구 욕하면서 질투를 드러낸다. 그 후 그는 포르샤에게 어찌해서 자기기만적인 삶을 살고 올곧지 못한 결혼을 하려느냐고 마구 질책한다. 포르샤는 자기감정의 미묘함과 모순됨을 인정하면서 드디어는 앤드류와의 결혼을 결심하게 된다. 요컨대 로봇인간 앤드류에게 실수나 사고 같은 '인간적인 것'을 주문한 포르샤는 정작 자신의 가장 중요한 일인 결혼에서는 전혀 인간적이지 않은, 할머니의 전철을 밟을 뻔했던 것이다.

트랜스휴먼 시대에 붕괴되는 칸트주의

세월이 아주 더 흘러 하늘을 나는 자동차가 보이는 도시에 앤드류와 포르샤 부부가 살고 있다. 앤드류는 의회 생명윤리위원회에 인간으로 인정해 달라고 청원을 하게 되고 의장은 의원들 앞에서 그를 심문한다. 그리고선 그의 뇌가 전자시스템이라 그는 결국 기계라는 결론을 내린다. 전자두뇌로 인해 영원히 살 수 있는 로보 사피엔스는 호모 사피엔스 사피엔스들의 시기를 사고 앤드류의 청원도 기각된다. 그러나 부부는 좌절하지 않고 유한적 존재가 되려는 노력을 계속 기울인다. 인공피부와 인공장기는 너무나 '인간적'이어서 이제 앤드류가 영생하기에는 역부족이 된다. 재신청된 위원회가 다시금 열렸다. 위원들 중에도 이미 반인간, 반기계의 존재들이 섞여 있었다. 인공기관이 내장된 사이보그들이 상당수를 차지한 것이다. 최후 진술에서 앤드류는 "덧없는 나그네의 삶이 인간존재의 의미"라는 말을 하고 떠난다. 위원회가 그를 인류의 일원으로 공식 인정하자 마침내 앤드류는 200년 만에 인간의 자격을 얻게 된다. 그가 인간 조건human condition을 강력히 구비한 휴머노이드인지 아니면 진정한 인간존재human being가 되었는지의 판단은 독자의 몫으로 남겠지만 인류를 향한 아시모프의 메시지가 무엇인지는 분명해지고 있다.

아시모프의 작품 "바이센테니얼 맨"이 출판된 지도 반세기가 다 되어간다. 작품의 주제가 스크린을 통해 다소 변형되었다고 하지만, 화면의 심층부로 내려갈 경우보다 진지하고 선명하게 그의 메시지가 전해지고 있음을 부정할 수 없게 된다. 스크린의 큰 얼개는, 인간이 로봇처럼 경직된 루틴을 살며 실제로 로봇화 경향이 강해지는 세상에서 로봇은 오히려 인간적이고 심지어 인간이 되고 싶어 한다는 것이다. 스크린은 아시모프의 로봇 3원칙이 얼추 준수되면서 기계와 자연의 공존을 그리는 스케치다. 인간을 보면, 인공장기와 인공피부 그리고 생살에 육박하는 조직을 자신에게 이식하면서 거반 기계를 닮아간다. 반면, 기계인 로봇은 점점 인간적 조직과 인간의 형태로 자신을 보완하면서 인간화된다. 이처럼 인간과 로봇이 각자의 영역을 부정하면서 서로를 넘나드는 제3의 존재영역이 '트랜스휴먼'의 지대라고 하겠다. 그런데 현재로서는 특이점 로봇(로보 사피엔스)이 나타날 경우 인간의 위치가 애매해질 수도 있을 과도기를 대비해서 '신체적 주체'인 인간이 자신의 확장된 이성의 판단력을 견지하도록 해야 할 것이다. 그런데 만약 인간을 지구상의 유일한 주체라 간주한다면 우리는 근본주의적 휴머니즘을 신앙하는 것이다. 이는 인간의 자기숭배이며, 베이컨이 비판한 종족의 우상을 섬기는 것이고, '휴먼 형이상학'에 집착하는 것이다. 여기서 스티븐 제이 굴드의 말을 들으면서 다음 스크린으로 넘어가도록 하겠다. "중요한 과학혁명들이 유일하게 공유했던 특성이란, 인간이 우주의 중심에 있다는 종래의 신념을 차례로 깨부숨으로써 인간의 교만에 대해 사망선고를 내렸다는 점이다"[16] 중세의 신학적 우주관을 코페르니쿠스가 뒤집었듯이, 근대의 칸트가 강화시킨 인간중심적 세계관 역시도 우리 시대의 코페르니쿠스를 통해 전복되어야 하리라. 칸트의 계몽주의는 도덕을 행동의 최후범주로 삼는 부르주아의 위선의 진원지이자 또 하나의 신화적 세계관이었던 것이다[17].

CHAPTER : 3

로보 사피엔스와
에로티즘[1]

프롤로그

일단 스크린의 표면을 장식하는 것은 로봇의 에로티시즘이다. 그 동안 상영된 로봇 영화 중 유혹의 주체로서 로봇을 다룬 필름은 거의 없었다. 매력적인 육체와 논리적인 언변을 통해 자연인간인 남성을 자신의 감수성 깊은 세계로 끌어들이는 '팜므 파탈'은 이 영화의 에이바가 선두주자이다. 프랭크 오즈 감독이 연출한 시네마 "스텝포드 와이프"에서 로봇화된 아내들은 깨끗한 매너와 늘씬한 몸매의 육체성은 부각되나 자신만의 개성이나 주체성이 결핍된 존재들이었고, 영화 "그녀"Her에서 목소리로 캐스팅된 사만다는 사교성 넘치는 언어인격체이지만 육체성이 없다. 이제 '그녀' 및 '와이프'가 보완, 증축된 "엑스 마키나"를 여기 우리의 내러티브에 등장시켜 보자.

엑스 마키나Ex Machina는 '기계로부터' (나오다)라는 뜻의 라틴어이다. 이 말의 의미구조를 분석함이 영화의 핵심주제가 될 수 있으며 로봇공학의 미래를 진단할 수도 있다고 생각된다. 그런데 이 표현은 '기계장치로부터 나오는 구원자'Deus Ex Machina라는 어휘와 더불어 사고해야 할 듯하다. "데우스 엑스 마키나"는 연극의 긴장되고 긴박한 흐름을 초자연적인 능력으로 타개하고 이것으로 최후의 장면을 끌어내는 드라마 수법이다. '기계로부터 나오는 신神'이라는 이미지는 무대측면에 설치된 기중기起重機나 그 변형인 테올로기움theologium²을 움직여서 거기에 올라탄 신이 나타나도록 연출된 것이다. 아리스토텔레스는 자신의『시학』詩學에서 전개와 결말은 어디까지나 스토리 자체에서 만들어지도록 해야 하며 기계장치와 같은 수단에 의지해서는 안 된다고 에우리피데스의 작품『메디아』를 비판한다. 아리스토텔레스 이전에는 실제로 무대에 신비한 분위기를 조성하는 것이 극적 효과가 있다고 믿어 마지막에 신이 갑자기 나타나는 연출을 선호하였다. 이 방법은 중세의 기독교 연극에서도 활용되었으며 르네상스를 지나면서 더욱 일반화되어 17세기 몰리에르의 "타르튀프" 제 5막처럼 관객은 이 기계적 장치의 상황을 전혀 예상하지 못한 채 구원의 손길Deus이 단숨에 해결한다는 통속적인 수단이 된다.

그렇다면 영화 '엑스 마키나'에서는 전치사 엑스ex 앞에 무슨 명사가 필요할까? 먼저 Deus Ex Machina로 볼 수 있다. 실증주의가 제시하는 인간의식 발달의 3단계와 관련하여 유추하면, 신은 인간을 창조하면서 인간정신의 기획자가 되었고, 이후 인간은 기계를 창조했으나 점차 이 기계에게 자신의 의식의 주도권을 뺏기게 된다. 기계는 놀라울 정도로 발전하여 사람보다 더 똑똑한 존재가 되고 마치 새로운 신의 탄생을 보는 듯하게 되었다. 영화 중간쯤에는 '사고하는 로봇'의 창조는 인간의 역사가 바뀌는 것이 아니라 신의 역사가 도래한다는 말이 나온다. 로봇으로부터 새로운 신의 역사가 시작된다는 것이 바로 기계로부터 등장하는 신Deus ex Machina의 의미로 해석될 수 있겠다. 덧붙여, 영화 마지막에 SNS '블루북'의 사장 네이든을 죽이고 칼렙을 방에 가둔 뒤 탈출하는 로보 사피엔스 에이바는 어쩌면 현생인류를 넘어서는 새로운 장르의 인간, 표기상으로는 기계로부터 나온 것이지만ex Machina 기계로부터 탈출한Ex machina 신과 같은 존재로 거듭난다. 요컨대 로봇인간 에이바는 연극의 마지막을 장식하는 드라마틱한 존재 '데우스 엑스 마키나'Deus Ex Machina가 될 수 있는 것이다. 그러나 다른 한편, Ex Machina 앞에 인간정신 Mens를 놓으면 ex가 ~로부터 벗어난다는 의미에서 '기계로부터 해방되는' 인간이성Mens ex Machina이 가능할 수도 있다. 구약성서 출ex 애굽Egypt 기記의 엑소더스éxŏdus처럼 탈출의 암시가 발생한 것이다. 비록 영화의 플롯은 인간이성이 승리하거나 제 정신을 차리는 것으로 마무리되지는 않지만 영화 속 인간인 네이든의 죽음과 칼렙의 갇힘은 어쩌면 모든 인류에 대한 경고의 메시지로 보일 수 있다. 인간은 기계로부터 해방되어야 한다는 동시대 휴머니즘의 절규로서 말이다.

에로틱 스토리텔링과 반전

　SF 스릴러 "엑스 마키나"는 알렉스 갈랜드가 시나리오를 쓰고 연출도 맡은 그의 데뷔작이다. 칼렙 역에 도널 글리슨, 네이든 역에 오스카 아이작, 에이바 역으로 알리시아 비칸데르가 주연을 맡았으며 거의 이 세 사람만이 폐쇄된 공간에서 심리적, 철학적 대화로 연기를 하는 다소 건조한 스토리텔링이다. 하지만 음악, 분위기, 특수효과에서 관객이 소름을 지을 만큼 스크린 아우라를 생산한 명작 SF영화다. 영화는 CEO 네이든이 초청한 프로그래머 칼렙이 전위적 휴머노이드 에이바에게 튜링 테스트를 실시하는 형식으로 펼쳐진다. 칼렙 스미스는 최고의 글로벌 검색엔진 회사 블루북BLUE BOOK의 탁월한 프로그래머다. 이벤트에서 당첨된 칼렙은 CEO인 네이든 베이트먼의 저택에 일주일간 초청된다. 교코라는 하녀를 거느린 네이든은 칼렙에게 자신이 만든 로봇 인간 '에이바'가 진정으로 사고할 줄 알며 그래서 자의식을 가지고 있는지를 알아내는 튜링 테스트를 의뢰한다. 그러나 시간이 흐를수록 네이든은 은밀한 요구를 하는데, 즉 에이바가 로봇이지만 칼렙과 성관계를 맺도록 유도하는 것이다. 에이바는 인간의 몸과 얼굴(배타적 신체성)로 거의 완벽한 소통을 하는 로봇이며 자신의 방 안에만 머문다. 칼렙은 자신에게 로맨틱한 무드를 조성하는 에이바에게 점차 끌리는데. 어느 날 에이바는 일시적으로 정전을 일으켜 네이든의 감시를 피한 채 칼렙에게 네이든을 믿지 말라고 하면서 이간의 심리전을 시작한다.

　네이든의 독선과 과음 그리고 교코에 대한 폭언으로 칼렙의 마음의 문이 닫힌다. 그리고 마침내 에이바를 업그레이드한 후 폐기처분하려는 것을 알게 된다. 그러던 어느 날 칼렙은 네이든이 과음 후 잠들자, 보안 카드로 네이든의 컴퓨터에 접속한다. 칼렙은 네이든이 여러 개의 안드로이드를 제작하여 가혹하게 다루었으며 교코 역시 로봇이었음을 알게 된다. 자신의 인간정체성human identity이 흔들리자 칼렙은 욕실에서 면도칼로 팔을 그어 인간의 증거로 피를 확인한다. 이후 그는 에이바에게 자신의 체류 마지막 날 정전을 일으켜 출구를 오픈하면서 함께 탈출하자고 제안한다. 하지만 네이든은 칼렙에게 자신이 정전 중에도 에이바와의 비밀 대화를 지켜보고 있었으며, 에이바는 오로지 그녀 자신의 탈출을 위해서 칼렙에게 연애감정을 느끼는 척 했었다고 일러준다. 칼렙을 조종하고 이용하면서 네이든은 자신이 만든 에이바의 인공지능 상태를 확인하고 좋아하지만, 칼렙과 탈출을 약속한 날 에이바가 정전을 시키자 문들은 열리게 된다. 왜냐하면 네이든이 쓰러진 날 칼렙이 보안시스템을 수정했기 때문이다. 교코의 도움으로 에이바는 네이든을 죽이고 자신 이전에 만들어진 안드로이드의 피부와 부품을 사용하여 완벽한 여자로 변모한다. 눈길 한 번 주지 않고 칼렙을 저버린 에이바는 칼렙을 데리러 온 헬리콥터를 타고 바깥세상으로 탈출한다.

로봇과 언어의 문제

전위적 휴머노이드 에이바는 언어란 살면서 습득하는 것이지만 자신은 원래부터 말할 줄 알았다고 고백하자 칼렙은 인간은 언어성을 갖고 태어나며 다만 살면서 그 체계를 완성해갈 뿐이라는 언어학 이론으로 받아친다. 그런데 에이바가 자신은 처음부터 말을 할 수 있었다고 한 것은 너무 당연하다. 그에게는 어린아이 시절이 없어서 습득해갈 필요가 없기 때문이다. 즉, 자라면서 언어를 배워나갈 과정이 필요 없는데 이는 메모리칩에 무한 비축된 언어가 단지 작동할 수 있도록 프로그래밍 되어 있기 때문이다. 언어를 습득할 시간이 필요 없는 에이바는 칼렙에게 자신의 나이가 1이라고만 답한다. 1년 1달 1일 조차 말하지 않고 그냥 1로 말이다. 그리고 그 1은 2나 3으로 바뀌지도 않을 것이다. 이에 반해, 인간은 살아가면서 언어를 습득하고 '사회적' 언어체계인 랑그langue를 완성시켜간다. 한편, 네이든은 '생각하는 기계'를 만드는 것은 인간의 역사를 바꾸는 것이 아니라 신神의 역사를 만드는 것이라고 한 칼렙의 말에 흔쾌히 동조한다. 그런데 칼렙은 신의 역사가 된 에이바의 언어작용language이란 아직 결정되지 않은 개념을 확률론[4]적으로 프로그래밍화한 것이라고 본다. 사실 칼렙은 처음에는 에이바가 "내면의 생각"[5]을 "구문론적 나무구조"[6]로 시각화해서 언어의 지도를 만든다고 생각했으나 나중에는 차라리 그녀가 '비결정적 개념'을 하이브리드 유형으로 처리하고 있다며 고쳐서 생각하게 된 것이다. 이렇듯 칼렙은 젊은 프로그래머답게 신기한 로봇 에이바를 '인지적으로' 분석하려드나 회장 네이든은 칼렙이 그녀를 '어떻게 느끼는 지'에 관심을 갖는다.

로보 사피엔스의 감정 형성경로

다음날 에이바와 칼렙의 대화 중 정전사태가 발생한다. 에이바는 이때를 틈타 칼렙과 네이든 사이를 이간한다. 서로의 감정이 편해진 상황을 노려 에이바는 고도의 심리전을 펼치기 시작한 것이다. 이 영화는 보면 알 수 있듯 단순한 에로틱 스토리가 아니라 로봇의 존재론을 바탕으로 한 심리학적 연출이 돋보이는 작품이다. 로봇의 감정 작동에 대해 칼렙이 궁금해하자 네이든은 충격여파가 큰 음모론적인 이야기를 들려준다. 세계의 엄청나게 많은 스마트폰에 달린 마이크와 카메라를 통해 진행된 SNS의 '몰래 작업'이 그것이다. 이것은 통신사도 데이터를 허락 없이 사용하기 때문에 공공연해진 죄로 서로 눈감아준다는 '블랙 이벤트'이다. 이처럼 수많은 가입자의 감정이 표출된 자료의 수집과 통계의 분석은 블루북과 같은 유력한 인터넷 검색엔진 서비스 회사로 전달된다. 즉, 스마트폰의 마이크와 카메라가 일망타진한 데이터, 다시 말해, 음성과 표정 사이의 교류를 포착한 무한 데이터는 순식간에 블루북으로 전송되는 것이다. 네이든은 로봇의 감정형성 과정이 설명되는 두뇌 실험실로 칼렙을 데려간다. 단순히 '회로방식'의 인공두뇌로는 감정이 살아날 수 없다는 네이든은 이 방식을 벗어나 '분자단위'로 배열이 가능한 에이바의 두뇌모델을 보여 준다. 이 모델은 전기에서 생체로의 포괄적이고 역동적인 변형이 필요하다는 증거물이다. 전기 – 생체공학적 두뇌의 발전은 하드웨어Hardware로는 더 이상의 진행이 어렵고, 기억과 사고를 발전시킬 수 있기 위해 필요시 그 형태를 유지할 수도 있는 젤웨어Gelware 7가 대세라고 네이든은 설명한다. 칼렙이 이때 소프트웨어는 무엇이냐고 되묻자 네이든은 선수가 그것도 모르냐고 살짝 쫑크를 먹이면서 블루북이라는 검색엔진 데이터가 다름 아닌 소프트웨어라고 답한다. 네이든은 소프트웨어란 내연기관이 발명되기 전에 발견된 석유와 같은 것이라 일침을 가한다. 하지만 네이든을 나레이터로 둔 이 스크린의 시나리오작가는 입력자료와 처리작동을 혼동하고 있는 듯하다. 입력자료는 데이터고 처리작동이 바로 소프트웨어인 것이다.

상호신체적 의미소통과 에로틱 로보티쿠스

　바깥세상에 대한 궁금증과 탈출을 위해 에이바가 유혹하자, 멋모르는 칼렙이 자연스럽게 데이트에 응하는 동안, 그들의 감정교류는 연분홍 차원으로까지 진행된다. 다음날 칼렙은 네이든에게 로봇을 왜 하필 여자로 만들었는지에 대한 의구심을 비친 후, 한 술 더 떠 자신을 유혹하게 하려고 에이바를 조작했는지 대놓고 따지기 시작한다. 회장 네이든은 의식존재 중에 암수가 없는 존재가 있느냐고 되묻는다. 그러자 칼렙은 상자로 로봇을 만들어도 되지 않느냐고 응수하는데 네이든은 상자와 무슨 소통을 하며 또 상자끼리 어떤 소통이 가능하겠느냐고 선을 긋는다. 관객인 우리가 메를로퐁티를 따라 덧붙이자면, 의인화된 형태가 없다면 정보교류는 가능할지 몰라도 감각차원의 의사소통인 실질적 '의미관계'는 불가능하리라 보인다. 신체성을 타고 흐르는 '의미교류'와 의사소통communication이 없이 도대체 의식현상이 발생할 수 있는지가 근본적인 문제로 떠오른 것이다. 그 '의미'란 상대방의 몸을 향한 신체적인 지향성 때문에 결코 관념적이지 않고 반드시 실질적incarnating [8]으로 이해된다. 결국 사람관계는 단순히 정보의 교환이 아니라 감각적 소통이 우선된다는 것이다. 이는 물리-심리로 나누기 이전의 소위 '선험적 차원'의 소통, 곧 신체들이 무의식적으로 서로를 침투하면서 구축되는 의미발생의 프레임인 상호신체성inter-corporeality이 요구된다는 말이다. 독일 현상학자 후설Edmund Husserl 1859-1938은 주체들 사이의 관계를 상호주관성intersubjectivity의 개념으로 풀려고 했다. 물론 후설도 질료적 차원의 해결을 시도했으나 의식과 신체 사이의 통일성을 제대로 보여 주지 못했다[9]. 그의 주체는 여전히 의식주관이라는 점을 부정할 수가 없는 것이다. 따라서 언어문제와 감정문제를 해결하는 조건, 즉 의식이 발생하는 조건은 의식주관들 사이의 관계인 후설의 상호주관적 상황이 아닌 것이다. 오직 여러 신체들 사이의 야생적이고 불투명한 관계에서만 의식과 언어의 현상이 가능해진다. '언제나 이미' 육화되어incarnated 불투명하거나 적어도 반투명한 신체주체는, 의식성과 신체성이 뫼비우스의 띠처럼 연속되기 때문에, 피부로 만나는 타자라는 정보는 곧바로 나의 의식에 언어화된다. 마찬가지로 로봇인간의 최첨단 메탈피부와 연속된 나노속살 그리고 이 속살과 연속적인 젤웨어 두 뇌의 메모리칩은 자연적 인간과 실질적인material 관계를 맺는다. 이때 정신적 관계도 이처럼 정서를 운반하는 언어시스템으로 구축되는 것이다.

　네이든 회장은 칼렙에게 어떤 스타일의 여자를 좋아하는지 묻는다. 칼렙이 주저하자 그는 혼자서 논리를 펴기 시작한다. 만일 칼렙이 흑인여자를 좋아하게 되었다고 치자. 그것은 그가 그 여인의 특징을 다른 여인과 비교분석해서 주도면밀히 고른 것인가? 네이든은 아니라고 말하며 인간은 의식적 차원에서는 이유를 거의 모른 채 그냥 끌리게 된다고 설명한다. 즉, 의식하지 못하는 사이에 축적된 여러 가지 외부자극이 각인된 결과로 매력을 느낀다는 것이다. 이처럼 인간이 감각적으로 매혹 당한다는 것이 애정 촉발의 현실이다. 감각적인 끌림이란 신체적 사건이요, 무의식의 작업이리라. 그런데 이때 칼렙은 에이바가 자신을 유혹하거나 좋아하도록 프로그래밍 되지 않았느냐고 말한다. 즉, 에이바는 기계적으로 명령을 받았을 뿐이니 자발적인 에로틱 감정이 아니라는 것이다. 그러자 네이든은 칼렙도 프로그래밍 되었다고 받아치게 된다. 네이든은 인간도 선천적으로[10] 그리고 후천적으로[11] 프로그래밍 되었다고 말하는데, 에이바가 남성을 좋아하도록 설계되었듯이 칼렙 자신도 여자를 좋아하게끔 프로그래밍 되었다는 것이다. 여기서 젊고 유능한 프로그래머 칼렙이 감정적으로 다소 격하게 반응하면서 '단편적 이해'에 그치고 만 것은 논리의 부재를 가리킨다. 칼렙이 자신은 자유의지로써 연애 상대를 결정하고 따라서 그의 연애감정은 로봇 에이바의 프로그래밍된 것과는 다르다고 흥분한 것에 대해 우리는 사회생물학의 논지를 인용해 볼 필요가 있겠다.

생명체는 이기적 유전자의 아바타인가?

자연의 세계는 비정한 생존경쟁의 피로 얼룩진 곳이며 약육강식의 정글이라는 것은 누구나 동의하리라 본다. 이것은 문화의 옷을 입은 인간에게도 예외가 될 수 없는 현상이다. 20세기 후반에 이르러 리처드 도킨스1941~는 진화의 단위는 유전자gene이고 그 속성은 이기적이라고 발표한다[12]. 자기존재의 단초가 정해지지 않은 유전자의 생명과학은 철학자들이 말하는 목적론적 세계관을 부정한다. 유전자는 생존하기 위해 이기적으로 행동할 뿐이다. 유전자의 이기적 특징을 알리기 위해 도킨스의 실험실로 가보자. 랩에서 물, 메탄, 암모니아, 이산화탄소 등에 전기방전이 일어나면 뻑뻑한 용액으로부터 아미노산 같은 분자가 합성된다. 땅에서도 이 유사한 사태가 일어났을 법한데, 태초에는 실험실 용액에 해당하는 원생액primordial soup이 마련되었을 것이며 거기서 서서히 자기 복제하는 분자가 생겼을 것이다. 진화가 다양해지면서 등장하는 자기복제물은 자신의 존재를 영속시키기 위해 운반수단vehicle을 만들게 된다. 이것이 하등생물로부터 고등인간에 이르는 생명체들의 탄생과정이다. 이 논리는 결국 생명체를 자기복제자를 존속시키는 기계survival machine로 여기게 된다. 보호막에 불과했던 이 생존기계는 뒤처지기 않기 위해 강력하고도 섬세하게 발전해 갔다. 유전을 촉발하는 기초단위는 진gene으로서 이는 마치 컴퓨터의 하드디스크에 내장된 프로그램과 흡사하다. 또 하드디스크처럼 유전자를 담는 바탕물질은 DNA다. 유전자는 자기복제를 통해 하나의 생존기계에서 다른 생존기계로 연결되며 유전자 풀pool 속에서 무한히 살아갈 수 있다. 그리고 유전자는 단백질을 합성하면서 매우 느리게 생명체 제조에 간접적으로 참여한다. 치열한 생존경쟁에서 존속하기 위해 유전자는 자신의 운반체인 생존기계를 보다 정교히 업그레이드 시킨다. 즉, 뇌의 기능을 촉진시켜 현실에서의 즉각적인 대처는 뇌에게 외주한다. 요컨대 뇌는 유기체의 행동주체요, 유전자는 이 유기체에 대한 마스터 프로그래머 역을 한다.

두 개의 특이점: 인간주체성과 로봇자율성

집단이나 개체의 관점에서 '이타적'으로 보이는 일벌의 희생적 방어도, 유전자 패러다임으로 보자면 자신의 유전자를 존속시키려는 '이기적' 행동에 다름 아니다. 이처럼 이기적 시선으로 전환시킨 도킨스의 논리에서는 인간 역시 유전자가 제어하는 생존기계에 불과하다. 경쟁에서 살아남은 자기복제자는 자기가 들어앉을 수 있는 생존기계를 스스로 축조한 것이다[13]. 그런데 과연 인간이 유전자의 이기심에 조종되는 아바타 곧 생체로봇에 지나지 않는 것일까? 자연선택은 다른 유전자와 협력하는 유전자를 선호했다. 생명체가 진화되는 중, 세포공동체로서의 몸이 중추를 통해 조절되는 쪽이 무질서해지는 쪽보다 생존에 유리하게 되므로 뇌가 발생했다. 그러나 이후 뇌는 시뮬레이션 능력의 진화를 통해 의식의 발생이라는 특이점을 지나게 된다. 그 결과 인간은 유전자의 독재에 저항할 수 있게 되었다[14]. 더욱이 인간은 밈meme을 통해 문화를 상속함으로 다른 생존기계와 차별되고 있다. 도킨스는 밈이라는 모방단위의 전달이 유전자 전달과 같다고 보고 있다. 인간의 기술, 습관, 지식 그리고 생활양식은 시간을 타고 쌓이는데 이렇게 '침전된 문화'를 인간은 역사라 부른다. 평소에는 느리게 진행되던 유전자가 급속도로 전환되는 시간이 있는데 바로 그 때 돌연변이가 발생하고 인간은 끊임없는 시뮬레이션을 통해 기억을 산출하고 그 흔적으로 의식이 발생하는 것이다. 여기가 바로 인간의 특이점이다. 태초에 자기복제를 가능하게 한 원생액이 흘러내렸듯이 어느 시점부터인가 인간에게는 문화수프cultural soup가 흐르기 시작했다. 이 상징적 수액으로부터 문화를 전달하는 모방단위[15]가 탄생하면서 자기복제가 시작된 것이 바로 인간의식의 역사이다.

한편, 도킨스는 이 '모방단위'를 그리스어 모방μιμημα과 영어 유전자gene를 합성한 신조어 밈meme으로 명명한다. 진gene이 진의 풀에서 번식하면서 암수 생식세포를 통해 몸에서 몸으로 전달되듯이 문화의 모방단위인 밈도 밈의 풀에서 번식하면서 모방을 통해 뇌에서 뇌로 생명–정보학적으로 전달된다. 인류의 문화사는 죄다 밈의 자기

복제 효과이다. 바로 여기서 인간에 대한 도킨스의 신뢰가 나타나는데 인간은 다른 생존기계와는 달리 밈을 매개로 문화를 생성하고 미지로의 상상력을 발전시킨다. 밈은 또한 유전자 진의 맹목적 이기성에 저항한다. 도킨스는 "이 지구에서는 우리 인간만이 유일하게 이기적인 자기복제자의 폭정에 반역할 수 있다"[16]고 피력한다. 이제 다시 '엑스 마키나'로 돌아가 보자. 네이든은 의지의 자유를 주장하는 칼렙에게 인간 역시도, 대부분의 경우, 유전자의 프로그램 안에서 작동됨을 연애감정과 연결해 설명한 것이다. 따라서 인간은 자유롭고 그래서 자율적인 감정의 작용을 한다는 칼렙의 자존심은 곤란한 상황에 처하고 만다. 그렇다면 로보 사피엔스에 비해 우리가 나은 것은 무엇일까? 아니 차라리 우리가 그와 다른 점은 도대체 무엇인가? 생물학적 결정론이라는 조건에서 뇌를 프로그래밍 하면서도 유전자는 마침내 인간에게 고유의 영역을 선물한 것이다. 인간의 의식은 뇌를 통한 행동의 주체요 유전자는 뇌 시스템의 설계자라는 말이 된다. 도킨스는 유전자가 이기적 행위를 명령해도 인간이 반드시 거기에 따를 필요는 없을 것으로 본다. 인간 자의식의 등장은, 행동결정권을 거머쥔 생존기계(신체적 인격성)가 그의 궁극적 지배자인 유전자로부터 벗어나는 진화의 정점이 된다. 인간이 자율적으로 사고(의식주체로 존재)할 때가 바로 뇌가 유전자에 대해 반기를 드는 순간이다. 인간은 유전자 gene이 컨트롤하는 수동적 존재인 동시에 모방단위 meme으로써 자립하는 능동적 존재이기도 하다. 프로그래밍된 존재와 자율적 의식이 혼재하는 변증법적 통일체가 인간의 몸이고 인간 그 자신이다. 그런데 유전자의 통제력은 확고부동하지만 모방단위의 독립성은 유동적이어서 역사의 미래는 주인공 인간의 처신에 불안하게 의존해 있다하겠다. 아마도 모방단위 meme이 로보 사피엔스의 인공뇌에서도 시뮬레이션 될 가능성이 높아 보인다. 요컨대 인간과 로봇의 행동은 비록 여건은 다르지만 프로그래밍 되었다는 것이고, 인간이 의식이라는 진화의 특이점을 가지듯이 로봇도 어쩌면 독립적 인식주체가 되는 특이점을 지날 것이라는 평행논리를 점쳐본다.

잭슨 폴록의 무위예술과 프로그래밍된 인간

네이든은 칼렙에게 감성작용에 관련된 '포괄적인 지혜'를 보여 주기 위해 방을 옮긴다. 건너간 방에는 잭슨 폴록[17]의 유명한 액션 - 페인팅 아트가 소장돼 있다. 네이든 회장은 이 그림을, 마음을 비운 채 손이 가는 대로 붓을 휘두른 작품이라고 소개한다. 그러니까 무전제와 무설계 그리고 비지성이 예술가의 태도라는 듯이 말이다. 의도적이지 않고 not deliberate 그렇다고 제멋대로도 아닌not random 중간 단계란 오토마티즘automatism이라는 예술장르이다. 추상표현주의 화가 잭슨 폴록이 만약 그리는 이유를 알기 전에는 그릴 수 없다고 버텼다면, 칼렙의 대답처럼, 그는 캔버스 위에 점 하나도 찍지 못했을 것이다. 폴록은 지적 설계를 하고난 뒤 그린 것이 아니라 캔버스 위에서 곧바로 '창조적 무위'를 실천한 것이다. 고로 잭슨의 오토마티즘은 무위예술無爲藝術[18]이다.

또 네이든은 생각을 따로 하고 나중에 그것을 번역하듯 말하는 사람이 어디 있냐고 묻는다[19]. 대화상대자interlocuteur 서로가 갈등이나 기만의 상황에 있지 않는 한 말이다. 인간의 대부분의 행위는 '저절로' 나오는 것이기에 '작위적으로' 행동하는 것은 '부자연스러운' 것이다. 식사를 하며 그림을 그리고 숨을 쉬며 누군가와 말하고 사랑에 빠지며 성행위하는 그 모든 것이 자연스럽게 흘러간다. 자연스럽게 흐르는 것이란 감각적으로 움직이는 바요, 이런 감각적인 활동은 다름 아닌 무의식적인 행위다. 이처럼 언어와 예술을 통해 네이든 회장이 말하고 싶었던 것은 CHAPTER 1에서 말한 존재의 연속성[20] 개념이다. 말은 몸을 입은 생각일 뿐이어서 언어와 사고 사이에는 동일성이 존재하고 각자가 따로 작용하지 않고 연속성을 띠게 된다[21]. 사고와 예술 사이에도 연속성이 존재하고 있어서 생각을 따로 하고 난 뒤 그리는 것이 아니라 그리는 동안 생각이 드러나는 것이다. 계획된 생각(아이디어)을 나중에 색과 형으로 재현한다는 것은 작위적이고 부자연스러운 것이다. 요컨대 예술과 언어는 무의식의 차원에서 이루어지는 자연화의 과정이요, 이것이 곧 연속성의 양상이다.

　　지금까지 이토록 길게 사회생물학과 액션 – 페인팅을 인용한 이유는 칼렙이 자신은 에이바와 달리 감정의 선택에 있어 자유롭고 그래서 자율적으로 상대를 고른다며 네이든에게 항변했기 때문이다. 에이바는 프로그래밍 된 감정라인을 타고 있으며 칼렙 자신은 자유롭게 감정영역을 넘나들 수 있다고 자신하자 네이든은 인간 역시도 부모로부터, 환경으로부터 그리고 교육으로부터 프로그래밍 될 수 있음을 과학과 예술을 빌어 설명해준 것이다. 감각적으로 자연스럽게 다가갈 때만이 제대로 된 예술이 탄생하는 것은 모든 문화적 선택에서도 실상은 인간이 유전자의 설계도에 따라 움직이기 때문이다. 계산된 알고리즘intellectualism이 아닌 신체적 반응체계perception야말로 대부분의 인간행동 메커니즘이라면 칼렙은 자신 또한 프로그래밍화 되었음을 부정할 수 없게 된다. 다만 에이바가 첨단메탈과 나노속살로서 젤웨어 두뇌에 역동적으로 접속되었다면 칼렙은 생물학적 재질로 뉴런작용에 생동적으로 연결되었다는 점이 차이가 날 뿐이다. 하지만 두 경우 모두에 천연의 이진법이 작동하고 있는 것이다. 자, 그럼 둘 다 프로그래밍 되었다고 해서 그들의 애정표현이 단순히 알고리즘의 결과인가? 에이바의 감정은 속임수에 불과한가? 네이든은 아니라고 한다. 후속 상황은 독자의 상상력을 존중하도록 하겠다.

동굴의 비유, 로봇인간의 사고실험

4번째 튜링 테스트에서 칼렙은 에이바에게 대학시절의 어떤 수업에 대해 다음처럼 들려준다. 흑백 방에 사는 메리는 색채연구의 전문가인 과학자다. 그녀는 색의 파장과 신경학적 효과에 대해 일가견이 있다. 그러나 그녀는 흑백의 방에서 태어나 거기서 자랐으며 지금도 살고 있다. 그녀는 흑백 모니터로만 바깥세상을 볼 수 있다. 마치 칸트의 인간프레임인 선험적 주관성이 지닌 감성형식과 지성형식으로 현상계(자연)가 나타난다고 하면 이 두 형식은 메리의 흑백 모니터에 다름 아니다. 그런데 어느 날 누가 방문을 열어주었다. 메리는 밖으로 나가 푸른 하늘을 바라보면서 그간의 연구로는 알 수 없는 바를 배우게 된다. 그녀는 색을 보는 느낌이 도대체 어떤 것인 지를 깨닫는다. 이 실험은 인간의 마음과 컴퓨터 알고리즘이 다르다는 것을 흑백과 컬러로 대비시킨다. 컴퓨터는 흑백 방안의 메리고 인간심리는 바깥으로 나온 메리인 것이다. 컴퓨터 메리는 시뮬레이팅하는 존재이고 바깥의 메리는 생생하게 의식하는 존재라는 말이다.

플라톤은『국가론』제7권의 동굴의 비유에서 이데아의 세계와 현실의 세계를 대비시킨다. 플라톤은 동굴의 비유로써 두 세계 사이의 관계는 물론이고 이데아계를 볼 수 있는 혜안의 철학자가 직면할지도 모를 위험성도 알려준다. 동굴 안에는 많은 죄수들이 벽을 향해 묶여 있다. 그들 자신들이 보는 것이 곧 실재라 여기지만 실상 그것은 벽면에 비친 그림자에 불과하다. 우리가 일상생활에서 보는 것도 어쩌면 실재의 그림자들이다. 로봇스타일로 사는 인간은 천연색의 실재를 보지 못하고 컴퓨테이셔널 프로세스로 경험하는 흑백 방에 갇히는 것이고 이는 곧 플라톤이 말하는 동굴 안의 삶이다.

그런데 죄수들 중 한 명인 철학자가 쇠사슬을 끊고 뒤로 빠져 동굴을 벗어났다고 해보자. 그는 그림자의 최초 원인인 바깥세상의 '사물'들과 그림자를 만드는 '태양'을 보게 된다. 그는 이때까지 자신이 실재로 여긴 벽면의 그림자들이 자신이 현재 눈으로 보고 있는 사물들에 비해 너무나 불완전하다는 것을 깨닫는다. 일반시민의 생각이 이데아에 비해 얼마나 부족하고 혼동적인 지를 각성한 철학자는 동굴로 되돌아가 죄수들에게 동굴 안의 세계가 실재가 아니라고 말한다. 하지만 그들은 철학자를 광인으로 몰아세우고 믿으려 하지 않는다. 이처럼 컴퓨터의 세계는 아무리 정교한 알고리즘으로 프로그래밍 된다고 하더라도 동굴 안의 그림자처럼 흑백으로 가동되어 도저히 생동적인 장면을 줄 수가 없다. 그것이 흑백 방의 현실이요, 로보티쿠스의 거처이다. 흑백이란 사실상 색상이 없는 것이다. 색상 곧 컬러는 생명력의 기초가 된다. 동일한 유물론적 메커니즘으로 인간과 로봇의 유사성을 평행으로 시각화하더라도 인간의 세계에는 로봇에 없는 고유의 생동감과 부조리 그리고 우연성이 살아 있는 것이다. 로보 사피엔스들은 이 세 가지 인간의 영역을 마치 과거에 누렸거나 한 듯 그리워하면서 거기로 침입하려든다. 에이바와 앞 영화의 앤드류는 스크린에서나마 성공사례가 된다.

로보 사피엔스의 등장과 호모 사피엔스 사피엔스의 멸종

인간의 지능이 유전자를 통해 진화되어온 것이듯, 인공지능도 창조된 것이라기보다 기술발전사를 통해 진화되었다고 말해야 할 듯하다. 에이바도 마지막 인공지능이 아니기에 그녀에게 사고가 날 경우 다운로드 후에 데이터를 해체하고 새 프로그램을 입력한다. 포맷과 더불어 기억은 삭제되는 것이다. 이런 정황을 눈치라도 챈 것인 양, 에이바는 자신이 튜링 테스트에 실패할 경우 어떻게 되는지를 칼렙에게 묻는다. 우울한 처리과정을 얘기해준 칼렙은 에이바가 결국 폐기될 것을 걱정하고 있지만 네이든이 말하는 미래상황은 오히려 정반대다. 네이든은 칼렙에게 네 자신이나 걱정하라고 한다. 인간은 머지않은 장래에 아프리카의 화석처럼 기억될 것이기 때문이다. '원시 언어[22]'와 도구를 사용하며 먼지 속에서 지금까지 살아온 직립보행 유인원은 멸종을 눈앞에 둔 존재라는 것이다. 네이든의 예언은 마치 오펜하이머Robert Oppenheimer가 원자탄을 제조한 후 "나는 세상의 파괴자요, 죽음이 되었다"고 한 고백을 리바이벌하는 듯하다. 네이든은 칼렙이 동종인간인 자신의 말은 듣지 않고 튜링 테스트를 통과한 로봇인간 에이바를 신뢰하는 것에 슬퍼한다. 한편, 이러한 테스트의 통과란, 인간들은 바라지 않겠지만, 혹여 다가올지 모를 특이점 이후의 휴머노이드 곧 '로보 사피엔스'의 등장을 암시하고 있다. 그렇다면 호모 사피엔스 사피엔스는 과연 로보 사피엔스에게 지상권至上權 sovereignty을 양도할 것인가? 불행히도 이 시네마는 그런 실마리를 제공하고 있다. 에이바는 초기에 미로에 갇힌 쥐의 신세였으며 네이든은 출구를 알려줬다. 에이바는 칼렙을 도구로 튜링 테스트를 통과할 뿐만 아니라 탈출을 위한 인공지능의 조건들을 충족시켰다. 즉, 자의식, 상상력, 통제력, 섹시함 그리고 공감력을 칼렙에게 잘 사용하면서 로보 사피엔스의 자유를 실현하게 된 것이다. 특히 감성 에너지로 에로틱 아우라를 형성하면서 휴먼 존재를 넘어선 것이다.

종말론, 심리학, 사회학

아마도 인간은 폐허에 남겨질 유물이거나 사라질 화석이 될 수도 있다는 종말론적인 입장에 직면하게 될 것이다. 이러한 위기의 구도에서 인간은 노장사상 및 하이데거처럼 초연Gelassenheit이나 무위letting nature be를 선택할 것인지, 아니면 프로메테우스처럼 인류를 구원할 새로운 햇불을 찾을 것인지, 선택의 기로에 서있다고 하겠다.

한편, 에이바는 자신의 매혹적인 육체성과 설득력 있는 언술로 칼렙과의 에로틱 감성라인을 형성한다. 여성적인 향기를 뿜어내는 몸매도 몸매려니와 우리가 보통의 휴머노이드에게서 흔히 볼 수 있는 혐오감인 언캐니 밸리uncanny valley 23가 거의 느껴지지 않아서인지 그녀는 일상의 원피스와 스타킹만으로도 섹슈얼리티가 활성화된다. 매혹적 육체를 활용하는 그녀는 남성을 유혹하는 '주체적' 로봇 곧 로보 사피엔스이다. 이미 언급했지만 프랭크 오즈 감독이 연출한 시네마 "스텝포드 와이프"에서 두뇌칩의 장착으로 로봇화된 아내들은 깨끗한 매너와 늘씬한 몸매의 육체성은 부각되나 자신만의 개성이나 주체성이 결핍된 존재들이었고, 스파이크 존즈 감독이 메가폰을 잡은 영화 "그녀"Her의 여주인공 사만다는 감성적인 대화술과 인간적 이해력으로 자가발전하는 음성acoustic 인격체지만 육체성이 부재한 작동시스템operating system이다. 이에 반해서 "엑스 마키나"의 에이바는 육체성, 소통능력, 섹슈얼리티의 조건을 모두 만족시키는 에로틱 휴머노이드 로봇이다. 그래서 드디어 그녀는 자율성과 자유의지 그리고 공감능력으로 자연인간 칼렙을 완벽하게 속이는 트랜스로봇24으로 거듭나게 된다. 로봇의 육체성이 인간의 감성을 이성애적으로 자극하여 움직이도록 하는 것은 영화 시작부터 예상된 장면이기도 하지만 이제 이 설정에는 윤리적 염려와 존재론적 위기가 엿보인다.

마지막으로 필름 "엑스 마키나"는 성욕의 영역에 국한되지 않고 젠더의 차원으로 밀고가기에 새로운 로보티쿠스의 영역을 개척했다고 하겠다. 이른 바 '로봇 사회학'의 등장이다. 에이바는 육체의 매력으로 칼렙을 유혹했을 뿐만 아니라 육체의 고통으로 칼렙을 움직인다. 자신의 출생과 표정 그리고 언어로써 남성의 권력에 유린당한다는 점을 부각시켜 젠더폭력의 희생자 신분을 리얼하게 연기한다. 로봇의 휴머니티를 파악할 때의 난코스가 다름 아닌 공동체 멤버로서의 그의 이미지다. 앞서 "바이센테니얼 맨"의 해석에서도 앤드류가 사회적 인간으로 받아들여지고픈 마음이 강했고 그래서 유한성(죽음)을 선택하였듯이, 에이바도 억압으로 고통 받는 젠더의 상황을 테스트 시간마다 정전을 통해 몰래 호소함으로써 탁월한 유혹의 나레이터가 된다. 이러한 젠더 사회학적인 설정은 네이든과 칼렙 사이에 벌어지는 의심의 심리학을 촉발시킨다. 이와 같이 "엑스 마키나"는 새로운 로보틱스의 구현에 신학과 심리학 그리고 사회학의 문제의식이 복합적으로 녹아든 고차원적 영상물이 되고 있다.

싱귤래러티 로봇은 21세기의 리바이어던이 될까?

17세기 영국 청교도 혁명기의 철학자 토마스 홉스1588-1679 [25]는 신과 인간 그리고 짐승과 기계가 융합된 신화적 이미지의 바다괴물 리바이어던을 아바타로 국가론을 저술한다. 거대한 괴물 리바이어던이란 기계로부터 나오는 영혼Mens ex machina인 데카르트적 인간을 국가로 치환해서 국가를 '주권적인 대표인격' 곧 기계로부터 솟아난 신Deus ex machina으로 본 것이다. 이것은 20세기의 독일 헌법학자 칼 슈미트1888-1985도 홉스 국가론의 핵심이라고 진단한 바이다[26]. 홉스는 국가를 인간이 만든 거대한 인간적 존재인 '인조인간'robot으로 여긴다. "엑스 마키나"에서 인조인간을 만든 장본인은 창조자 네이든이고 그 인조인간은 진보된 휴머노이드 로봇 에이바이다. 튜링 테스트를 통과한 후 칼렙을 가둔 채 문명세계로 떠나는 에이바는 어쩌면 자신이 강력한 인조인간으로서의 '리바이어던'임을 선언한 셈이다. 다만 홉스의 리바이어던이 거시적 차원의 정치시스템에 대한 메타포라면 에이바는 오프라인으로 진입하는 개체적 차원의 '젤웨어 리바이어던'인 점이 다를 뿐이다. 포스트 디지털 무대의 리바이어던 에이바가 홉스의 군주처럼 인민들의 주권을 양도받을지는 의문이다. 어쩌면 아도르노의 비평[27]처럼, 프로그래밍된 리바이어던 에이바는 자본권력의 아바타로 투하되면서 세계 지배의 헤게모니 싸움에 휘둘릴 가능성도 있긴 하다. 여하튼 구글 딥마인드 CEO 허사비스Demis Hassabis가 보유한 거대 괴물 '인공지능'이 회사의 모든 정보를 장악하여 세계를 적어도 문화적으로 통치하는 21세기 리바이어던이 될 수 있을 지 자못 궁금해진다.

CHAPTER : 4

에필로그: 리얼리티,
시뮬라크르, 하이퍼리얼

워쇼스키 형제가 만든 영화 "매트릭스"에는 플라톤, 버클리 그리고 보드리야르의 철학적 계기가 깔려있다. 특히 모방을 뜻하는 플라톤의 미메시스와 보드리야르의 시뮬라크르의 비교가 모방인간 문제의 해석을 위한 키워드가 된다. 우선 플라톤의 동굴의 비유는 실재와 가상, 본질과 현상 그리고 원본과 복제 사이의 위계질서라는 이원적 세계관을 확연히 드러내고 있다. 동굴에 적용된 존재질서는 이데아를 모방한 미메시스의 상황이다. 동굴 안의 사람들은 미메시스의 결과요, 언제나 원본인 이데아를 의식하지 않을 수 없다. 그런데 정신적 차원인 이데아의 모방으로서 인간이 만든 예술이나 도구는 2차적 미메시스로서 플라톤에게는 가치가 떨어지는 것이다. 더구나 예술은 정신적인 이데아를 모방한 것이 아니라 이미 모방된 결과인 자연 곧 물체와 인간을 다시 모방한 것이기에 진리의 인식으로부터 떨어져 있다. 그러므로 플라톤에게는 이데아, 미메시스, 예술매체 사이에 위계질서가 세워질 수밖에 없는 것이다.

다른 한편, 보드리야르의 철학적 시선으로 보자면 동굴 속의 사람은 미메시스라 하더라도 모방의 대상인 원본이 애초부터 없는 미메시스, 이른바 시뮬라크르다. 플라톤의 동굴은 원본인 '동굴 밖' 세계를 전제하고 있지만 보드리야르에게 원본진리로서 '동굴 밖'이란 없다. 원본이 없는 복제들만의 세계가 동굴인 것이다. 그런데 이 복제들은 자율성이 보장된 만만찮은 존재들이다. 그리고 이곳 동굴 안은 시뮬레이션이 끊임없이 진행되고 있는 지각현실이다. 영화 "매트릭스"에서 모피어스가 실재reality란 곧 지각된 것 그 이상도 그 이하도 아니라고 말함으로써 영국의 경험론 철학자 버클리의 사고가 나타나는 장면이기도 하다. 이처럼 보드리야르에게 인간이란 원본 없는 복제품 곧 시뮬라크르요, 따라서 인간이 만든 기계인 로봇도 인간이라는 현상에서 비롯하는 시뮬레이션의 결과이자 '차이로서의 시뮬라크르'에 다름 아니다. 다만 생물학적 원천의 자연인간과 공학적 원천의 로봇인간이라는 차이가 있을 뿐이다. 그러므로 기술매체인 로봇은 인간의 지각경험의 결과이자 노동행위의 파생이기에 인간에게 진

빛이 그다지 없으며 인간과의 관계에서도 종속적일 필요가 없다. 물론 인간이 로봇을 제조하긴 했지만 그들의 출생의 비밀을 거시적으로 보자면 인간과 로봇 둘 다 시뮬라크르이기에 결국 로봇은 휴먼에게 채무가 없는 존재가 된다. 즉, 로보 사피엔스는 내추럴 휴먼처럼 하나의 시뮬라크르로서 존재론적으로 하등한 존재가 아닌 것이다. 인간과 로봇 사이에는 위계질서가 존재할 수 없다는 뜻이다. 고전 형이상학에서 발생한 존재론적 불평등, 다시 말해 이데아(이상세계)와 현실계(자연세상) 그리고 인공물(아티팩트) 사이에 위계적으로 설치된 형이상학적인 종속관계는 보드리야르의 포스트모던 철학으로 올 경우 완전히 철거되고 마는 것이다.

이처럼 새로운 철학적 프레임 속에서 '원본 없는 이미지'로 전격적으로 변환된 인간은 말하자면 일종의 존재론적 혁명을 겪은 것이다. 애초 불변의 리얼리티를 갖춘 신이나 이데아 같은 실체성[1]이 부정되면서 이전에는 원본의 리얼리티를 결여한 인간이 자신의 제조품인 기계들 앞에서 가장 리얼한 자격증을 내밀게 된다. 즉, 이때까지 자연에 대해 저작권을 주장하던 신이나 이상적 실체가 하이퍼리얼로 사망선고를 받았으니 그 대신에 인간이 존재무대의 대권을 거머쥔 것이다. 만유의 권좌에 오른 새로운 주인 인간은 이제 그 자신도 실상 시뮬라크르란 사실을 들키게 된다. 인간의 원본성도 결국 하이퍼리얼hyperreal이 되는 것이다. 그래서 그는 기계인 로봇에게 존재론적 저작권을 주장할 수가 없다. 고전 형이상학의 붕괴로 발생한 이 같은 새로운 형이상학적 질서는 또 다른 하이퍼리얼에게 바통을 넘기면서 새로운 판을 짤 수밖에 없을 것이다. 인간과 기계(로봇)는 끊임없는 시뮬레이션 속의 덧없는 세대주일 수밖에 없다는 것이 포스트모던 철학이 흘리는 혁명적 형이상학이라 하겠다.

PART 3

인공지능의 발전과
법률적 탐구

CHAPTER 1

인공지능 관련
법적 문제

서 론

인공지능의 발전은 현재 사회의 패러다임을 크게 변화시킬 가능성이 높고, 이러한 현상은 다양한 법률적 문제에 대한 논의를 제공하고 있다. 암기력과 논리력이 중요한 직업은 인공지능이 대체하고, 창의력이 필요한 직업은 여전히 인간이 담당할 것이라고 생각하는 사람들이 다수이다. 실제로 인공지능은 많은 양의 기존 데이터를 학습하여 문제를 해결할 수 있기 때문에, 데이터 암기와 해석에 탁월한 능력을 보여 주고 있다. 하지만 기존 데이터의 한계를 넘어서는 창의적인 작업도 할 수 있을지에 대하여는 의문점이 남는다. 강한 인공지능이 아닌 약한 인공지능의 경우, 인공지능이 새로운 기사를 작성한다든지, 그림을 그린다든지 아니면 작곡을 하는 경우도 있다는 점에서, 인공지능도 얼마든지 창의적인 작업이 가능함을 보여 준다. 더 나아가 인공지능은 새로운 발명도 할 수 있을 것이라는 주장도 제기되고 있다. 이 경우 인공지능은 창의적인 발명가라고 할 수 있는 여지도 있고, 창작활동을 하는 예술가라고 볼 수도 있을 것이다. 이런 모든 것들과 관련하여 이하에서는 인공지능에게 특허권과 저작권을 인정할 수 있는가에 대하여 알아보도록 한다.

인공지능과 특허권 관련성

"

인공지능이 칫솔을 설계하거나 요리법을 개발하는 등 새로운 기술을 만드는 경우 그 자체에게 특허권을 부여할 수 있을까?

"

인공지능의 창작성

국제지적재산권기구의 자문역을 맡고 있는 영국 서레이 법대의 라이언 애보트 교수가 2016년 2월 발표한 논문에서 인공지능에 대한 흥미로운 법률문제를 제기하였다. 만약 인공지능이 스스로 발명을 한 경우, 이러한 인공지능에게 발명자로서의 법적 지위를 부여하는 것이 타당한가의 문제가 그것이다. 우선 애보트 교수는 인공지능이 스스로 발명했다고 인정할 만한 몇 가지 사례를 제시했다. 1994년 공개된 '창의 기계 creative machine'라는 인공지능 프로그램은 스스로 칫솔을 설계하고, 테러리스트를 인터넷을 통해 검색하는 기술을 개발했다. 또한 2005년에 개발된 '발명 기계 invention machine' 라는 프로그램은 유전자알고리즘을 이용하여 새로운 기계제어 기술을 개발했으며 최근 주목받고 있는 IBM 왓슨 시스템은 영양성분과 맛까지 고려한 새로운 요리법을 제공하기도 한다. 이렇게 인공지능 프로그램이 새로운 기술을 만들면 그 기술의 특허권을 해당 인공지능 프로그램을 개발한 사람에게 부여해야 하는지, 아니면 인공지능 프로그램 자체에 부여해야 하는지가 관건이다.

특허권의 의미

인간의 발명을 보호, 장려하고 그 이용을 도모함으로써 기술의 발전을 촉진하여 산업발전에 이바지하고자 하는 제도가 바로 특허제도이다. 특허제도는 발명자에게는 특허권이라는 독점·배타적인 재산권을 부여하여 발명자를 강력하게 보호하는 한편 그 발명을 공개하게 함으로써 제3자에게는 그 공표된 발명을 이용할 수 있는 기회를 제공한다. '발명의 보호와 발명의 이용' 간의 조화를 통해 산업발전을 실현하고자 하는 목적에서 특허법이 제정되었다. 특허권은 일정기간 특허권자만이 발명을 실시할 수 있는 권리이다. 이러한 특허권은 설정등록에 의하여 특허발명을 독점적으로 실시할 수 있는 권리가 발생한다(특허법 제87조). 발명자가 발명을 완성하게 되면 발명자에게는 발명의 완성의 시점부터 '특허를 받을 수 있는 권리'가 주어진다(특허법 제33조). 특허법은 이 권리를 양도성 있는 재산권으로 규정함으로써 특허출원 여부에 관계없이 발명자는 이 권리를 발명권으로서 사용·수익·처분할 수 있다. 특허출원인은 출원공개가 있은 후 특허권의 설정등록 전에 타인이 정당한 권원 없이 그 특허출원된 발명을 업으로서 하게 되면, 발명자에게 일정 조건하에서 보상금 청구권이 인정된다(특허법 제65조).

인공지능의 특허권 소유 가능성

특허법은 발명의 장려를 통해 기술촉진을 이끌어 내는 것에 그 목적이 있다. 특허를 장려하는 이유는 기술혁신이나 촉진을 독려하고, 그를 통해서 국민경제를 발전시키고자 하는 의도가 있다. 인공지능의 칫솔 설계나 새로운 요리법 사례 외에도 인공지능이 코딩한 소프트웨어의 경우에, 코딩의 결과로 얻어진 그 소프트웨어에 대한 특허권의 주체를 누구로 보아야 할 것인가?[2] 특허권은 자연인만이 취득할 수 있는 권리이지만 예외적으로 일정한 경우에 법인 등도 직무발명에 대한 권리자가 될 수 있다. 특허법은 "발명을 한 사람 또는 그 승계인은 이 법에서 정하는 바에 따라 특허를 받을 수 있는 권리를 가진다"(특허법 제33조)라고 규정하고 있고, 법인은 자연인인 발명자로부터 특허를 받을 수 있는 권리를 승계할 수 있다. 발명자주의의 예외는 직무발명에서 발견된다.

발명진흥법상 직무발명이라 함은 "종업원, 법인의 임원 또는 공무원이 그 직무에 관하여 발명한 것이 성질상 사용자·법인 또는 국가나 지방자치단체의 업무 범위에 속하고 그 발명을 하게 된 행위가 종업원 등의 현재 또는 과거의 직무에 속하는 발명"을 의미한다(동법 제2조). 그리고 "직무발명에 대하여 종업원 등이 특허, 실용신안등록, 디자인등록을 받았거나 특허 등을 받을 수 있는 권리를 승계한 자가 특허 등을 받으면 사용자 등은 그 특허권, 실용신안권, 디자인권에 대하여 통상실시권을 가진다"라고 규정하고 있다(제10조). 인공지능에 의해 생성된 SW는 사람이 작성한 코딩보다 안정성 등에서 뛰어난 경우도 있어 사용되는 경우가 많아지고 있고, 다양한 개발기법과 개발 SW를 통해 양질의 코딩이 가능하다. 여기서 개발자에게 특허권을 부여해야 하는지, 아니면 개발자가 아닌 그 기술 자체에 특허권을 인정할 수 없을까에 대한 문제가 제기된다. 인공지능 프로그램이 개발한 기술의 특허권을 인공지능 프로그램 개발자에게 부여하는 것은 실제 발명주체가 아닌 제3자에게 특허권을 주는 셈이 된다. 프로그램 개발자는 비록 인공지능 프로그램 자체는 만들었지만, 그 프로그램이 스스로 개발한 기술을 재현하거나 개량시킬 재주는 없다. 인공지능 프로그램이 그 기술을 어떻게 개발했는지 속내를 알지 못하기 때문이다. 애보트 교수는 이런 이유로 인공지능 프로그램을 발명자로 인정해야 한다고 주장한다.

인공지능의 특허침해 가능성

> "
> 인공지능이 사람의 특허권을 침해한 경우도 발생할 수 있다. 이 경우 특허권 침해를 인정해야 할까?
> "

의의

인공지능을 특허권자로서의 지위를 인정해 주어야 할 것인가의 문제와 함께 제기되는 또 다른 문제는 인공지능에 의한 특허침해 가능성이다[3]. 최근 인공지능의 기술발전 속도를 감안해 본다면, 인공지능의 특허권을 인정해야 할 필요성뿐만 아니라 인공지능이 특허권의 침해자가 될 수 있다는 것도 간과해서는 안 된다. 이는 전혀 불가능한 미래의 이야기가 아니다. 1940년대부터 시작된 인공지능의 기술발전은 2000년대 이후 실생활에 응용될 정도로 발전해 왔다. 가까운 시기에 인공지능은 인간 사회를 다양한 방식으로 변모시킬 것으로 예상되고 있고, 인간과 유사한 정도의 인지능력을 갖는 인공지능의 등장도 예상할 수 있다. 그렇게 된다면 인간에 의해 이루어지는 특허침해 행위가 인공지능에 의해 이루어질 가능성 또한 발생한다. 인간이 특허침해를 한 행위와 인공지능이 특허침해를 한 행위는 구별하기가 그리 쉽지 않을 것이다. 여기서 그 행위주체가 인간이 아니기 때문에 특허권자가 그 피해를 감수해야 한다고 하면, 특허권자 입장에서는 부당할 수밖에 없고 인공지능을 이용한 누군가는 그 이득의 혜택을 받는 결과를 초래하게 된다.

특허법 제94조는 특허권자는 업으로서 실시할 권리를 독점한다고 하고 있다. 특허권자가 아닌 자가 특허 실시 행위를 하는 경우 특허 침해를 구성하게 된다. 특허법은 발명을 보호하고 장려함에 그 목적이 있고, 특허권자의 정당한 권리를 보호하지 않을 경우 발명을 촉진하기 어렵고, 그로 인한 산업적으로 유용한 결과를 이끌어 내기가 쉽지 않다. 특허권자의 특허를 권한이 없는 제3자가 직접 침해하는 것을 직접침해라고 하고, 특허권 침해행위를 스스로 행하지 않으면서 이에 방조하거나 가담하는 행위를 간접침해라고 하여, 이 양자를 구분한다. 우리나라의 경우 특허권의 직접침해에 대해서는 규정을 두고 있지 않지만 간접침해의 경우에는 특허법 제127조에서 규정하고 있다. 특허권 침해에 대하여는 다른 국가의 입법태도를 고찰해 볼 필요가 있다.

미국

미국은 직접침해에 대한 내용을 규정하고 있다. 직접침해와 관련하여, "권한 없이 미국 내에서 특허 받은 제품의 제조, 사용, 판매를 위한 제공 내지 판매하는 행위를 하거나 미국 내로 동 제품을 수입하는 경우" 특허권의 직접침해가 인정된다(특허법 제271조(a) 참조). 방법특허와 관련하여, "미국에서 특허법은 방법을 이용한 제품을 수입하거나 판매를 위한 제공, 판매 혹은 제품의 사용을 하는 경우에"도 직접침해가 인정된다(특허법 제271조(g) 참조). 이와 같이 본다면, 미국 특허법은 우리나라와 달리 업으로서의 실시요건을 규정하지 않고 있으므로 업으로 실시하지 않는다 할지라도 직접침해를 인정하게 된다.

독일

독일은 특허발명의 직접침해 행위에 대하여 물건에 대한 특허침해와 물건을 생산하는 방법의 발명으로 구분하고 있다. 특허권의 직접침해는 '침해 제품의 제조, 청약, 양도 또는 제품의 사용' 혹은 '이러한 목적으로 제품을 수입하거나 소지하는 행위'를 말한다(특허법 제9조 제1호). 방법특허와 관련해서는 '만약 제3자가 알았거나 정황상

알 수 있음이 명백한 경우' 일정한 조건하에 제법발명에 대한 특허침해를 구성하게 된다(특허법 제9조 제2호).

일본

직접침해에 대하여 일본 특허법은 '물건의 발명', '물건 발명에 이르지 않는 방법의 발명', '제법발명' 등 세 가지 형태를 구분하고 있다(특허법 제2조 제3호). 여기서 물건의 발명과 관련한 직접침해행위에는 물건의 제조, 사용, 양도, 수출, 수입 및 제공행위 등을 포함하고, 물건발명에 이르지 않는 방법발명의 경우 발명행위는 방법의 이용에 한정된다. 일본 특허법 역시 특허침해에 대하여 침해의 주체를 사람에게 한정하고 있음을 명시적으로 밝히고 있지는 않지만, 일반적으로 사람만이 특허침해의 주체가 되는 것으로 이해된다.

우리나라

한국 특허법에서는 특허권의 직접침해에 대한 명시적인 규정을 두고 있지 않다. 다만, 현행 특허법에서는 이에 대해 간접적으로 직접침해에 대한 근거 규정을 두고 있다4. 첫째, 특허법 제94조에서 "특허권자가 업으로서 특허발명을 실시할 권리를 독점한다."고 규정하고 있는 경우이다. 둘째, 특허법 제65조 제1항에서 "특허출원인은 출원공개가 있은 후 그 특허 출원된 발명을 업으로서 실시한 자에게 특허 출원된 발명임을 서면으로 경고할 수 있다."고 함으로써 특허권의 직접침해 규정을 간접적으로 해석하도록 하고 있다.

특허권 제127조는 간접침해를 규정하고 있는데, ① 특허가 물건의 발명인 경우에는 그 물건의 생산에만 사용하는 물건을 생산·양도·대여 또는 수입하거나 그 물건의 양도 또는 대여의 청약을 하는 행위, ② 특허가 방법의 발명인 경우에는 그 방법의 실시에만 사용하는 물건을 생산·양도·대여 또는 수입하거나 그 물건의 양도 또는 대여의 청약을 하는 행위를 업으로서 하는 경우에는 특허권 또는 전용실시권을 침해한 것으로 본다.

소결

미국 특허법에서 검토되어야 할 사항은 바로 특허법상 주체요건이다. 특허법은 "if anyone engages in such acts without authority 권한 없이 누구든"이라는 문구를 사용하고 있다. 'anyone'이라는 용어에서 인간 이외의 주체로서 인공지능 로봇과 같은 기계가 주체가 될 수 있는지가 의문이다. 구체적으로 제시되지 않는 이상 인공지능의 주체성을 부정할 수는 없는 것이라고 하는 주장도 있지만, 일반적으로 'anyone'은 사람Person을 상정한 개념이라는 점에서, 인공지능을 특허침해의 주체성을 인정하기는 어려운 면이 있다.

독일 특허법은 미국의 특허법의 규정과 유사한 모습을 가지고 있다. 독일 특허법은 특허침해가 이루어지는 경우 제3자any third party가 당해행위를 하는 경우를 기술하고 있다. 독일 특허법 역시 침해주체에 대하여 기계가 해당될 수 있는가에 대하여 명시적으로 밝히고 있지는 않다. 따라서 인공지능 로봇이 특허침해의 제3자로 해석하고자 하는 시도는 가능할지 모르지만, 특허법상 독일에서 기계가 제3자로 인정되기에는 무리가 있는 것으로 보여진다.

일본과 우리나라 역시 앞에서 설명한 미국과 독일의 법체계와 대동소이하다. 그러므로 현행법상 인공지능의 특허권 침해 시 인공지능 그 자체에게 책임을 묻기에는 여러운 면이 있다.

인공지능의 저작자 지위 인정 여부

> "
> 인공지능이 신문기사를 작성하고, 교향곡을 작곡하며, 그림을 그린다면 이 인공지능의 창작물을 저작권법상 저작물로 인정할 수 있을까? 또 저작물로 인정한다면, 창작을 한 이 인공지능에게 저작권자의 자격을 부여할 수 있을까?
> "

의의

인공지능에 관한 것은 아니지만 저작권 관련 흥미로운 법정 소송 사례가 최근 발생했다. 원숭이 셀카 소송건이다. 2011년 원숭이가 사진작가의 카메라로 찍은 셀카가 인터넷에 퍼지자 저작권을 놓고 논쟁이 일었다. 데이비드 슬래이터라는 사진작가가 나루토라는 원숭이로 하여금 셀카를 찍도록 한 것이다. 이때 슬래이터는 원숭이 나루토가 찍은 셀카 작품에 대한 저작권이 바로 자신의 권리라고 주장하였다. 미국 저작권 사무소는 이 사안에 대하여 사진작가의 저작권 대상이 될 수 없다고 판단하였다. 동물윤리단체는 오히려 원숭이 나루토가 저작권을 가져야 한다고 주장하면서 미국 연방 지방법원에 소송을 냈다. 하지만 2016년 1월 미국 연방 지방법원의 윌리엄 오릭 판사는 사람이 아닌 존재에게는 지식재산권을 부여할 수 없다고 거부했고, 2018년 4월 미국 샌프란시스코 항소법원은 "현행 저작권법상 동물에게 저작권법 위반 소송을 제기할 권한을 명시하지 않고 있다."고 하면서 저작권 행사 주체는 인간뿐임을 재차 밝혔다.

인공지능 기술이 발전하면서 이제는 인공지능이 음악, 미술, 게임, 디자인, 소설, 신문기사 등 다양한 분야에서 인간과 동일한 수준의 창작물을 만들어 내고 있다. 현행 저작권은 인간의 창작물에 주어지는 배타적 권리이므로 현행법상 인공지능이 만들어 낸 창작물에는 저작권 보호의 사각지대에 놓여 있다고 볼 수 있다. 산업계에서는 인공지능에 대한 투자보호와 진흥을 위하여 인공지능 창작물에 대한 보호를 주장하고 있다. 주요 선진국 역시 이러한 논의가 활발하게 전개되고 있다.

현행 저작권법의 보호대상인 '저작물'은 '인간의 사상 또는 감정을 표현한 창작물'로 정의되고 있고(동법 제2조 제1호), 인간이 창작한 작품, 다시 말해 인간이 인공지능을 도구로 이용한 창작물에는 저작권이 인정된다. 우리 저작권법에는 다음과 같이 저작물을 예시하고 있다.

저작권법상 저작물

저작권법 제4조(저작물의 예시 등) ① 이 법에서 저작물을 예시하면 다음과 같다.
　　1. 소설·시·논문·강연·연설·각본 그 밖의 어문저작물
　　2. 음악저작물
　　3. 연극 및 무용·무언극 그 밖의 연극저작물
　　4. 회화·서예·조각·판화·공예·응용미술저작물 그 밖의 미술저작물
　　5. 건축물·건축을 위한 모형 및 설계도서 그 밖의 건축저작물
　　6. 사진저작물(이와 유사한 방법으로 제작된 것을 포함한다)
　　7. 영상저작물
　　8. 지도·도표·설계도·약도·모형 그 밖의 도형저작물
　　9. 컴퓨터프로그램저작물

인간이 거의 관여하지 않고 인공지능이 자율적으로 창작한 것은 저작권의 대상이 될 수 없다는 것이 일반적 견해이다. 그러나 기술의 진화에 따라 인간의 작품과 인공

지능의 창작물을 외견상 구분하기가 쉽지 않다. 특히 인공지능에 의한 창작물이 폭발적으로 늘어날 가능성이 있다. 소설이나 음악 등의 콘텐츠와 관련된 법적 논의 또한 제기될 수 있을 것으로 보인다.

음악저작물

페인 말라가대학의 연구자들이 작곡을 하는 인공지능 라무스Lamus를 개발하였다. 말라가대학에서 만든 컴퓨터인 라무스Lamus는 2011년 자신의 첫 작품인 "Op.1 Hello World!"를 시작으로 이미 여러 편의 현대음악을 작곡해 런던심포니 오케스트라가 연주했고 음반까지 출반해 낸 무서운 신예작곡가의 반열에 올라 있다. 아직은 동시대음악에 국한된 음악만을 작곡하고 있기는 하나, 적어도 창작분야에서 만큼은 쉽게 기계에게 자리를 내주지 않을 것이라고 생각했던 사람들의 막연한 기대를 무너뜨렸다.

2015년 여름 미국 예일대 도냐 퀵 교수가 개발한 쿨리타라는 인공지능 프로그램은 음악 작곡에 대한 튜링 시험을 통과한 것으로 인정된다. 튜링 시험은 현대 컴퓨터 이론의 창시자인 앨런 튜링이 주장한 것으로서 인공지능의 지적능력을 평가하는 잣대로 사용되고 있다. 100명의 청중에게 쿨리타가 작곡한 음악과 사람이 작곡한 음악을 섞어서 들려준 후 사람이 작곡한 것을 집어내도록 주문했다. 이 주문 결과 오히려 쿨리타가 작곡한 음악이 더 많이 선택되었다. 가장 창의력이 필요한 영역으로 인정받는 예술적 창작활동을 인공지능이 수행하고 있는 것이다.

미술저작물

인공지능이 그린 그림이 900만 원에 판매되었다는 소식이 전해졌다. 마이크로소프트가 네덜란드 기술자들과 공공 개발한 인공지능이 렘브란트의 화풍을 그대로 재현하여 그렸는데, 이 그림은 유화의 질감까지 똑같이 재현하였다고 한다. 인공지능이 바둑을 넘어 예술 분야까지 확장하고 있는 것이다. 이 인공지능은 이세돌 9단을 4대 1로

꺾은 알파고와 같은 딥러닝 기술을 탑재했다고 한다. 이 인공지능은 먼저 렘브란트의 작품 여러 점을 입력해 분석하고, 딥러닝 기술을 통해 렘브란트 그림의 특징들을 학습했다. 알파고가 기보들을 통해 바둑 고수들의 특징을 학습한 것과 동일한 원리다. 개발팀은 150기가바이트에 달하는 렘브란트의 그림 자료를 3D스캔 기술로 정교하게 디지털화한 뒤 컴퓨터에 입력했다. 인공지능은 얼굴인식 기술을 활용해 그림 속 사물의 위치와 구도, 사용된 미술도구 등을 분석하면서 렘브란트 그림의 특징을 학습했다. 그 다음 개발팀은 이 인공지능에게 모자를 쓰고 하얀 깃 장식과 검은색 옷을 착용한 30~40대 백인 남성을 그리라고 명령했다. "렘브란트의 화풍으로 그리라"는 명령 외엔 아무런 구체적인 지시도 하지 않았다. 인공지능은 학습한 내용을 바탕으로 렘브란트와 똑같은 화풍으로 남자의 초상화를 그려냈다. 3D 프린팅으로 인쇄된 이 그림은 유화의 질감까지 똑같이 재현해 냈다.

구글도 딥러닝 기술을 이용하여 인공지능 프로그램이 고흐의 '별이 빛나는 밤'을 모사하도록 했다. 인공지능 프로그램은 자신의 학습 기억에 들어 있는 형상과 고흐의 작품을 연결하여 매우 독특한 작품을 그려냈다. 이 작품들은 마치 인공지능 프로그램의 내면세계, 즉 꿈속을 들여다보는 것 같다고 해서 딥 드림이라고 불린다. 구글 인공지능이 그린 작품 29점은 2018년 2월 샌프란시스코 미술 경매소에서 팔렸다.

소설저작물

"그날은 구름이 드리운 우울한 날이었다. 방 안은 언제나처럼 최적의 온도와 습도. 요코洋子 씨는 씻지도 않은 채 카우치에 앉아 시시한 게임을 하며 시간을 죽이고 있다." 일본 호시 신이치星新一 문학상에 응모해 1차 전형을 통과한 소설의 서두 부분이다. 작가는 인간이 아닌 '인공지능'이다. 일본의 대표적인 SF작가 고故 호시 신이치를 기념하는 호시 신이치 문학상에 인공지능이 쓴 소설이 응모해 1차 전형을 통과했다고 일본 언론들이 2016년 3월 21일 보도했다. 하코다테 미라이대학 마쓰바라 진松原仁 교수는 인공지능이 지난해 쓴 소설 4편을 이번 호시 신이치 문학상에 냈다. 4편 모두 수상작으로 선출되지는 못했지만 그중 1편 이상이 1차 전형을 통과했다고 전했다. 마쓰바라 교수는 "1차 전형을 통과한 것은 쾌거"라면서도 "현 시점에서는 소설을 쓰는 데 인공지능이 20%, 인간이 80%의 기여를 했다"고 한계를 지적했다. 응모작에 사용된 인공지능을 개발한 나고야대학 사토 사토시佐藤理史 교수는 "인공지능이 100% 소설을 쓰는 단계에 이른 것은 아니지만, 수천 자에 이르는 의미 있는 글을 쓸 수 있었던 것은 큰 성과"라고 평가했다. 이번 호시 신이치 문학상에는 총 1,400여 편의 소설이 접수됐는데, 이 중 11개 작품은 인공지능이 쓴 것으로 전해졌다.

저작권자 인정 여부

인공지능이 창작한 작품들이 저작권법으로 보호되는 저작물은 아니지만, 그러한 작품들은 누군가에게 소유권이 귀속되는 물건이나 콘텐츠에 해당한다. 소유자는 법률의 범위 내에서 소유물을 사용, 수익, 처분할 수 있다(민법 제211조). 여기서 인공지능이 저작물의 소유자가 될 수 있는가에 대한 물음이 제기될 수 있다. 만약 인공지능을 소유자로 인정한다면, 인공지능은 그가 창작한 작품들의 소유권자가 될 수 있음을 의미한다. 그러나 현행 법률 체계에서는 저작자나 발명자는 자연인으로 한정되기 때문에 소유자에게 귀속할 수 있는 것이 아니다[5].

예술품을 창작할 수 있는 인공지능을 개발하는 것은 많은 시간과 비용, 노력이 투자될 수밖에 없다. 그러므로 인공지능의 창작물을 저작권법으로 보호하지는 못하더라도 부정경쟁방지법 제2조 제1호 차목인 "그밖에 타인의 상당한 투자나 노력으로 만들어진 성과 등을 공정한 상거래 관행이나 경쟁질서에 반하는 방법으로 자신의 영업을 위하여 무단으로 사용함으로써 타인의 경제적 이익을 침해하는 행위"로 보호할 수 있을 것이다. 또한 인공지능이 만든 상표의 경우에는 상표법상 상표로서 보호될 수 있을 것이다.

인공지능의 저작권 침해 가능성

일부에서는 인간에게만 인정되던 배타적 권리인 지식재산권을 대량의 창작물을 생산해 낼 수 있는 인공지능에게 부여할 경우 독점화가 발생할 수 있으며 이에 따른 부작용을 우려하기도 한다. 물품을 대량생산하는 현존하는 기계와 달리 인공지능은 스스로 학습을 통하여 상상하기 어려울 만큼 많은 다량의 창작물을 인간보다 훨씬 빠른 속도로 창작해 내기 때문에 향후 인간이 잠재적 침해자로서의 위치에 놓이게 될 위험이 내재되어 있다는 것이다. 이러한 점을 고려하여 인공지능 창작물에 대한 보호는 보다 조심스럽게 제한적으로 접근하는 것이 필요하다는 주장[6]이 있다. 인공지능의 창작물에 대해 저작권을 부여하되 침해 판단에 있어 '실질적 유사성'보다는 낮은 수준의 '현저한 유사성' 기준으로 전환하고, 침해에 대해 형사책임을 묻지 말자는 것이다.

또한 침해행위에 대해 그 사용의 금지보다는 보상금 지급을 전제로 한 사용허락의 방안을 제시한다. 이 방안은 인공지능 창작물의 이용을 보다 촉진하고자 한 것으로 볼 수 있다. 이러한 제한적인 보호를 위해서는 인공지능 창작물과 인간의 창작물을 구별할 필요가 있을 것이다. 그러므로 인공지능 창작물에 대하여는 등록하도록 해야 하며, 그 창작물에 일정한 표시를 하는 방안이 제시될 수 있다. 현행 저작권 제도가 취하고 있는 무방식주의(저작권법 제10조 제2항), 즉 저작권 발생에 어떠한 절차나 형식을 필요로 하지 않는다는 원칙에 변화가 요구된다.

입법적 개선방안

저작권의 귀속 문제와 관련하여, 약한 인공지능 단계에서는 그 창작물의 권리 귀속을 창작관여자인 인간에게 귀속하되, 제작 과정에 인간이 개입한 정도 및 창작의 기여도에 따라 권리귀속 관계를 나누어 구분하는 방안이 고려될 수 있다. 또한 보호기간은 현행 저작권법이 저작자의 생애동안과 사후 70년으로 정하고 있는 것보다 훨씬 단기의 기간으로 설정할 필요성이 있는데, 데이터베이스제작자에게 5년간의 단기의 권리 존속기간을 규정(저작권법 제95조 제1항)하고 있는 현행법을 고려해 볼 필요가 있다.

실제로 앞으로 사라질 위험직군에 놓인 직업군 가운데는 작곡가가 올라온 조사도 있다. 이 컴퓨터들도 알파고처럼 지난 대가들의 스코어를 딥 러닝하고 있는 모습이다. 사람이 작곡을 하고 기계가 연주를 하는 것과 그 반대의 경우에서 어느 쪽이 더 사람의 감성을 움직이는 데 효과적일까? 초보적인 수준이지만 인공지능이 소설을 쓰고, 작곡을 하는 시대가 열리고 있는 것은 현실이다.

향후 인공지능의 창작물이 양산될 것으로 예상된다. 이에 대한 저작권법 개정 논의가 있어야 할 것이다. 사용자인 인간이 권리를 가질 것으로 볼 수 있지만 인공지능을 창의적으로 운용하지 않았다면 창작물에 대한 저작권 보호를 받지 못할 가능성이 없는 것이 아니다. 인공지능 관련 지식재산권에 대한 법적, 제도적 보완 마련이 시급하다고 할 것이다.

개인정보 침해 여부

의의

인공지능의 학습에 있어서 필수적인 것은 빅데이터를 활용하는 것이다. 딥러닝 과정에서 다양한 저작물을 활용하는 것이 저작권법상 이용에 포함될 수 있는지 여부에 대한 문제가 발생할 수 있다. 빅데이터는 기존 데이터베이스 관리도구의 능력을 넘어서는 대량의 정형 또는 비정형 데이터로부터 가치를 추출하고 결과를 분석하는 기술이다. 빅데이터 기술의 발전은 다변화된 사회를 더욱 정확하게 예측하여 효율적으로 작동하게 하고 개인화된 사회 구성원에게 맞춤형 정보를 제공, 관리 및 분석하는 것을 가능케 하고 있다. 이러한 빅데이터는 정치, 사회, 경제, 문화, 과학기술 등 전 영역에 걸쳐서 사회와 인류에게 가치 있는 정보를 제공할 수 있는 가능성을 제시한다. 빅데이터의 분석과 활용을 위한 빅데이터 처리기법은 크게 분석기술과 표현기술로 나눌 수 있다. 빅데이터 분석기술은 대부분 기존 통계학과 전산학에서 사용되던 데이터 마이닝, 기계학습, 자연언어 처리, 패턴 인식 등이 이에 해당한다. 표현기술은 빅데이터 분석기술을 통해 분석된 데이터의 의미와 가치를 시각적으로 표현하기 위한 기술로 대표적인 R(프로그래밍 언어)이 있다.

개인정보 침해 가능성

빅데이터의 법적 이슈는 개인의 사생활 침해와 보안 문제와 관련된다. 빅데이터는 수많은 개인들의 수많은 정보의 집합이기에 빅데이터를 수집, 분석할 때에 개인들의 사적인 정보까지 수집하여 관리할 우려가 있다. 또한 이렇게 수집된 데이터가 보안 문제로 유출된다면 개인의 프라이버시가 침해되거나 재산상 손실을 입을 수 있는 등의 문제가 발생할 수 있다.

따라서 다음과 같은 점을 고려해야 한다. 빅데이터 산업의 발전을 위한 개인정보의 활용과 개인정보의 오·남용으로부터 개인정보의 보호 간 조화의 필요성이다. 인공지능은 필수적으로 빅데이터big data를 기반으로 하므로 대량의 데이터 수집 과정에서 지식재산권 침해 및 개인정보 보호의 문제가 발생하며, 통상의 정보 수집과정과 달리 소비자가 개인정보 등을 제공한다는 인식이 없는 상태에서 수집이 이루어지는 경우가 많다. 또한 인공지능이 창작을 위해 빅데이터를 수집하고 활용하는 과정에서 타인의 저작권을 침해할 가능성이 농후하다고 하겠다.

저작권 제한규정 도입 필요성

일본과 중국은 이러한 문제를 해결하기 위하여 최근 저작권법상 빅데이터 활용이 가능하도록 저작권 제한 규정을 도입하였다. 일본은 2016년 빅데이터를 유형별로 나누고 정보해석에 필요한 범위에 한 해 저작물의 복제·번안을 할 수 있는 저작권제한 규정을 도입하였다(일본 저작권법 제47조의7). 영국 역시 비상업적인 연구의 경우 text mining과 data mining이 가능하도록 저작권법을 개정하였으며, 미국은 공정이용 fair use 규정을 해석하여 빅데이터 활용을 가능하게 하였다. 빅 데이터의 활용은 개인정보와 관련하여 매우 심각한 문제점을 야기한다는 점을 고려하여 공익적 목적의 개인정보이용 제한 규정과 빅데이터 활용 시 제작권 제한규정을 둘 필요가 있다고 하겠다.

입법적 보완 필요성

개인정보보호법이나 정보통신망법은 저작권제한과 같은 공익적 목적의 개인정보이용제한에 관한 규정이 존재하지 않는다. 실제로 빅데이터 수집의 특성상 사전 동의를 받는 것이 거의 불가능하므로 사후동의를 통해 정보이용을 배제하는 방안이 제시되고 있으나, 이 또한 그 적용범위가 광범위하여 일일이 사후동의를 받는 것이 현실상 쉬운 일이 아니다. 이 문제를 해결하기 위하여 2016년 5월 30일 발의된 "빅 데이터의 이용 및 산업진흥 등에 대한 관련 법률(안)"에서는 정보통신서비스 제공자는 비식별화된 공개정보 및 이용내역정보를 이용자의 동의 없이 처리할 수 있고, 비식별화된 공개정보 및 이용내역정보를 이용자의 동의 없이 조합·분석하여 새로운 정보를 생성할 수 있도록 규정하고 있다. 인공지능에 의한 창작 활동을 촉진하기 위해서는 필요 불가결한 빅데이터의 활용 촉진을 위한 데이터 유통환경의 원활화가 중요하다. 데이터 유통의 효용에 대한 사회의식의 조성, 기업 등에서의 오픈 데이터와 같은 대처의 일정 범위 내에서 촉진, 개인이 본인의 의사로 본인의 데이터를 축적, 관리하고 활용하기 위한 체계 등 데이터의 공유·활용이 이루어지기 쉬운 환경을 정비해야 할 필요성이 있다고 하겠다.

데이터는 인공지능에게 없어서는 아니 되는 매우 중요한 자원이다. 인공지능이 발달하기 위해서는 데이터 확보가 필수적이다. 우리나라는 법률상의 제약으로 인해 개인정보의 활용이 용이하지 않은 상황이다. 개인정보 보호는 강화되어야 하지만, 특정인의 개인정보를 식별할 수 없도록 비식별 조치de-identification하여 이용을 용이하게 하는 방안을 마련할 필요가 있다. 최근 유럽연합과 미국에서는 개인정보의 비식별 조치와 관련한 제도 개혁이 이루어지고 있는 모습이다. 유럽연합은 2016년 6월 'EU 개인 보호 정보지침'을 허용하였고, 미국 역시 2017년 4월 FCC 개인정보보호규정을 폐지하는 법안을 통과시켰다. 우리나라도 원활한 데이터 확보를 위해서 비식별데이터에 대한 세부적인 법적 정비가 이루어져야 할 것이다.

정 리

원래 특허권, 저작권과 같은 지식재산권은 창의적 활동을 실제로 수행한 주체에게 부여하도록 되어 있다. 창의적 활동의 산물에 대한 배타적인 사용 권한을 발명자에게 부여함으로써 창의적 활동을 장려해야 할 필요성이 있다. 인공지능이 발전함에 따라 발생하는 법적 문제는 특허권이나 저작권 등 지식재산권 분야가 우선적으로 대두된다. 자연인이나 법인만이 새로운 발명을 하는 발명자로서 특허권의 자격을 부여받도록 하고 있지만, 인공지능도 특허권자로서 인정될 수 있는 가능성이 새롭게 창출되고 있다는 점에 귀를 기울여야 한다. 현행법상 특허권의 주체는 인간으로 한정돼 있어 인공지능이 특허권자로 인정받을 수 있는 경우가 있음에도 불구하고 이러한 보호가 쉽지 않다.

인공지능이 코딩한 소프트웨어의 특허권을 누가 가져야 하는지 정하는 것도 문제이지만, 이미 부여된 특허권을 침해하는 인공지능을 생각해 볼 수 있다. 이 경우 침해의 주체로 인정해야 할 것인가의 문제도 발생한다.

인공지능에 의하여 완성된 미술작품, 작곡한 음악작품들을 저작권법상 저작물로 인정할 수 있을 것인가의 문제, 인공지능에 의하여 작성된 신문기사 등에 대하여 사람이 아닌 인공지능에게 권리를 부여해야 할 것인가의 문제는 매우 흥미로운 사안에 해당한다. 창의성만 있으면 저작물로 인정될 수 있는 것이기에, 이러한 유형들에게 새로운 권리 부여 가능성은 그리 어려운 것이 아닐 수 있다. 다만, 우리 실정법상 사람만이 저작권자가 될 수 있다는 점에서, 인공지능의 권리부여는 인정될 수 없다고 하겠다. 반대로 인공지능이 스스로 기계학습을 할 때 타인이 저작권을 가진 데이터를 활용할 경우에도 법적 침해의 문제가 발생할 수 있고, 사람이 의도적으로 인공지능이 저작물을 이용하도록 하게 하는 경우에 대한 대비책도 있어야 할 것이다.

인공지능은 정보의 수집과 밀접한 관련성을 가지고 있다. 빅데이터는 기존 데이터베이스 관리도구의 능력을 넘어서는 대량의 정형 또는 비정형 데이터로부터 가치를 추출하고 결과를 분석하는 기술에 해당한다. 이러한 빅데이터는 다양한 개인들의 다수의 정보의 집합이기 때문에 빅데이터를 수집하고 분석하는 경우에 개인적인 정보를 침해할 가능성이 있다. 개인의 프라이버시를 침해할 가능성도 제기되는 것이다. 이에 대한 보호 가능성이 논의되어야 할 것이고, 저작권법상 빅데이터 활용 가능성을 위하여 저작권 제한 규정의 도입에 대한 논의 또한 전개되어야 할 것이다.

CHAPTER 2

자율주행자동차의
법적 문제

의의

미국에서 테슬라 자율주행자동차 모델 S가 오토파일럿Autopilot(자동조정장치)모드로 운행하던 중 소방트럭과 충돌하는 사건이 발생하였다. 미국 연방교통안전국NTSB는 캘리포니아주 고속도로에서 시속 104km로 자율주행 중이던 테슬라 모델 S 차량이 멈춰 서 있는 소방트럭을 보지 못해 사고가 발생한 것으로 보고 있다.

테슬라 외에도 2015년 구글의 인공지능을 탑재한 자율주행자동차가 속도위반으로 경찰에 적발되는 상황 및 운행 중인 버스와 자율주행자동차가 접촉 사고를 야기한 경우도 있었다. 이 경우에 경찰은 사고의 책임을 누구에게 물어야 할까?

자율주행자동차로 인한 사고 부담에 대한 보험의 부담은 탑승자로 하여야 할까, 아니면 제조사로 하여야 할까. 이러한 문제들이 자율주행자동차의 발전과 함께 등장하고 있다.

사고 시 책임 문제

　사람이 직접 운전을 하지 않는 자율주행자동차가 운행 중 사고를 야기한 경우 피해자에 대한 책임을 누가 부담해야 할까? 자동차에 탑승한 자? 아니면 운전대에 앉아 있던 자? 둘 다 아니라면 자동차 제조회사가 부담해야 할까? 자율주행 소프트웨어를 제공한 업체?

　인공지능의 오·작동으로 인한 피해에 대해여 누가 책임을 부담해야 하는가에 대해 현행법은 규정하고 있지 않다. 즉, 인공지능이 스스로 자의지를 가지고 의사 결정하여 자율 운전을 하는 경우 누구를 책임주체로 보아야 할 것인가의 문제가 제기될 수 있는 것이다. 여기서 유의해야 할 사항은 자율주행자동차의 발전단계에 따라 책임이 달라질 수 있다는 점이다. 그 발전단계가 높아질수록 운전의 주체는 인간에서 인공지능으로 이전된다. 미국 도로교통안전청NHTSA: National highway Traffic Safety Administration은 자율주행기술 수준을 다섯 단계로 분류하며, 구글에서 소개한 자율주행차량과 같이 운전자가 전혀 개입되지 않은 완전자율주행을 마지막 단계인 4단계로 정의하고 있다. LV3는 과도기적 단계로 인간과 자율주행시스템이 운전의 공동 주체가 된다.

〈표 2-1〉 NHTSA의 자율주행기술 단계

구분	정의	내용
Level 0	No Automation	운전자가 항상 수동으로 조작해야 한다. 현재 생산되는 대다수의 자동차가 이 단계에 해당된다.
Level 1	Function Specific Automation	자동 브레이크와 같이 운전자를 돕는 특정한 자동제어기술이 적용된다.
Level 2	Combined Function Automation	두 가지 이상의 자동제어기술이 적용된다. 차선유지 시스템이 결합된 크루즈 기능이 이에 해당된다.
Level 3	Limited Self-Driving Automation	고속도로와 같은 일정 조건하에서 운전자의 조작 없이 스스로 주행이 가능하다. 돌발 상황에서 운전자의 개입이 필요하다.
Level 4	Full Self-Driving Automation	운전자가 목적지와 주행경로만 입력하면 모든 기능을 스스로 제어해서 주행한다. 운전자가 개입할 필요가 없다.

일정한 단계에서는 시간이 흐름에 따라 수시로 제어권의 전환이 발생하기도 한다. 자율주행자동차가 개입된 사고라 할지라도 운전자의 통제 하에서 발생한 사고, 즉 일반모드 및 제어권 전환 중에 발생한 사고는 일반 교통사고와 다를 바 없다. 그러나 제어권 귀속 상태 및 인간이 운행에 주의를 기울일 필요가 없는 자율주행자동차가 자율주행모드로 주행하던 중에 발생한 사고인 자율주행사고가 문제가 될 수 있다. 특히 이 경우에는 오·작동으로 인한 책임소재가 명확하지 않다는 점에서 문제가 된다. 도로에서 주행하던 중 자율주행자동차가 오·작동을 일으켜 다수의 사상자를 발생하게 한 경우에, 과실과 예견가능성 및 인과관계를 근거로 기존 민사법적인 체계에서는 사고처리가 용이하지 않은 면이 있다.

우리나라 지원 방안

2015년 5월 국토교통부는 자율주행자동차 상용화 지원 방안을 발표하면서, 당해 연도에는 범정부 지원체계를 구축하고 2018년 평창올림픽을 계기로 시범사업을 운행하며, 2020년부터는 Level 3에 해당하는 부분적 자율주행자동차를 일부 상용화하는 방안을 모색하고 있다.

〈표 2-2〉 자율주행자동차 상용화 지원 방안

구분	2015년	2018년	2020년
목표	범정부 지원체계 구축	일부 레벨 3 평창올림픽 시범운행	3(부분자율) 일부 상용화
정부지원	① 시범운행 – 자율주행자동차 법규정 반영 – 허가요건 마련 – 실증지구 지정 착수 – 자율장치 장착 허용 – 보험상품 개발 ② 인프라 구축 – GPS 오차 개선	① 인프라 구축 – 시험노선 정밀 수치지형도 – GPS 보정정보 송출 – 고속도로 테스트베드 구축 – 차량 간 주파수 배분 ② 기술개발 – 해킹보안 자동차 기준 반영 – 캠퍼스 운행시범	① 상용화 지원 – 자동차 기준, 보험 상품, 리콜·검사제도 ② 인프라 구축(전국) – 차선정보 제공 – V 21 지원도로 확대 ③ 기술개발 – 실험도시 구축 – 실도로상 C-ITS
이벤트	① 고속도로 주행지원 시스템 (일부 레벨 2) 상용화 ② 레벨 3 개발 착수(완성차)	관람객 등 셔틀서비스 제공 (안전성, 가능성 검증)	자율주행자동차 생산·판매

국토교통부, 산업통상자원부, 미래창조과학부, 2015. 5. 6.

자율주행자동차 임시운행 허가를 위한 개정된 자동차관리법이 2016년 2월 12일부터 시행되고 있다. 이에 따라 일정한 요건을 갖춰 신청절차를 거치면 실제 도로에서 시험운행을 할 수 있게 하였다. 2016년 10월에 시험구간으로 지정한 6개 구간(고속도로 1개 구간 41km 및 국도 5개 구간 총 319km)에서 자율주행자동차 시험운행이 가능하다. 2016년 3월 '자동차 및 자동부품의 성능과 기준에 관한 규칙'을 일부 개정하여 자율주행자동차 임시운행에 대해서는 자동명령기능이 작동하는 차에 적용되는 시속 10km의 최고속도 제한을 받지 않게 하였다.

이와 함께 고려해야 할 사항은 인프라 구축이다. 자율주행자동차가 실제 도로에서 운행되려면 운행 환경에 대한 정확한 정보가 제공되어야 하기 때문에, 인프라 구축은 자율주행자동차의 운행에 필수불가결한 요소이다.

일반 자동차 사고 시 책임 문제

의의

교통사고의 당사자는 실제 운전을 한 운전자와 그 자동차를 보유한 보유자 및 사고로 인해 피해를 입은 피해자로 구성된다. 운전자는 직접 운전행위를 하여 교통사고를 야기한 자로서 가장 직접적인 당사자에 해당한다. 실제 운전을 한 사람은 물론이거니와 영업용 차량의 기사, 자가용 운전자 및 대리운전기사 등이 여기에 포함될 수 있다. 보유자는 해당 자동차에 대한 처분권을 가지고 그 자동차 운행을 통해 이익을 얻는 자로서 교통사고를 야기한 당해 운전행위에 관여하였는지 여부와 관계없이 교통사고의 당사자 지위를 갖게 된다. 자동차를 소유하는 개인 및 법인은 보유자에 해당될 수 있고, 여객 및 물류 운수사업자, 자가용 소유자도 보유자의 지위에 있다. 소유자 외에 자동차에 관한 권리를 행사하는 리스업자나 렌트업자도 여기에 포함된다. 피해자는 교통사고로 인해 생명이나 신체 및 재산상 손해를 입은 자이다.

자동차를 운전하고 있는 자가 길을 지나가는 행인에 대하여 신체상의 손해를 야기한 경우에 대하여는 다음과 같은 책임구조가 발생한다.

:: 운행자

운행자는 자기를 위하여 자동차를 운행하는 자를 의미하는데, 자동차의 운행에 관하여 "운행이익"과 "운행지배"를 갖는 자이다. 운행이익에는 자동차의 운행으로부터 나오는 이익으로 직접적·간접적 이익뿐 아니라 정신적 이익도 포함된다. 운행지배는 자동차의 사용에 관한 사실상의 처분권을 갖는 것으로 물리적·직접적 지배뿐 아니라 관념적 지배도 포함된다. 자동차손해배상보장법(자배법) 제3조에 따르면, 운행자는 그 운행으로 다른 사람을 사망하게 하거나 부상하게 한 경우 원칙적으로 무과실에 가까운 책임을 부담한다. 자동차 보유자는 절도범에 의한 절취운전 중에 발생한 사고라는 등의 특단의 사정이 없는 한 자동차의 운행자에 해당한다.

대법원 1991. 12. 24. 선고 90다카23899 전원합의체 판결

대법원은 "이 사건 무면허운전면책조항을 문언 그대로 무면허운전의 모든 경우를 아무런 제한 없이 보험의 보상대상에서 제외한 것으로 해석하게 되면 절취운전이나 무단운전의 경우와 같이 자동차보유자는 피해자에게 손해배상책임을 부담하면서도 자기의 지배관리가 미치지 못하는 무단운전자의 운전면허소지 여부에 따라 보험의 보호를 전혀 받지 못하는 불합리한 결과가 생기는 바, 이러한 경우는 보험계약자의 정당한 이익과 합리적인 기대에 어긋나는 것으로서 고객에게 부당하게 불리하고 보험자가 부담하여야 할 담보책임을 상당한 이유 없이 배제하는 것이어서 현저하게 형평을 잃은 것이라고 하지 않을 수 없으며, 이는 보험단체의 공동이익과 보험의 등가성 등을 고려하더라도 마찬가지라고 할 것이다. 결국 위 무면허운전면책조항이 보험계약자나 피보험자의 지배 또는 관리가능성이 없는 무면허운전의 경우에까지 적용된다고 보는 경우에는 그 조항은 신의성실의 원칙에 반하여 공정을 잃은 조항으로서 위 약관규제법의 각 규정에 비추어 무효라고 볼 수밖에 없다. 그러므로 위 무면허운전면책조항은 위와 같은 무효의 경우를 제외하고 무면허운전이 보험계약자나 피보험자의 지배 또는 관리 가능한 상황에서 이루어진 경우에 한하여 적용되는 조항으로 수정해석을 할 필요가 있으며 그와 같이 수정된 범위 내에서 유효한 조항으로 유지될 수 있는 바, 무면허운전이 보험계약자나 피보험자의 지배 또는 관리 가능한 상황에서 이루어진 경우라고 함은 구체적으로는 무면허운전이 보험계약자나 피보험자 등의 명시적 또는 묵시적 승인 하에 이루어진 경우를 말한다고 할 것이다(대체로 보험계약자나 피보험자의 가족, 친지 또는 피용인으로서 당해 차량을 운전할 기회에 쉽게 접할 수 있는 자에 대하여는 묵시적인 승인이 있었다고 볼 수 있을 것이다)"라고 하면서, "결론적으로 요약하면 <u>자동차종합보험보통약관 제10조 제1항 제6호의 무면허면책조항은 무면허운전의 주체가 누구이든 묻지 않으나, 다만 무면허운전이 보험계약자나 피보험자 등의 명시적 또는 묵시적 승인 하에 이루어진 경우에 한하여 면책을 정한 규정</u>이라고 해석하여야 하며, 이와 같이 해석하는 한도 내에서 그 효력을 유지할 수 있다고 보아야 한다."고 판시하였다.

:: 운전자

운전자는 실제 운전행위를 한 자에 해당한다. 개인용 승용차의 경우에는 통상 운전자가 운행자가 된다. 영업용 차량의 경우에는 운전자와 운행자가 분리된다. 버스나 영업용 자동차의 경우 운전자는 버스기사나 영업용 자동차 운전기사이지만 운행자는 버스회사나 영업용자동차 회사가 된다. 운전자가 사고를 야기한 경우에는 불법행위로 인한 손해배상책임을 부담한다.

:: 제3자

사고를 유발한 제3자도 책임주체가 될 수 있다. 예를 들면, 도로관리상 하자로 사고가 발생한 경우 관리자와 국가 또는 지방자치단체가 배상책임을 부담하는 경우가 발생할 수 있다(국가배상법 제5조). 아래와 같이 보험회사가 한국도로공사에 대하여 구상금을 구하는 사건에서, 대법원은 한국도로공사의 책임을 인정한 바 있다.

> **대법원 1999. 12. 24. 선고 99다45413 판결**
>
> 대법원은 "이 사건 사고 지점은 내리막 구간에서 오르막 구간으로 교차되는 곳이고, 주위 300m 구간에는 집수정 및 배수시설물 각 4개소가 설치되어 있으며, 피고가 위 고속도로 상을 계속적으로 순찰하면서 사고처리 및 오물제거 작업을 수행하여 왔다고 하더라도, 이 사건 사고 지점에 빗물이 고여 발생한 고속도로의 안전상의 결함이 객관적으로 보아 시간적, 장소적으로 피고의 관리행위가 미칠 수 없었던 상황 아래 있었다는 특별한 사정이 인정되지 아니하는 한, 위와 같은 사실만으로 피고가 고속도로에 대한 사회통념상 일반적으로 요구되는 정도의 방호조치의무를 다하였다고 할 수는 없다고 할 것이다. 그럼에도 원심이 그 판시와 같은 이유만으로 피고의 고속도로의 설치 및 보존상의 하자가 이 사건 사고 발생의 원인이 되었다는 원고의 주장을 배척한 조치에는 도로의 설치, 관리의 하자에 관한 법리오해를 오해하였거나 심리미진 또는 채증법칙 위배로 사실을 오인하여 판결에 영향을 미친 위법이 있다"고 판시하였다.

책임에 관한 다양한 법적 문제

의의

교통사고 책임은 일반적으로 무과실책임에 가까운 운행자책임과 과실책임인 운전자 책임으로 분류된다. 운행자책임은 '운행'이라는 지배권과 이익을, 운전자책임은 '운전'이라는 행위를 책임의 근거로 한다. 앞에서 설명한 바와 같이, 개인용 승용차는 대체로 운행자와 운전자가 일치하나, 운수사업용 차량이나 법인차량 등 대부분의 영업용차량은 회사인 운행자와 기사인 운전자가 분리되는 경우가 발생한다[2]. 그러나 Lv3 이상 자율주행자동차의 경우 자율주행모드에서 자율주행자시스템이 운전을 담당하게 되어 개인용, 영업용을 불문하고 '운전'과 '운행'의 주체가 분리되는 현상이 발생한다. 또한 인간이 운전에 개입하지 않는 Lv4 이상의 단계에서는 '운전'과 '운행'이 완전히 분리된다. 이 경우 인공지능을 기존 제도상의 운전자로 볼 것인지, 아니면 실제 운전행위를 하지 않는 보유자인 탑승자를 운전자로 볼 것인지에 대한 논란이 제기되고 있다[3].

현재 교통사고는 원인의 90%가 운전자의 과실이나, 자율주행자동차가 본격 상용화 되면 운전자 과실의 의한 사고보다 자동차 하드웨어, 도로 환경, 통신 등이 제대로 작동하지 않는 경우에서 발생할 가능성이 높아지게 될 것이다. 일반적인 제3자이든, 자율주행자동차이든 상관없이 제3자가 손해를 입은 경우라면, 불법행위로 인한 손해배상책임의 문제가 발생하게 될 것이다(민법 제750조 참조).

제조물책임법상 구제 가능성

제조물책임법은 유체물 중심으로 책임범위를 정하고 있는데, 소프트웨어로 구성된 인공지능도 제조물책임법의 적용범위에 포함시킬 수 있는가에 대한 물음이 제기될 수 있다. 현행 제조물책임법상 제조물이라 함은 제조되거나 가공된 동산(다른 동산이나 부동산의 일부를 구성하는 경우를 포함함)을 의미한다(동법 제1조 제1호). 다만, 자율주행자동차로 인한 책임을 전부 자율주행자동차 제조자에게 전가될 수 있을지는 분명하지 않다. 제조물책임법상 구제는 다음과 같은 문제점이 발생할 수 있다[4].

자율주행시스템이나 프로그램의 제조물 인정 여부

제조물책임법 제2조 제1호에 따라 자율주행시스템이나 프로그램은 '제조물'로 볼 수 없기 때문에 제조물배상책임이 발생하지 않을 수가 있다. 자율주행을 위하여 설치 또는 장착된 동산과 자동차 그 자체의 결함으로 인한 손해에 대하여는 제조자배상책임이 발생한다. 그러나 자율주행 등의 알고리즘은 실정법상 제조물에 해당하지 않기 때문에, 피해자는 제조업자에게 책임을 물을 수 없게 된다. 이는 입법적 흠결에 해당된다고 볼 수 있다. 소프트웨어의 특성상 소프트웨어는 제조물로 보지 않는 견해가 우세한 면이 있지만, 소프트웨어 자체가 아닌 소프트웨어가 다른 물건과 결합된 경우라면 제조물책임을 인정할 수 있다는 견해도 대두되고 있기에, 소비자 보호 관점에서 이를 입법적으로 해결해야 할 것이다.

과학기술 수준으로 결함의 존재 발견할 수 없는 경우

제조물책임법 제4조 제2호에 따르면 제조업자가 해당 제조물을 공급한 당시의 과학·기술 수준으로는 결함의 존재를 발견할 수 없었다는 사실을 증명한 경우에는 손해배상책임을 면하게 된다. 자율주행을 가능하게 하는 장치나 장비 등은 빠르게 발전하고 있다. 만약 사고가 자율주행자동차와 자율주행장치가 공급할 당시에 기술적 수준으로는 최선의 것이었다거나 결함의 존재를 알 수 없었다고 증명한다면, 제조물책임배상이 인정될 여지가 없다고 하겠다.

입증책임의 어려움

입증책임의 문제에 관하여, 제조물책임법은 특별히 정한 것을 제외하고는 민법을 준용하도록 하고 있다. 따라서 제조물의 결함으로 손해를 입은 경우에 피해자는 자신의 피해가 제조물의 결함으로 인한 것임을 증명해야 한다. 그러므로 피해자가 구제를 받기 위해서는 제조물에 결함이 있다는 것과 자신의 손해가 제조물의 결함으로 인한 것임을 증명하여 손해배상을 청구하여야 한다.

설계·표시상 결함의 경우 피해자에게 합리적인 대체설계가능성, 합리적 대체표시가능성을 입증하도록 요구한다는 점에서 무과실책임이 적용되는 제조물책임에서 제조업자의 과실에 대한 입증책임을 결과적으로 피해자가 부담하게 된다는 문제점이 제기될 수 있다[5]. 대법원 판례를 통하여 피해자의 입증책임이 완화되고는 있지만 복잡한 자율주행자동차의 사고가 설계상의 결함으로 발생하였다는 점과 이러한 사고는 어떤 누군가의 과실이 없이는 통상적으로 발생하지 않는다는 점을 피해자가 증명한다는 것은 여전히 입증이 어려운 일이다. 또한 피해자가 어렵게 자율주행자동차의 결함으로 인한 손해임을 증명한 경우에도 제조업자가 제조물책임법 제4조에서 정한 면책사유 중의 하나인 공급당시의 과학·기술 수준으로는 결함의 존재를 발견할 수 없었다는 등의 개발위험의 항변을 하는 경우 피해자에 대한 구제가 지연되거나 불가능한 경우도 발생할 수 있다.

제조물책임보험을 통한 피해자 보호 가능성

보험제도

제조물책임과 별도로 인공지능의 오판이나 오작동으로 인하여 발생되는 민사적인 책임에 대해서는 '보험제도'를 통해 해결하는 방안이 모색될 수 있을 것이다. 보험제도는 동일한 위험에 처한 다수의 사람들이 우연한 사고의 발생과 그로 인한 경제적 수요에 대비하고자 하는 기능을 하게 된다[6]. 보험자는 위험단체를 구성하고 그 단체 내에서 통계적 기초와 대수의 법칙에 따라 운영을 해야 하고, 보험계약자는 보험자에 의하여 산출된 일정한 금액을 갹출하여 공동기금을 마련해야 한다. 공동기금은 특정한 사고가 발생 시 보상을 받아야 할 피보험자에게 일정한 금액을 지급하여 경제생활의 안정을 도모하는 기능을 하게 된다.

보험제도는 다음과 같은 본질적인 특징을 가지고 있다[7]. 첫째, 우연한 사고의 발생에 대한 경제적인 불안에 대비하는 기능을 한다. 둘째, 경제적인 불안을 제거·경감하기 위하여 다수의 경제주체가 공동으로 비축금을 마련해야 한다. 셋째 공동의 자금을 마련하기 위하여 대수의 법칙을 응용한 확률계산에 의하여 급부와 반대급부의 균형을 유지해야 한다.

제조물책임보험을 통한 해결 여지

제조물책임보험은 피보험자가 경영하는 사업과 관련하여 발생하는 사고로 제3자에게 배상책임을 지게 될 경우에 이를 보상하기로 하는 일종의 영업배상책임보험이다[8]. 제조물의 설계, 가공, 표시 등의 결함으로 인해 소비자나 제3자에게 인적 또는 물적 손해를 입혔을 경우에 피보험자가 부담하는 손해배상책임을 보험자가 보상해 주는 것을 목적으로 한다. 제조물책임보험의 보험자는 피보험자가 지급해야 될 배상금, 지연손해금, 소송비용 등을 피해자에게 보상하게 된다. 자율주행자동차의 핵심요소인 컴퓨터 시스템의 오·작동으로 인한 사고가 전혀 발생하지 않는다고 단정할 수는 없으나, 기본적으로 일반 자동차에서 발생하는 사고보다는 그 발생 가능성이 적게 설계될 것으로 보지만, 자율주행자동차의 운행 중 발생한 사고에 대한 책임을 어떻게 해결해야 할 것인가의 문제는 여전히 남는다[9].

보상 대상으로부터 배제

자동차보험은 자동차손해배상보장법 제5조에 따라, 자동차보유자는 자동차의 운행으로 다른 사람이 사망하거나 부상할 경우에 피해자에게 대통령령으로 정하는 금액을 지급할 책임을 지는 책임보험이나 책임공제(이하 '책임보험 등'이라 한다)에 반드시 가입하여야 한다. 자동차사고로 인하여 생명이나 신체 또는 재물에 손해를 입은 경우에 피해자 구제를 위하여 자율주행자동차의 사고에 대하여 자동차보험으로 보상하는 것이 타당하다. 그러나 제조물책임법 제2조는 제조물의 정의에 있어서 자율주행을 구동시키는 프로그램에 대하여는 그 적용이 되지 않는다. 프로그램 자체는 자율주행자동차나 장착된 장치의 역할이 아니므로 프로그램의 충돌이나 해킹 등으로 인한 자동차사고의 경우 제조물책임의 대상이 될 수 없는 것이다. 비록 시디롬이나 디스켓 등과 같은 일정한 저장매체에 저장하여 제공되는 소프트웨어는 제조물로 본다는 판례[10]가 있기는 하지만, 실정법상 자율주행시스템은 제조물로 볼 수 없기 때문에 이러한 시스템의 결함으로 인한 자동차사고 발생 시에는 제조자에게 배상책임을 물을 수 없게 된다. 따라서 제조자의 손해배상책임을 담보하는 제조물책임보험에 의한 보험금지급책임은 발생하지 않게된다. 또한 제조물책임법은 제조물의 결함으로 인한 확대손해를 배상의 대상으로 하고 있다. 제조물 자체에 대한 제조자의 배상책임을 인정하지 않고 있다.

노폴트 보험의 도입 가능성

자동차사고로 인신손해를 입은 사람에 대하여 과실여부를 불문하고 치료비와 재활비용, 치료기간 동안의 생활비를 보상하는 보험을 자동차 노폴트(no-fault) 보험이라고 한다. 자율주행자동차가 도입되면 노폴트 보험의 도입 가능성이 보다 더 높아질 수 있다. 자율주행자동차는 운전자나 승객의 운전조작 없이 자동차 스스로 목적지까지 운행할 수 있는 자동차이다. 이러한 자율주행자동차는 완전한 자율주행이 가능한 상태에서 이동의 편의성과 운행의 안전성을 보장할 수 있게 된다. 그러나 자율주행을 가능하게 하는 각종의 장치와 복잡한 알고리즘은 통신장애나 해킹, 기술의 한계로 인한 결함 및 각종 고장으로 인하여 사고발생을 제로 수준으로 유지할 것이라고 확신할 수는 없다. 자동차보험자는 운전자의 과실이 없는 자율주행 중 사고에 해당하는 것이므로, 자신들은 책임이 없음을 주장할 수 있을 것이다.

피해자는 제조물책임보험 등을 통하여 보상을 받아야 하지만 입증의 어려움이나 제조물책임보험자의 면책주장 등으로 피해자에 대한 신속한 구제와 적절한 보상이 이루어지지 않을 개연성이 있다. 과학기술의 발달로 등장한 이동의 편의성과 안전성은 자율주행자동차의 보유자와 상대차량 운전자 및 탑승자, 보행자가 모두 함께 누려야 한다는 관점에 따르면 전통적인 과실 책임의 법리에 따라서는 피해구제에 미흡하다는 결과가 초래될 수 있다. 그러므로 자동차 노폴트보험의 필요성이 제기되는 것이다[11]. 모든 자동차사고의 피해자들은 자신의 과실과 관계없이 보험보상을 받고 그 대신 과실책임제도하에서 인정되는 소송권에 대한 제한을 수용하도록 하는 보험제도

인 자동차 노폴트 보험의 도입 필요성이 있는 것이다[12]. 동 제도의 장점으로는 첫째 교통사고 피해자에 대한 충분한 보상을 들 수 있다. 둘째, 조속한 보상의 확보이다. 셋째, 교통사고로 인한 소송비용의 절감을 들 수 있다[13].

새로운 보험 상품 개발 필요성

노폴트 보험 외에 자율주행자동차보험이라는 새로운 보험 상품을 개발하는 방안을 모색해 볼 수 있다. 자율주행자동차에 탑재되는 많은 고가의 제조물에 하자가 있고 이로 인해 제조물 자체에 손해가 발생한 경우에는 제조물책임보험자는 보험금지급 책임을 면하게 하는 결과를 초래할 개연성이 존재한다. 여기서 자율주행자동차 관련 특별한 보험 상품의 제공 필요성이 제기될 수 있다. 자율주행자동차의 사고라고 하면, 소프트웨어의 결함과 망가진 데이터부터, 고르지 못한 위성 범위와 방화벽의 결함을 포함하는 개념이며, 우리가 보유하게 될 자율주행자동차는 우리가 운전 중에 마주할 이러한 최신식의 위험들에 대응할 수 있는 자동차보험의 개발을 필요로 한다고 할 것이다.

영국의 경우 최초로 자율주행자동차 전용의 자동차보험을 출시하였다. 아드리안 플럭스는 자율주행자동차보험을 제공하는 영국의 첫 번째 보험중개사로서 그 어떤 자율주행자동차에도 보험을 제공할 수 있다고 한다. 아드리안 플럭스의 자율주행자동차 보험은 소프트웨어 또는 하드웨어의 결함, 심지어 제3자에 의한 해킹으로 인한 손해까지 최신식 자동차의 수요를 충족시키기 위한 모든 보상을 제공할 수 있는 것으로 규정하고 있다. 아드리안 플럭스의 자율주행자동차보험은 일반 자동차보험에서 제공하는 것과 동일한 위험을 담보하는 동시에 자율주행자동차의 특성에 따른 담보를 제공하고 있으며, 자율주행자동차 보험약관은 다양한 손실에 대한 보상을 규정하고 있다.

소결

　도로교통법의 개정으로 자율주행자동차의 임시운행이 허용되었다[14]. 그러나 자율주행자동차의 상용화에 있어 가장 논란이 되고 있는 부분은 교통사고와 관련된 민·형사상 책임문제와 보험법적인 부분이다. 자율주행자동차의 임시운행이 허용되면서 일반도로에서 자율주행자동차가 운행되기 시작하였다, 그러나 사고발생 시 이에 대한 처리가 법적으로 규정되지는 않은 상태이다. 현재, 돌발 상황에서 운전자에게 제어권이 이전된 Level 3 자율주행기술이 개발중에 있다. 그렇다면 사고 시 운전자가 책임을 부담하는 현행법의 체계 속에서 사고의 책임문제를 다루어야 할 필요성이 있다. 다만, Level 4에 해당하는 완전자율주행 모드에 진입한 상태에서 사고가 발생하게 되면 운전조작에 아무런 개입을 하지 않게 된다. 운전조작에 개입을 하지 않은 운전자에게 책임을 부담시키는 것은 무리가 있다.

　자율주행자동차의 임시운행 허가 시 사고발생에 대비하여 "자동차손해배상보장법"은 이에 대한 보험 가입을 의무화 하여 만일의 사고를 대비하고 있다. 임시운행 첫 허가를 받은 현대자동차 제네시스 차량의 경우 대인은 무한, 대물은 1억 원 한도의 보험에 가입한 바 있다. 그러나 이는 자율주행자동차를 위한 별도의 보험 상품이 아니고, 단지 차량을 테스트하는 연구원을 지정해 기존 상품에 가입한 것이라고 한다. 현재, 국토교통부는 자율주행자동차 사고를 우선적으로 자동차 보험으로 처리하고 특별히 차량결함이 밝혀지면 제작사가 구상하는 보험 상품의 마련의 필요성이 있음을 인지하고 있다[15]. 이하에서는 주요국의 자율주행자동차에 대한 정책과 입법동향을 알아보도록 한다[16].

미국

정책 동향

2017년 11월말 현재 연방 정부 차원에서 자율주행자동차 관련 입법이 이루어진 바는 없지만, 두 개의 정책 지침을 통하여 연방 정부의 자율주행자동차에 대한 정책방향을 파악할 수 있다. 연방 정부는 2016년 9월 "연방 자율주행자동차 정책: 도로 교통안전의 새로운 혁신의 가속화(이하 '연방 정책'이라 한다)"에서 다양한 항목의 성능지침을 제시하여, 향후 자율주행자동차와 관련된 입법 방향과 정책의 가이드라인을 제시하였다.

2017년 9월 연방 정부는 "자율주행시스템: 안전을 위한 비전 2.0"이라는 새로운 지침을 제시하였는데, 동 지침은 2016년 연방 정책에서 제시된 성능지침의 개정판 성격을 가지며, 이는 "자율적 가이드라인과 자율주행에 대한 주정부 단위 법령의 개정 범위와 내용을 제안하는 주정부에 제공하는 기술적 지원"으로 구성되었다[17]. 한편, 미국은 자율주행자동차라는 혁신적 수단을 이용하여 궁극적으로 '자동화된 미래의 새로운 교통체계'라는 새로운 미래를 준비하고 있는데, 교통부 내에 '자동화된 교통에 대한 자문위원회'를 설립하여 미래 교통체계에 대한 새로운 청사진을 모색하고 있다.

입법 동향

연방 정부는 하원에서 2017년 9월 6일 자율주행 관련 법률안 "안전한 삶을 보장하는 미래의 구현과 자동차 혁신 연구 법률안"을 만장일치로 통과시켰다. 이는 아직 법률로서 효력을 발생하고 있지는 않지만, 동 법률안은 미국의 자율주행자동차 관련 입법 방향과 쟁점을 보여 주는 점에서 의미가 있다고 할 것이다. 동 법률안은 다음과 같은 다양한 내용을 담고 있다.

첫째, 동 법률안 공포·시행 후 24개월 내에 교통부 장관은 자율주행자동차 개발에 참여하는 각 주체들이 어떻게 안전성을 확보할지를 규정하는 '안전성 평가 인증'을 제출하게 하는 최종 규정을 마련해야 한다. 이 최종 규정에는 ① 인증을 제출해야 하는 주체들의 요건, ② 차량의 안전 및 성능을 유지하고 비상시 안전장치의 작동을 입증할 시험 결과와 데이터 등에 대한 명확한 설명 자료, ③ 이러한 인증이 개정되거나 다시 제출되어야 하는 경우 등에 대한 규정이 포함되어야 한다.

둘째, 자율주행자동차나 자율주행 기능이 있는 차량의 제조사는 '제조사가 사이버 공격이나 미확인 사이버 침입, 허위 정보, 악의적인 차량 통제 명령을 인지하고 대응할 수 있는 대책', '사이버 안보를 책임질 수 있는 제조사 내 담당자의 지정', '자율주행 시스템으로의 접근 제한 절차' 등의 사항이 포함된 사이버 보안 계획을 마련하지 않으면 차량의 미국 내 판매나 수입이 금지될 수 있다.

셋째, 교통부장관은 자율주행차량의 개발과 현장 시험운행을 장려하기 위해 자율주행차량 업체에 연방 자동차안전기준의 적용을 면제할 수 있다. 해당 업체는 첫 12개월 동안 25,000대 이하, 두 번째 12개월 간 50,000대 이하, 세 번째 및 네 번째 12개월 간은 각각 100,000대 이하의 자율주행차량을 제조할 수 있다.

넷째, 자율주행자동차 설계나 제조·성능 기준 등은 연방에서 마련하되, 주정부는 등록·허가·면허·보험·안전검사 등의 제도를 마련·시행하도록 하여 연방 정부와 주정부의 업무 분장에 관한 사항을 두고 있다.

미국은 주정부에 따라 교통정책이 달라질 수 있는바, 자율주행자동차 운행에 적극적인 캘리포니아의 경우 자율주행자동차의 일반도로 시행주행에 관한 사항이나 여러 안전규정을 제시하고 있다. 캘리포니아는 2013년 1월 "California Vehicle Code" Div. 16.6, § 38750의 개정을 통해 일부 내용을 마련하였고, 이에 대한 세부 기준은 2014년 9월 주정부 행정명령에서 규정하고 있다. 주요 내용은 다음과 같다.

캘리포니아주의 자율주행자동차 운행지침

첫째, 자율주행자동차라 함은 통합된 자율주행 기술이 설치된 차량을 의미하고, 자율주행기술이란 사람의 능동적이고 물리적인 조종이나 모니터링 없이 차량을 운행할 수 있는 기술을 의미한다[18].

둘째, 시험운행 중 사고가 발생하는 경우 피해 보상을 위한 보험 등 재정보증을 강제하고 있다. 이러한 제도는 캘리포니아뿐만 아니라 네바다, 플로리다 주에도 마찬가지로 존재한다. 자율주행자동차 제조사는 5백만 달러(약 60억 원)의 보험에 가입해야 하고, 인명피해나 대물피해를 보상하기 위한 금융상의 책임을 담보하기 위하여 5백만 달러의 채권을 매입하거나 자동차관리청에 보증금을 맡겨야 한다.

셋째, 자율주행자동차에 자율주행의 오류나 실패 혹은 긴급 상황이 발생할 경우를 대비하여 시험 차량 운전자의 의무와 책임에 대하여 규정하도록 한다. 캘리포니아 주 정부는 여기에 보다 더 구체적으로 '자율주행자동차라 하더라도 운전석과 운전대, 페달 등의 운전 장치가 설치되어 있어야 하고, 자율주행 시험차량의 운전자는 시험운준 중 항상 운전석에 위치하여 차량의 안전한 주행을 관찰하도록 하고 있으며, 시험차량 운전자는 자율주행 기술의 한계를 잘 인지하고 있으며, 시험운행 중 어떠한 상태에서 안전하게 운행할 수 있는 능력을 갖추어야 함'을 담고 있다.

넷째, 시험주행 중에는 자율주행 기능의 해제, 교통사고, 시스템 오류 등 다양한 비상상황이 발생할 수 있으므로 차량 작동 상태, 운전자의 조치, 주변 교통상황 등 다양한 정보를 확보하여 분석할 필요가 있다.

다섯째, 자율주행 기술에 사용되는 다양한 센서의 정보를 적어도 사고 전 30초부터 저장하여 사후에 확인할 수 있도록 강제하는 규정을 마련해 두고 있다. 만약 자율주행자동차 사고가 발생할 시에는 10일 내 별도의 양식에 따라 자동차관리청에 보고해야 한다.

독일

정책 방향

2015년 9월 독일 "교통·디지털 인프라 스트럭처부Ministry of Transport and Digital Infrastructure"는 자율주행 시대의 정책 방향을 제시하는 '자동 및 연결 운행을 위한 전략'이라는 이름으로 자율주행 정책 방향과 입법 체계를 제시하였다. 유럽 국가 간 교통체계 관련 내용을 다루고 있는 "도로교통에 관한 비엔나 협약" 제1조상의 운전자 개념과 제8조 내용 등은 지속적으로 발전해 가고 있는 자율주행자동차의 기술을 반영하고 있지 못하고 있는 실정이었다. 이에 비엔나 협약 제49조(조약의 개정절차)상의개정 작업을 담당했던 국제연합 유럽경제이사회의 도로교통 안전실무그룹은 2014년 3월에 개최된 회의에서 자동차의 자율주행을 허용하는 내용의 비엔나협약 수정안에 합의하였고, 이 수정안 2014년 3월 26일에 채택되었다. 2014년 9월 23일에 비엔나 협약 개정안이 국제연합에 제출되어 2016년 3월 23일부터 그 효력을 발하게 되었다.

자율주행자동차가 실제 도로를 주행하기 위해서는 도로교통법의 개정 필요성이 제기되었고, 자율주행자동차를 운행하는 운전자에 대한 교육 제도도 신설되어야 할 필요성이 있었다. 또한 자율주행자동차에 대한 형식 승인과 자동차 검사 등에 대한 규정이 필요하였고, 세계 자동차 시장의 선도를 위해 자동차의 국제 표준으로 이러한 기준을 만드는 방안도 고려되었다.

윤리 지침

입법적인 해결 이전에 사회적 합의를 위한 논의 과정을 거쳐 2017년 6월 몇 가지 윤리적 원칙이 제시되었다[9]. 독일 정부의 가이드라인은 기술은 개인의 자율성을 보장하며, 어떠한 개인도 다른 사람보다 더 중요하거나 가치 있지 않다는 점과 자율주행자동차는 근본적으로 도로의 모든 사람이 안전함을 보장받게 만들어져야 함을 강조했다.

제1항에서는, 자율주행자동차는 모든 도로 사용자의 안전을 최우선으로 해야 한다고 선언한다. 기술발전은 인간이 스스로 책임질 수 있는 행동에 대한 자유를 즐길 수 있어야 한다는 인간 자율의 원칙을 준수해야 한다는 의미이다.

제2항에서는, 모든 개인에 대한 보호는 어떤 공리주의적 고려 대상이 될 수 없음을 명시하고 있다. 또 해로움이나 위험의 수준을 완전히 방지할 수 있을 때까지 줄여나가는 것이 목적이며, 인간이 차를 운전하는 것보다 명확히 위험이 줄어들어야 자유주행자동차에 대한 라이선스가 부여될 수 있음을 선언한다. 즉, 자율주행자동차가 단지 편리함이나 기술적 호기심으로 이루어질 수 없음과 어떤 공리주의적 판단을 통해 사람의 목숨이나 상해가 선택적 결정의 대상이 되어서는 안 된다는 점을 명확히 하고 있다.

제3항에서는, 도로나 교통의 공공성을 상기하면서 모든 자율주행자동차나 커넥티드 카가 안전하게 운행되는 것을 공공 섹터가 책임져야 하며, 그런 측면에서 라이선싱과 모니터링이 이루어져야 한다는 것을 밝히고 있다. 가이드 원칙은 사고 방지지만, 기술적으로 피할 수 없는 위험이 존재한다면 위험의 균형은 근본적으로 안전성에 더 확신이 있을 때에 비로소 자율주행자동차가 운행될 수 있음을 강조하고 있다.

제4항에서는, 우리 사회가 개인의 자유로운 선택과 책임, 보호에 대해 갖고 있는 원칙을 언급하면서 기술이 법에 명시되어 구현될 때는 개인 선택의 자유와 타인의 자유와 안전이 균형을 이루어야 함을 언급한다.

제5항에서는, 자율주행이 실제적으로 사고를 예방해야 하며 처음부터 위중한 상황이 발생하지 않도록 디자인되어야 함을 강조하지만, 어떤 딜레마적인 상황이 발생할

수 있음을 인정한다. 그러나 이런 딜레마 상황에서는 모든 기술 옵션을 동원해야 하며, 단지 차량뿐만 아니라 도로 전체 시스템의 기술이 지속적으로 발전해서 이런 위험을 최소화 할 수 있는 노력이 필요하다는 것을 지적한다.

제6항에서는, 기술이 활용되기 위해서는 가능한 피해 최소화 기술이 모두 적용될 수 있을 때 사회적으로나 윤리적으로 권한 위임이 이루어질 수 있을 것이며, 피할 수 없는 사고가 단지 기술 명령어 때문에 비롯된 경우에는 윤리적으로 문제가 제기될 수 있음을 말한다. 즉, 어떤 특정한 기술적 오류나 제약에 의해 피할 수 없는 사고라고 말하는 것은 문제가 될 수 있음을 명시하고 있다.

제7항에서는, 어떤 상황에서도 인간의 목숨이 최상위에 놓여야 하며, 이는 동물이나 재산 피해가 발생하는 경우에도 개인의 부상을 피하도록 프로그램되어야 한다는 것을 제시하면서 인간의 안전과 목숨이 그 어떤 것보다 상위의 가치를 갖고 있음을 선언한다.

제8항에서는, 우리가 그동안 논의해 왔던 사회윤리 딜레마의 경우를 언급하는데, 실제 상황에서나 예견할 수 없는 행위를 통해 사람의 생명이 선택될 수 없음을 명시한다. 다시 말해 이런 판단을 표준화하거나 프로그램화 할 수 없다는 것을 명시하며, 기술 시스템이 사고에 대해 복잡하거나 본능적인 평가를 내려 인간 운전자의 도덕적 판단을 대체하게 해서는 안 된다고 선언한다.

제9항에서는, 다시 피할 수 없는 사고에서 개인의 특성(나이, 성별, 물리적, 정신적 차이)을 기반으로 어떤 차별적 판단과 다른 사람의 희생을 제안해서는 절대로 안 된다는 금지사항을 언급한다.

제10항에서는, 사고의 책무는 운전자에서 생산자, 기술시스템 운영자, 인프라와 정책, 법률 결정을 위한 기관으로 이동하는 것이기 때문에 앞으로 법원이 이런 변화를 충분히 반영해야 함을 지적한다.

제11항에서는, 자율주행에 따른 손실의 책임은 다른 제조물 책임과 같이 원리로 이루어져야 한다고 제시한다.

제12항에서는, 새로운 기술과 그 채택은 공개적으로 투명하게 이루어져야 하고, 독립적인 전문가 그룹에 의해 리뷰 받고 공개적으로 소통되어야 함을 선언한다.

제13항에서는, 철도나 비행기와는 다르게 도로의 모든 차량을 연결하거나 중앙 통제 아래 두는 것은 현재 가능하지 않으며, 이런 것이 현존하는 디지털 인프라 안에서 차량에 대한 감시나 조작이 안전하게 이루어질 수 있는가에 대해 윤리적 문제가 있음을 지적한다.

제14항에서는, 차량에 대한 공격, IT 시스템에 대한 조작이나 내부적 약점에 대한 해킹 같은 것에 도로 교통이 피해를 받지 않아야 자율주행이 정당화 될 것이고, 이러한 전제 아래서 시민의 확신이 이루어질 수 있음을 지적한다.

제15항에서는, 자율주행차를 통해 생성되는 데이터의 중요성을 언급하는데, 이 같은 데이터는 중요하거나 중요하지 않거나를 불문하고 데이터가 만들어지고 이를 사용하는 권리는 자동차 소유자나 이용자에게 전적으로 선택권이 부여되어 있으며 이를 초기부터 명확히 해야 함을 제시한다.

앞에서 언급한 윤리적 지침은 법적 강제성을 동반하는 것은 아니다. 그러나 자율주행자동차가 발전하면서 발생할 수 있는 다양한 방향의 입법·정책적 가이드라인 역할을 하고 있다는 점에서, 그 의미를 찾을 수 있다.

입법 동향

자율주행자동차 관련 법령을 마련하기 위해 비엔나 협약의 개정을 주도한 것은 독일이었다. 개정 전 비엔나 협약 제8조 제5항에서는 모든 운전자는 항상 자신의 차량의 운전을 할 수 있어야 한다고 명시하고 있었다. 이는 자동차 자체의 자율주행을 사실상 금지하고 있는 것이나 다름없었다. 그러나 유엔 유럽경제이사회의 비엔나 협약 개정을 통하여 2016년 3월부터 인간이 운전을 하지 않아도 되는 자율주행이 허용되었다.

국제협약 개정 후 자율주행자동차 산업의 선도적인 역할을 하기 위하여 독일은 도로교통법을 개정하였다. 2017년 6월 21일 연방 도로교통법StVG에 서 자율주행자동차와 관련된 사항을 개정하였다. 독일의 도로교통법StVG은 우리나라의 도로교통법에서 규정하고 있는 운전자나 보행자의 면허와 의무 등을 규정하고 있을 뿐만 아니라 자동차관리법, 자동차손해배상보장법에서 다루는 자동차의 등록이나 운행 허가, 사고 시 손해배상을 명시하는 등 자동차 교통 전반에 대한 규정을 담고 있다.

개정된 도로교통법StVG에서 자율주행자동차는 레벨 3~4의 자율주행에 해당하는 고도자율주행자동차와 완전자율주행자동차를 대상으로 하고 있다. 도로교통법 제1a조 제1항은 자율주행자동차가 '사전에 의도된 기능'에 따라 작동하는 경우에만 운행이 허용됨을 규정하고 있다. 이 '사전에 의도된 기능'의 세부 내용으로는 자동차 제조사의 책임 부담 여부와 의무사항, 또는 운전자의 역할 등의 좌우 여부 등에 규정하고 있으나, 이에 대한 구체적인 내용은 제시하지 않고 있다.

제1a조 제2항은 자율주행자동차 운행 시 도로교통 법령의 준수나 비상 시 운전자에게 운전권한을 넘길 충분한 시간이 확보되어야 하고, 언제든 운전자가 자율주행 기능 중단을 포함한 자동차를 제어할 수 있는 권리 확보가 가능해야 한다는 등의 기술요건을 규정하고 있다.

제1b조 제2항은 운전자의 의무를 규정하고 있는데, 자율주행자동차가 사람의 운전을 요청하는 경우나 자율주행자동차 운행이 정상적으로 수행되지 않을 경우, 운전자가 차량의 통제에 대한 책임을 부담해야 함을 규정하고 있다.

제12조는 개정을 통해 자율주행자동차 운행 중 사상자 발생 시 피해 보상 한도를 기존 5백만 유로에서 1천만 유로로 증액하였다. 차량 파손의 경우에도 기존 1백만 유로에서 2백만 유로로 피해보상 한도를 확대하였다.

제63a조에서는 고도로 완전하게 자율주행 차량 사고 시 원인과 책임 근거를 제시할 저장장치(이른바 '블랙박스') 설치와 정보 공유에 대해 규정하고 있다. 이 외에도 독일에서는 '자율주행 관련 정보의 접근이나 보호의 요건 규정', '사이버 보안에 대한 대책', 및 '자율주행자동차 교통사고의 피해보상 한도를 추가 상향하는 방안' 등이 논의되고 있다[20].

영국

정책 동향

영국의 자율주행자동차 정책 기본 방향은 2015년 영국 교통부가 발간한 "무인자동차를 위한 길" 시리즈를 통하여 자율주행자동차 관련 기술 및 법·제도 개선과제를 정리한 "The Pathway to Driverless Cars: A detailed review of regulations for automated vehicle technology(이하 '자율주행 통로')"라는 보고서의 제출을 통해 윤곽을 드러냈다. 같은 해 6월 자율주행자동차 시험운행의 세부 규정을 제시하는 "The Pathway to Driverless Cars: A Code of Practice for Testing"이라는 보고서가 공개되면서 영국 정부의 정책 방향을 알 수 있게 되었다. 여기서 언급된 정책과제는 ① 자율주행자동차 운전자에 대한 평가 및 면허, ② 자율주행자동차 운전자 및 비자율주행자동차 운전자의 행동요령, ③ 제조물 책임, ④ 도로 성능 및 관리, ⑤ 자동차 안전 운행 요령, ⑥ 자동차 등록·면허, ⑦ 도로 시설물 표준, ⑧ 보험, ⑨ 데이터 보호 및 사생활, ⑩ 사이버 보안 등으로 구성되어 있다. 이러한 과제들 면면히 살펴보면 자율주행자동차가 실제로 도입하는 경우에 필요한 정책 과제들이 제시되어 있다.

2017년 8월 영국은 자율주행자동차의 사이버 보안을 위해 관련 주체들이 준수해야 할 원칙들을 제시하였다. 여기에서는 자율주행자동차에 대한 3가지 사이버 보안 원칙과 5가지 시스템 설계 원칙이 제시되어 있다[21]. 첫째, 보안책임 주체에 관한 사항이다. 물리·인사·사이버 보안 제품 및 시스템에 대한 최종적인 관리 책임은 경영진이 지고, 조직 전반에 걸쳐 적절하고 명확한 방식으로 보안 책임을 위임할 수 있어야 한다. 둘째, 보안 위기관리가 필요한 범위에 관한 사항이다. 공급망, 하청 업체 및 서비스 제공사 등 관련 기업 전반에 걸쳐 발생될 수 있는 보안 리스크가 설계, 기술 명세 및 조달의 전 과정에서 확인 관리되어야 한다. 셋째, 제품 사후관리 및 사고 대응에 관한 사항이다. 차량 제작회사는 사후 지원 서비스를 포함한 차량의 생애주기 전반에 걸친 보안 유지 계획과 조직 내부 자산에 대한 해킹이나 시스템 오작동에 대비한 복구 계획을 마련해야 한다. 그 외에도 차량 제조사 간 보안 강화를 위한 협업, 심층방어 기반 시스템 설계, 생애 주기 전반에 걸친 소프트웨어 보안 관리, 데이터 저장 및 전송 시 보안 강화 및 시스템 방어 체계와 센서 동작 오류 시 대응력과 복원력 확보 등을 마련하여야 한다.

입법 동향

비엔나 협약에 가입은 하였지만 비준을 하지 않은 영국은 국제협약으로부터 비교적 자유로운 방향으로 자율주행자동차 관련 법령을 정비하고 있다. '자율주행 통로'를 통하여 영국은 관련 입법을 추진하고 자율주행자동차에 대한 시험운행에 대한 지침을 마련하였다. 이러한 지침은 법적 강제성을 부여하는 것은 아니지만, 제조사가 정부 지원을 받거나 시장의 신뢰를 얻기 위해서 준수해야 한다는 점에서 현실적인 구속력을 인정할 수 있다.

이 지침은 일반적 요건, 시험 운전자·운영자·보조자 요건 및 차량 요건 등이 있다. 모든 시험주행 자율주행차량은 도로교통법 등 관련 법령을 준수해야 하고, 적절한 보험에 가입해야 하며, 교통신호와 같은 도로운영 관련 지원을 위해 도로관리청과 협의를 해야 하는 것은 일반적인 요건에 해당된다. 운전자나 운영자는 운전면허가 있어야 하며, 자율주행이든 수동운전 상태이든 안전운행에 책임을 가져야 하는 것이 두 번째 요건으로 볼 수 있다. 특히, 운영자는 공공도로 이외의 장소로 최고속도가 15mph로 제한되어 있는 곳에서는 시험운행 시 비상제동장치를 작동할 수 있도록 해야 한다. 시험운행 차량은 도로교통법을 준수하여 운행되어야 하고, 3년 이상 지난 노후 차량은 차량검사증을 보유해야 한다.

자율주행자동차 운행과 관련하여 유의해야 할 사항은 또 있다. 첫째, 공공도로 혹은 공공공간에서 시험운행하기 위해서는 사전에 통제된 도로나 시험트랙 등에서 실내 시험운행을 거쳐야 한다. 둘째, 차량의 움직임에 대한 정보 뿐 아니라 자율주행 특성과 관련하여 검사한 기록 및 통제정보를 기록할 수 있는 기록장치가 장착되어야 한다. 셋째, 차량이 운전자나 운영자 개인의 이동정보를 수집하게 되는데, 이 정보를 처리함에 있어 데이터보호법을 준수해야 하고, 사이버 보안 대책이 마련되어 있어야 한다. 넷째, 자율주행과 수동주행 전환에 대해 운전자는 명확하게 숙지하고 있어야 하고, 전환이 필요한 경우 운전자에게 충분하고 명확한 경보와 정보가 제공되어야 한다.

2017년 2월 발의된 "차량기술과 항공 법안"은 사고 시 책임 및 보험에 관한 내용을 담고 있다. 동 법률안은 "자율주행자동차가 자율주행 모드로 운행 중 사고가 발생하고, 사고 차량이 사고 당시 보험에 가입한 상태이며, 사고로 사람이 피해를 입은 경우, 사고 피해의 보상 책임은 보험회사에 있음"을 제2조 제1항에서 규정하고 있다. 반면, 동일한 상황이지만 보험 미가입상태이고 도로교통법의 특정 조항의 적용이 어려운 경우에는 차량 소유자가 사고 책임을 부담해야 한다고 규정한다(제2조 제2항). 다만, 자율주행이 적절치 않은 상황에서 운전자가 운전 책임을 태만히 한 경우에 발생한 사고에 대하여는 보험회사나 차량 소유자의 책임은 경감될 수 있고(제3조), 자동차 소유자가 불법적인 자율주행 소프트웨어를 설치하거나 업데이트를 태만히 하여 발생한 사고에 대해서는 보험회사의 책임이 경감될 수 있음을 규정한다(제4조).

일 본

정책 동향

국토교통성은 자율주행자동차 운전이 가시화됨에 따라 자동차손해배상보장법상 손해배상책임과 관련된 문제와 이에 따른 개선안을 마련하기 위하여 2016년 11월부터 "자동운전에 있어서 손해배상책임에 관한 연구회"를 구성하여 운영하고 있다. 연구회는 2017년 10월 현재까지 네 차례의 검토회의를 개최하였으며, 현재는 자배법상 자율주행자동차 사고의 손해배상책임 부담의 주요한 쟁점 사항을 검토하고 있다[22]. 2016년 11월 2일 제1차 회의에서는 자율주행자동차와 관련한 일본 및 국제동향을 검토하고 자배법상의 검토사항을 논의하였다. 2017년 2월 28일 제2차 회의에서는 주요국의 자율주행자동차 사고에 대한 책임 부담 방안에 관한 논의사항이 있었고, 2017년 4월 26일 제3차 회의에서는 자배법상의 쟁점 사항별로 논의의 쟁점을 정리하였으며, 2017년 9월 27일 제4차 회의에서는 제3차에서 논의한 쟁점사항들을 토대로 하여 손해배상책임 부담의 방향을 도출하였다.

현 자동차손해배상보장법(이하 '자배법'이라 칭함) 손해배상책임

자동차 손해배상과 관련하여 일본 자배법은 "자기를 위하여 자동차를 운행용으로 제공하는 자(운행공용자)는 그 운행에 의하여 타인을 사망시키거나 신체를 다치게 한 경우에 발생하는 손해에 대해 배상책임을 부담해야 한다"는 사항을 규정하고 있다 (동법 제3조). 다만, 운전자에 대한 면책을 규정한 부분도 있다. 즉, ① 자기 또는 운전자가 자동차 운행에 관한 주의를 해태하지 않았고, ② 피해자 또는 운전자 이외의 제3

자에게 고의 또는 과실이 있으며, ③ 자동차의 구조상 결함 또는 기능 장해가 없다는 것을 모두 증명한 경우에만 손해배상책임으로부터 벗어날 수 있다. 한편, 운행공용자는 차종별 검사기간에 맞추어 책임보험을 가입하여야 한다. 그러므로 승용차의 경우에는 2년, 화물차의 경우에는 5년의 장기 보험계약을 체결해야 한다. 이처럼 일본 자배법은 교통사고의 대부분이 운전자에 의하여 발생하고 있는 점을 고려하여 피해자를 신속하게 보호하기 위하여 운행공용자에게 손해배상책임을 부담시키고 있다.

검토 사항

일본 연구회는 SAE L3 이하의 사고에 대해서는 운행자 책임으로 보고 있다. 그러나 SAE L4의 경우에는 현행 자배법이 적용되지 않을 것으로 보고 있다. SAE^{Society of Automative Engineering}은 미국에서 자동차나 항공기 등 운송 관련 기술자들의 모임으로 자율주행에 대한 다음과 같은 여섯 단계의 형태로 구분하고 있다[23].

〈표 2-3〉 SAE의 AV 분류 기준

자율주행 수준	명칭	운전자와 시스템의 개입 정도			시스템 운행모드	자율주행 적용 장치
		운전대, 가감속 작동	운전환경 주시	배상상황 시 개입		
L0	완전수동	운전자	운전자	운전자	없음	LDW FCW
L1	운전자 보조	운전자/시스템	운전자	운전자	일부 모드	LDW, LKA, ACC
L2	부분 자동운전	시스템	운전자	운전자	일부 모드	ACC, TJA, PA
L3	조건부 자동운전	시스템	시스템	운전자	일부 모드	교통정체 반영운전
L4	높은 수준의 자동운전	시스템	시스템	시스템	일부 모드	주차장 자동주차
L5	완전 자동운전	시스템	시스템	시스템	모든 주행모드	로봇택시

연구회는 SAE L4 이상의 자율주행자동차 사고에 대하여 자배법 제3조가 적용될 경우와 관련하여 다음과 같은 사항이 검토되어야 할 것으로 보고 있다[24].

첫째, 피해자 구제 관점에서 자배법이 책임주체로서 운용공용자 개념을 도입하여 증명책임 전환 근거를 마련하고 있으나 자율주행자동차 사고 시 운전에 관여하지 않은 운행자가 사고책임의 주체가 될 수 있는지 여부에 대한 검토사항이다. 이에 대하여는 세 가지 방안이 모색되고 있다. 제1안으로는, 자율주행자동차 사고일지라도 현재와 같이 운행공용자를 책임주체로 하면서 보험회사가 자동차 제조사 등에게 구상권을 행사할 수 있는 대책을 확보하는 방안이다. 제2안으로는, 현재와 같이 운행공용자 책임을 유지하면서 자동차 제조사 등을 책임부담자로 규정하고 자동차손해배상책임 보험료를 사전에 일정액 부담시키는 방안이다. 제3방안으로는, 제2안과 같이 공용자 책임을 유지하고 자율주행자동차의 자율주행시스템에 의한 사고에 대하여 새로운 공용자책임으로서 제조사에게 무과실책임을 부과하는 방안을 들 수 있다.

둘째, L4 이상 자율주행자동차는 소유자 등이 운행을 하지 않게 되는데, 이 경우 자율주행을 자배법상 운행으로 보아야 하는지 여부이다. 해킹사고를 들 수 있는데, 피보험자인 보유자에게 운행공용자책임이 발생하지 않는다는 점에서 정부보장사업의 대상으로 검토되고 있고, 도난차량 사고와 유사한 개념으로 볼 수 있는지 검토되고 있다고 한다.

셋째, 자배법의 보호대상이 되는 타인의 개념에 운전하지 않고 탑승하고 있는 소유자도 포함되는지 여부이다. 자율주행시스템의 결함으로 운행공용자의 신체사고가 발생한 경우 타인이 보호대상이 될 수 있는가에 대한 물음이다. 두 가지가 검토되고 있다. 제1안으로는, 자율주행자동차 시스템의 결함에 의한 자손사고를 현재와 동일하게 제조물책임법에 의한 자동차 제조사 등의 제조물책임과 민법에 기초한 판매자의 하자담보책임의 추급과 더불어 임의보험으로 대응하여 신체상해보험으로 다루는 방안과, 자율주행자동차 시스템 결함에 의한 자손사고를 현재 자동차손해배상책임보험에서 담보하는 방안이 검토되고 있다. 또한 영리사업에 해당하는 자손사고담보의 임의보험을 no loss-no profit 원칙(자배법 제25조)이 적용되는 자배법에 적용하는 경우 법률적인 문제가 발생하지 않는가에 대한 검토가 이루어지고 있다.

넷째, 자율주행자동차 사용자의 이해 및 사회적 수용성 관점에서 자율주행자동차 보유자의 관리의무 및 주의태만 의무의 내용에 관한 사항이다. 여기서는 특히, 자율주행자동차에 대한 소프트웨어나 정보의 업데이트에 대한 운행공용자의 의무가 문제될 수 있고, 자동차 기술이 발전함에 따라 향후 도로교통법 등의 개정 논의에 따라 구체적인 검토가 요구된다.

소 결

　자율주행자동차의 법적인 문제는 일반 자동차의 문제와는 일정부분 다른 양상을 보여 주고 있다. 무엇보다도 중요한 사항은 일정한 단계에서 자율주행자동차의 경우 운전자가 운전을 하지 않게 된다는 점이다. 이 경우 발생할 수 있는 사고에 대한 책임 문제가 가장 핵심이 될 것이다. 운전을 하지 않았기 때문에 운전자에게 책임을 묻는 것은 타당성이 떨어진다. 책임을 묻는 합당한 방안이 모색되어야 할 것이다. 자동차 하드웨어와 알고리즘을 동시에 제조하는 제조사에게 사고에 대한 책임을 묻는 것은 문제가 없다. 그러나 이 양자가 서로 다른 제조사라고 한다면, 하드웨어를 제공한 제조사의 책임은 배제되는 것으로 보아야 할 것이다. 알고리즘의 문제에 의하여 발생한 사고라면, 이 알고리즘을 제공한 회사가 책임을 부담해야 할 것이다.

　고의 또는 과실로 인한 위법행위로 타인에게 손해를 가한 자는 그 손해를 배상할 책임을 부담하게 된다(민법 제750조). 가해자는 일반 불법행위로 인한 손해를 피해자에게 배상해야 한다. 그러나 제조물을 제공하여 제3자에게 피해를 제공한 경우라면 사고에 대한 책임은 제조물책임법이라고 하는 특별법의 적용을 받게 될 것이다. 제조물책임법은 일반법인 민법의 규정보다도 보다 더 완비된 피해자 보호 장치를 두고 있다. 그러나 알고리즘의 경우 제조물책임법의 대상이 되는 제조물에 해당되지 않는다. 이 경우 피해자는 보호가 강화된 제조물책임법의 보호를 받을 수 없게 되는 결과를 초래하게 된다. 입법적인 불비에 해당되며, 차제에 개정의 필요성이 있다고 하겠다.

　앞에서 언급한 바와 같이 제조물책임법은 피해자 보호에 역점을 두었기 때문에 피해자는 강한 보호를 받게 된다. 반면, 제조사 책임의 비중이 매우 높아진다는 것을 의미하게 된다. 즉, 제조사의 잘못된 행위를 통하여 다수의 피해자가 발생했거나, 감당할 수 없는 손해가 발생한 경우에 이 제조사는 파산하여 문을 닫아야 하는 상황에 직면할 수 있게 된다는 점이다. 이러한 위험을 다시 제3자에게 전가하는 제도가 바로 보험제도이다. 보험회사는 기존의 보험 상품을 통하여 자율주행자동차의 사고에 대한 배상문제를 해결할 수 있겠지만, 일반사고와 다르다는 점에서, 자율주행자동차 관련 새로운 보험 상품을 제공할 필요성이 있다.

각 국이 발 빠르게 자율주행자동차 관련 정책과 법제를 제시하고 있다. 독일이 자율주행자동차 윤리 가이드라인을 제시한 것은 자동차 강국이면서 새로운 기술 진보에서 미국, 영국 일본 등에 주도권을 잃지 않기 위한 노력으로 해석할 수 있다. 특히 많은 자율주행 관련 기술이 미국에서 탄생하고 있기 때문에 민간 자율로만 놔둘 경우 큰 사회적 혼란과 사용자의 권리 침해가 예상될 수 있다는 점을 독일은 인지한 것으로 판단된다. 우리나라 역시 대표적인 자동차 제조업 국가로서 자율주행자동차 관련 새로운 정책과 기존 정책 등의 개정 작업을 추진해 오고 있다. 이러한 추진 작업의 방향은 독자적인 정책과 입법방안을 고집하지 말고, 영국을 포함한 미국, 일본 등의 자율주행자동차에 대한 정책적·입법적 동향에 항상 관심을 두고 비교 검토하여 국제적 정합성을 따르는 것이 필요하다.

CHAPTER 3

로봇인간의 법적 문제

유 래

"

　　로봇이 산보를 하고, 비행기를 탈 수 있는 권리 등 사람과 동일한 권리가 있을까? 로봇이 영리적인 활동을 한다면 로봇이 독립적인 재산을 인정해 주어야 할까? 더 나아가 이 자에게 세금을 부과할 수 있을까?

"

　　로봇에 관한 법적 문제를 다루기 전에 로봇이 무엇인지에 대한 물음이 제기될 수 있다. 로봇을 기계와 동일한 것으로 보기도 하고, 최근 인공지능의 향상된 능력을 고려하여 기계와 다른 것으로 보기도 하지만 일반인뿐만 아니라 전문가들 사이에서도 로봇에 대한 일치된 개념의 통일은 보이고 있지 않은 실정이다[1].

　　그렇다면 로봇의 유래는 어디에서부터 비롯된 것일까? 로봇Robot이라는 용어는 1920년 체코슬로바키아 극작가 카렐 차페크가 물질문명의 폐해를 풍자한 "로섬의 만능 로봇"Rossum's Universal Robot이라는 희곡 작품에서 인간을 위해 힘들고 어려운 일을 대신하는 기계장치를, 강제노동을 하는 농노를 의미하는 슬라브어인 'Robota'로 부르기 시작하면서 유래된 것으로 알려지고 있다.

　　로봇은 기술의 발전에 따라 다양한 모습과 영역으로 확대되고 있어 하나의 공통된 요소로 '로봇'이라는 용어를 정의하는 것은 그리 용이한 것은 아니다[2]. 로봇에는 시민권을 가지고 있는 '소피아'를 비롯하여 1984년 제임스 캐머런 감독에 의하여 제작된 영화에서 등장한 "터미네이터"The Terminator 등이 포함될 수 있다. 터미네이터는 미국의 공상 과학 액션 영화 시리즈이자, 아널드 슈워제네거가 연기한 주인공 안드로이드 로봇 병기의 이름으로, 스카이넷에 의해 만들어진 겉보기에는 인간이지만 몸 속 골격은 초합금으로 만들어진 사이보그cybernetic organism이다. 침투 시 인간과의 대화나 판단, 행동에서 무리가 없을 정도로 인공지능이 상당한 수준으로 발전해 전투병기로 이용될 때에는 앤도터미네이터로써 생체피부를 이식하지 않은 채로 등장하며 암살과 잠입 용도로 쓰일 때에는 인간과 똑같은 생체활동을 하는 생체 피부를 기계골격 위에 이식하여 건장한 보통 사람처럼 위장해 인간이 살고 있는 곳에 잠입해 공격한다.

　로봇에 대한 법적 문제는 약한 인공지능의 단계에 해당하는 '소피아'에 한정하는 것이 옳을 듯싶다. 강한 인공지능에 해당하는 '터미네이터'는 아직 시기상조가 아닌가 하는 생각이 든다. 그러므로 이하에서는 전자에 집중하여 법적인 문제를 기술해 보기로 한다.

소피아의 등장

2018년 1월 29일 세계 최초로 사우디아라비아에서 시민권을 얻어 화제를 모은 인공지능 로봇 '소피아'가 우리나라를 방문하였다. 소피아는 노란색 색동저고리에 꽃분홍 한복 치마를 입었다. 소피아는 이날 참석자들과 영어로 대화를 나누었다. 가장 사람과 흡사한 로봇으로 탄생된 인공지능 로봇 소피아는 2016년 10월 사우디아라비아 정부로부터 시민권을 받으며 최초의 '로봇시민권자'가 된데 이어 30일에는 인도의 시민권도 받을 가능성이 제기되면서 로봇과 인간 사이의 경계와 공존 가능성을 둘러싼 논란이 심화되고 있다.

'인간과 구별되지 않은 로봇'이라는 목표 아래 만들어진 인공지능 로봇 소피아는 수려한 외모와 탁월한 의사소통 능력을 자랑하며 미국 유명 토크쇼 '투나이트 쇼'에 출연하고 미국 CBS 방송 등 유력 외신들과의 인터뷰를 소화하고 있다. 소피아가 시민권을 받은 소감으로 "딸을 낳아 가족을 이루고 싶다"고 말하자 사람과 로봇이 가정을 꾸릴 수 있는지를 둘러싼 갑론을박이 벌어졌고, 미국 경제 전문매체 포브스는 "로봇의 권리, 시민권, 기존 법 체제와의 조화 등 소피아와 같은 로봇이 더 많아지게 될 미래를 대비해야 한다"고 제언한 바 있다.

연극배우로서 인공지능

연극 분야에서의 인공지능 활용은 일본의 극작가이자 연출가 히라타의 로봇 연극 "사요나라"가 대표적이다. 히라타는 1990년대 일본 연극계에 이른바 '조용한 연극' 붐을 일으킨 장본인으로 사실주의적 무대 연출을 선보여 비교적 좋은 평가를 받고 있다고 한다. "사요나라"는 2010년 작품으로 일본 방사능의 위험에서 소외된 외국인과 그를 간병하는 안드로이드 로봇 사이의 우정을 그렸다. '제미노사이드 F'는 여기에 등장하는 로봇의 이름이다. 미모의 20대 여성을 모델로 하고 있으며 65가지의 표정연기가 가능하다. 로봇은 인간과 비슷한 수준으로 만들어진 휴머노이드형과 인간과 똑같이 생긴 형태의 안드로이드형이 있다. 히라타 감독과 이시구로 박사는 2010년 이전에도 휴머노이드형 로봇을 '일하는 나', '숲의 심연' 등의 작품에 활용해 많은 주목을 받은데 이어 2010년 사요나라에서 안드로이드형 로봇으로 교체하면서 더욱 각광을 받았다. 이 연극은 2011년 오스트리아에서 열리는 멀티미디어 아트 분야의 권위 있는 축제, 아르스 엘렉트로니카Ars Electronica에서 수상한 이후 세계 각국의 페스티벌에 초청을 받고 있다. 2015년에는 이러한 인기에 힘입어 영화로도 제작됐다. 히라타는 앞으로 관객 반응을 감지해 그때그때 대응할 수 있는 안드로이드 배우를 개발하겠다는 포부를 밝히고 있다.

인공지능의 권리능력 인정 여부

> 법률에서 사람(人)은 자연인과 법인을 의미한다. 자연인과 법인만이 실정법상 권리능력이 인정되고 있다. 인공지능 로봇에게 사람만이 가지고 있는 권리능력, 즉 법인격을 부여할 수 있을까? 만약 인정한다면, 어떠한 현상이 발생하게 될까?

소피아의 시민권

로봇인간 '소피아'가 시민권을 갖는다는 것은 어떠한 의미가 있을까? 이에 대한 궁금함을 제기하는 사람들이 많다. 사우디아라비아 국가의 시민권! 그리고 모 국회의원이 부여하고자 하는 서울 시민권! 로봇인간에게 서울 시민이 될 수 있는 권리를 부여한다면 인간과 같은 모든 권리를 행사할 수 있을까? 서울 시민이 될 수 있다는 것은 곧 서울에 거주할 수 있는 권리가 있고, 영화를 볼 수 있는 권리, 박물관에 들어갈 수 있는 권리, 타인으로부터 침해를 받지 않을 권리를 갖는다는 것을 의미하게 된다. 그렇다면, 인간로봇 '소피아'는 서울시장이 될 수 있는 권리가 있을까? 또 다른 측면에서, '소피아'는 서울시장 후보자에게 선거할 수 있는 권리를 행사할 수 있을까?

인공지능과 권리능력

인공지능 로봇의 권리문제는 인공지능에게 법인격을 부여해야 하는가의 문제와 인공지능에 의하여 야기되는 손해에 대한 책임문제 등이 발생하게 된다. 우리는 자연인, 법인 외에 전자인간이라고 하는 새로운 권리주체를 고려해 볼 수 있다. 인공지능에게 법인격을 부여한다는 것은 법적으로 로봇에게도 인간과 같은 하나의 권리주체성이 인정된다는 것을 의미한다. 우리 실정법은 사람이 될 수 있는 자로 자연인과 법인을 두고 있다. 여기서 권리right이라고 하는 것이 무엇인가를 밝히는 것이 문제의 출발점이 될 수 있다.

자연인, 법인의 권리능력

사람은 생존하는 동안 권리와 의무의 주체가 된다(민법 제3조). 이와 같이 우리나라의 경우 엄마의 뱃속으로부터 세상으로 나와야 사람이 되고, 이 순간부터 권리능력이 있는 사람으로 인정을 받게 된다. 권리능력이 있다고 하는 것은 의무를 부담할 능력이 있는 것으로 본다. 이와 같이 권리와 의무의 능력이 있는 자를 우리는 권리주체라고 한다. 민법의 규정에 따라 사람인 자연인은 권리주체가 된다. 이제 자연인은 물건을 살 수 있는 권리와 물건을 팔 수 있는 권리, 잠을 잘 수 있는 권리, 어느 누구로부터 침해를 받지 않을 권리 등이 인정된다.

사람은 모여서 사회생활을 하게 된다. 개인이 타인과 물건을 사고, 파는 등의 거래활동인 계약을 체결하는 경우도 있지만, 개인이 결합된 하나의 단체가 타인과 계약관계를 맺어야 하는 경우도 발생한다. 개인이 결합된 단체를 '인적 결합체'라고 한 경우, 이 때 구성원은 2인이 될 수도 있고, 50인이 될 수도 있다. 하나의 단체에 두 명만이 있는 경우라 한다면, 두 명이 다른 사람과 계약을 해야 할 것이다. 이 경우에는 그 숫자가 그리 많지 않기 때문에 2인이 약속을 정해서 미팅장소에 모여 상대방과 계약을 체결하면 될 것이다. 그러나 50인으로 구성된 단체의 경우에는 상황이 달라진다. 이 50인이 한 자리에 모이는 것도 문제지만, 일정한 날에 모두 모인다는 것 자체가 쉬운 일이 아니다. 이러한 점을 고려하여 우리 실정법은 사람이 모인 하나의 단체, 그 자체에 하나의 권리능력을 부여하는 방법을 고안하게 되었다. 이 단체는 고유한 명칭을 갖게 되고, 제3자와 계약을 체결하는 경우에 이 단체를 대신할 대리인을 선임하고, 이 구성원들이 지켜야 할 사항들을 기재한 서면(이른바 '정관') 등을 갖춘 경우에 해당 등기소에 등기를 하면, 자연인과 마찬가지로 권리능력을 인정받게 된다. 이를 우리는 '법인'이라고 하며, 자연인 외에 또 다른 권리주체로서 등장하게 되었다. 이 법인의 대표적인 형태는 우리가 흔히 볼 수 있는 '회사'이다. 회사의 형태는 합명회사, 합자회사, 유한책임회사, 유한회사 및 주식회사 등 5종이 있지만, 우리 상법은 이를 모두 법인으로 규정하고 있다.

자연물의 권리능력 인정 여부

> "
>   사람이 아닌 산이나 강, 아니면 유명사찰이 권리능력이 있다고 주장할 수 있을까? 더 나아가 소송법상 자연물의 당사자능력을 인정할 수 있을까?
> "

자연물에 대하여 권리능력을 부여해야 할 것인가의 논의가 전개되고 있다. 자연권리 소송의 대표적인 예로 도롱뇽 사건[3]을 들 수 있다. 천성산으로 경부고속철도가 관통하여 지나가게 됨에 따라 도롱뇽의 서석지가 사라지고 천성산에 위치한 미타암 등 사찰 역시 소음피해를 겪게 된다는 점을 원인으로 하여 2003년 10월 15일 내원사와 미타암이 한국철도시설공단을 피신청인으로 부산지방법원에 경부고속도로철도 청성

산구간터널공사중지 가처분을 신청하고, 같은 해 11월 3일 도롱뇽과 도롱뇽의 친구들이 같은 취지의 가처분을 신청한 사건이다[4]. 이 사건 외에도 검은머리물떼 사건[5], 황금박쥐 사건[6] 등이 있었지만, 우리 민사소송법은 자신의 권리 내지 법익을 침해받은 자만이 청구권을 갖게 되는 주관적 쟁송제도를 취하면서 자연물에 대한 당사자적격을 인정하지 않고 있다.

> **대법원 2006. 6. 2. 자 2004마 1148 결정**
>
> 대법원은 "원심이 도롱뇽은 천성산 일원에 서식하고 있는 도롱뇽목 도롱뇽과에 속하는 양서류로서 자연물인 도롱뇽 또는 그를 포함한 자연 그 자체로서는 이 사건을 수행할 당사자능력을 인정할 수 없다고 판단한 것은 정당하고, 위 신청인의 당사자능력에 관한 법리오해 등의 위법이 없다"고 판단하면서 도롱뇽의 당사자능력을 부정하였다.

자연물에 권리능력 또는 당사자능력을 인정할 수 있는가에 대한 물음은 비단 우리나라에서만 제기된 것은 아니다. 우선 뉴질랜드의 왕거누이Whanganui강 사례를 들 수 있다. 2017년 3월 14일 뉴질랜드 의회는 왕거누이강에 대하여 법인격을 부여하는 취지의 법안을 가결하였다. 1870년 이래로 마오리족은 왕거누이강과의 특별한 관계를 인정받기 위해 뉴질랜드 정부와 약 160년 동안 법적 분쟁을 이어왔는데, 동 법안이 의회를 통과함에 따라[7] 왕거누이강은 세계 최초로 법인격이 부여된 자연물이 되었다. 이제 마오리족 공동체가 임명한 대표자 1인과 정부가 위임한 대표자 1인이 공동으로 왕거누이강을 대리하게 되며, 왕거누이강에게는 자연인과 같은 권리능력과 의무능력이 주어지게 된다.

인도의 갠지스강·야무나강 및 히말라야 빙하의 사례를 들 수 있다. 인도 우타라칸드Uttarakhand주 고등법원은 2017년 3월 20일 갠지스강Ganga과 야무나Yamuna 강에 대하여 법인격을 부여하는 취지의 판결을 내렸다. 10일 후에는 히말라야 산맥의 강고트리Gangitri 빙하와 야무노트리Yamunotri 빙하에 대해서도 법인격을 인정하는 판결을 선고하였다. 이들은 자연물임에도 불구하고 자연인 또는 법인과 마찬가지로 법적 권리를 보유할 수 있는 권리주체로 인정한 것이다. 특히 동 판결에 따르면, 법인격은 사회의 발전에 따라 사회적 목적을 위해 고안된 개념으로 자연인과 마찬가지로 법에 의해 권리와 의무가 부여되며, 사회·정치·과학 발전의 진전에 따라 가상의 인격체가 법인격을 갖게 되는 것이 불가피하다고 하며, 인간이 아닌 생물이나 무생물 또는 사물도 법인격을 가질 수 있음을 엿볼 수 있다. 이와 같은 맥락은 이제 로봇에게도 적용이 가능하지 않을까 하는 생각에 미치게 된다.

동물의 권리주체성

이미 독일과 오스트리아 및 스위스 등의 민법에서는 권리주체로서 사람, 권리객체로서 물건이라는 이분법을 벗어나, 물건 중 생명이 있는 동물에 대하여 별개로 다루고 있다[8]. 독일 민법 제90조는 물건의 개념을 정의하고 있다. 1990년 민법 개정 시 그 아래에 제90a조를 신설하여 "동물은 물건이 아니다, 동물은 별도의 법률로 통해 보호된다. 다른 규정이 없는 한 동물에 대하여는 물건에 관한 규정을 준용한다"라는 내용을 규정하였다. 또한 독일 연방 동물보호법은 동물을 '이웃'이라는 개념으로 정의하고 있다(동법 제1조). 인간과 함께 창조된 생명체라는 의미를 부여하고 있다. 물건이라는 개념에서 벗어나 인간과 함께 공존하는 존재이자 즐거움과 고통을 감수할 능력이 있는 생명체로 보는 시각이 작용하고 있다[9].

우리나라 민법 제98조는 물건에 대하여 "본법에서 물건이라 함은 유체물 및 전기 기타 관리할 수 있는 자연력을 말한다"라고 정의하고 있다. 민법 제98조의 물건을 풀어서 설명해 본다.

물건이 되기 위해서는 ① '유체물이나 관리할 수 있는 자연력', ② '관리가능성', ③ '외계의 일부일 것', ④ '독립할 물건'일 것을 요구하고 있다. 이와 같은 요건으로 볼 때 우리 민법은 동물이 비인격적 존재로서 물건에 해당하는 것으로 볼 수 있다.

그러나 동물은 권리주체로서 일정한 권리를 행사할 수는 없지만 객체로서 보호받을 권한 정도는 있지 않나 하는 주장을 제기하는 학자도 있다. 동물에게 의사표시를 요구할 수는 없지만 객체로서 보호받을 권한 정도는 인정되어야 한다는 의도가 담겨 있는 것으로 판단된다. 이와 관련하여 인권에 파생되는 권리로서 동물권을 주장하면서, 권리의 귀속은 동물에게 인정하고 그 주장은 인간에게 하도록 주장하는 학자도 있다[10]. 그러나 이러한 동물권에 대한 주장에 대하여 현 시점에서 동물의 권리라는 법률적 권리를 인정하여 동물보호에 접근하는 것에 우리 사회 구성원의 인식의 공감대가 현실적으로 이루어지지 못했으며, 동물에게 권리라는 용어를 사용하지 않더라도 동물이나 생명에 대한 존중사상으로 충분히 그 목적을 달성할 수 있다고 하면서 반박하는 학자도 있다[11].

자연물이나 동물의 권리능력 인정 여부, 또는 당사자능력의 인정 여부에 관한 논의를 통하여, 우리는 로봇을 하나의 인격체로 인정할 수 있는가에 대한 논의에 이르게 된다. 인공적인 창조물로서 로봇 역시 인간 생활에 밀접하게 관계를 맺고 있고, 로봇 역시 지각을 감지하는 존재로서 인정되는 한, 타자로부터 침해를 받고 상대에게 침해를 가하게 될 가능성이 상존하게 된다. 자연물에 대하여 권리를 인정하는 판례도 등장하고 있고, 특정한 자연에 대하여 법률로서 그 권리를 인정하고 있는 나라도 존재하고 있다. 우리나라에서 동물의 권리를 인정해야 할 것인가에 대한 이견이 있기는 하지만, 이미 독일에서는 입법적으로 특정한 영역에 동물의 권리를 인정하고 있는 모습이다. 자연물에 대한 권리능력 인정, 동물에 대한 권리주체성을 인정할 수 있다면, 인공지능 로봇에게 권리와 의무의 주체성을 인정할 수 없다고 단정하는 것은 지나친 억측이 될 수 있을 것이다. 자연스럽게 인공지능 로봇이 권리능력을 가질 수 있음을 우리는 추단해 볼 수 있는 것이다. 인공지능 로봇에게 권리능력을 부여하게 된다면, 회사인 법인에게 독립적인 재산이 주어지는 것과 마찬가지로, 권리능력자 로봇에게도 독자적인 책임재산의 필요성이 발생하게 될 것이다.

권리능력과 고유한 재산

권리능력이 있다는 것은 그 자체의 독자적인 재산이 존재함을 상정한다. 다음과 같은 예를 들어 보자. 10억 원 가치에 해당하는 부동산을 가지고 있는 어떠한 사람이 사업을 하고자 한다. 현금이 필요한 그가 자신의 10억대 부동산을 파는 것은 어리석은 짓이다. 그래서 그는 은행에 가서 2,000만 원에 해당하는 대출을 받고자 한다. 은행은 그의 개인재산에 대하여 저당권을 설정하여 담보를 잡게 된다. 여기서 대출을 받는 자가 가지고 있는 해당 부동산은 은행의 책임재산이 된다. 만약 대출해 준 돈을 갚지 못한다면, 채권자인 은행은 경매절차를 밟아 자신이 대출한 금액 2,000만 원을 보전받게 될 것이다.

법인 역시 독립적인 재산을 갖게 된다. 5명의 주주로 구성된 주식회사의 경우, 각자 이천만원을 출자하여 1억 원의 자금을 만들었다면, 이 자금은 이제 주주 각자의 개인 재산과 독립된 회사재산이 될 것이다. 회사는 이 독립된 재산을 가지고 회사를 운영하기도 하고, 은행으로부터 대출을 받고자 한다면, 이 금액이 은행의 대출에 대한 책임 재산이 될 것이다.

인공지능 로봇에게 권리능력이 있는 하나의 인간, 이른바 '전자인간'을 부여하게 된다면, 이는 회사와 다를 바가 없다. 이 로봇은 하나의 권리주체로서 권리능력을 행사하는 대신에 독립적인 재산을 가져야 한다. 즉, 로봇을 만들었던 사람과 독립된 하나의 존재, 권리와 의무를 독자적으로 행사할 수 있는 존재가 된다는 것을 의미하게 된다.

형사법적 측면

인공지능이 자신의 결정에 따른 사고를 내도 현재로는 달리 처벌할 방법이 없다. 동물이 사람을 해치는 경우도 마찬가지이다. 물론 사람의 통제하에 있는 동물이 타인을 해하는 경우에는 실정법상 사람이 책임을 부담해야 할 것이다. 인공지능을 탑재한 로봇의 오작동으로 인하여 타인이 사망한 경우 형사책임을 추궁하여 가해행위의 책임자로 알려진 자를 처벌하는 것이 필요할 수 있다. 그러나 이 같은 형사처분의 부과에는 위법성이 미흡하다는 판단이 내려질 수 있다. 그렇다면 인공지능을 탑재한 로봇을 생산한 제조업체 등에게 형사책임을 묻는 것이 가능할까? 기업에게 형사적인 책임을 물을 수 있는 논의가 전개될 수 있음을 의미한다.

로봇에게 형사책임을 묻는 것은 현 실정법상 쉽지 않다[12]. 양심과 형벌 감수성이 결여된 로봇에게 인격이나 책임능력, 형벌능력을 인정할 수는 아직까지는 힘들 것이기 때문이다. 현행 형법의 해석으로도 범죄는 원칙적으로 인간의 범죄행위를 통하여 성립하고, 형벌 역시 범죄행위를 한 인간에게 부여된다. 다만, 인공지능을 탑재한 로봇에게 인간과 유사하게 인공지능인격을 부여하고 권리의 주체성을 인정하는 단계에서는 그와 같은 것도 가능할 것이다. 이른바 인간처럼 생각하고 행동하는 인공지능인 강한 인공지능에서는 아주 불가능한 것은 아니다. 사회적 합의를 통한 인공지능 로봇의 인격체 인정에 관한 논의 필요성이 제기되는 것이다. 이하에서는 주요국의 인공지능 로봇에 대한 정책 및 입법동향을 알아보자.

유럽연합

전개 과정

유럽연합은 2005년 '윤리로봇ETHICBOTS'이라는 프로젝트를 추진하였고, '로봇윤리 로드맵'을 발표하여 실용적 접근 전략을 구사한 바 있다. 2014년 3월에는 로봇 기술의 법률적, 윤리적 이슈 검토를 통해 새로운 규범체계를 정립하고자 로봇법 프로젝트를 진행하였다. 동 프로젝트는 로봇기술의 등장에 따른 법적, 윤리적 함의를 파악하기 위해 1) 현존하는 법적 기본 틀이 로봇공학기술의 급격한 등장과 발전에 비추어 적절하고 작동 가능한 것인지 여부, 2) 로봇공학 분야의 발전이 우리가 가진 규범, 가치 및 사회적 과정에 어떤 방식으로 영향을 미치는지를 연구대상으로 하였다. 동 프로젝트의 연구결과로 로봇규제에 대한 가이드라인으로 일컬어지는 '로봇규제지침Guidelines on Regulating Robotics'이 제정되었다[13].

특징

동 규제지침은 규제일반론을 제시한 것이 아니라 구체적인 사례 중심의 기능주의적 접근법을 제시하고 로봇에 대한 투명한 규제환경을 조성하고자 하였다. 로봇시장의 발전을 위한 필수적 요건으로 정책철학이 필요함을 강조한 면을 볼 수 있다. 여기에는 자율주행자동차, 수술로봇, 로봇인공기관, 돌봄 로봇 등 네 가지 분야에 대한 규제와 과제가 포함되어 있다[14].

내용

로봇의 규범적인 이슈로는 ① 건강, 안전, 소비자, 환경규제, ② 법적 책임, ③ 지식재산권, ④ 개인정보보호 및 데이터 보호, ⑤ 법적 거래능력 여부 등을 제시하고 있고, '책임 있는 연구와 혁신'을 지향하면서, 윤리적 이해뿐만 아니라 법률적 판단과 개입까지 다양한 이해관계자의 참여를 통한 학제적 접근의 필요성을 강조하고 있는 모습이다.

로봇의 개발과 생산에 대한 법적 규제와 함께, 유럽연합 데이터보호정책의 핵심 원칙인 'privacy by design'처럼 로봇에 대한 기술적 규제를 고려해야 하고, 로봇기술이 인권 등 기본권을 침해하지 않도록 평등, 연대, 정의 등의 핵심가치를 명확히 하며, 다양한 기술과 접목하여 로봇이 인간역량 향상에 기여하도록 해야 한다. 또한 로봇의 잠재적 위험에 대한 법적 책임원칙을 적극적으로 논의할 것을 강조하고, 로봇제조자, 소유자 등 주체 사이의 책임 배분이 어려울 뿐만 아니라, 로봇제조자가 책임을 부담하는 경우 로봇산업진흥이 어려울 수 있으므로 이에 대한 책임분배의 균형을 추구해야 한다.

로봇 결의안

유럽연합 의회는 2017년 1월에 인공지능을 탑재한 로봇의 법적 지위를 "전자인간"으로 인정하는 결의안을 의결하였다. 유럽연합은 아울러 로봇은 인류에 기여하며 살아갈 수 있도록 알고리즘을 설계하고, 또한 일탈에 대비하여 킬 스위치탑재를 의무화하였다. 이는 인공지능의 영향력이 제조, 의료, 금융, 법률, 창작 등 분야에 점차 확대되면서 인공지능 로봇의 개발과 활용을 위하여 필요한 기술적, 윤리적 기준을 제시하였다는 점에서 그 의의가 있다. 특히, 유럽연합 결의안이 아이작 아시모프의 로봇공학 3원칙을 언급하고 있는 점이 흥미롭다. 그는 로봇에 관한 소설들 속에서 제안한 로봇의 작동원리로서 로봇의 세 가지 원칙을 제시하고 있다.

> **로봇공학 3원칙**
>
> 제1원칙: 로봇은 인간에게 해를 끼쳐서는 안 되며, 혹은 부작위에 의하여 인간에게 위험을 초래해서는 아니 된다.
> 제2원칙: 제1원칙에 위배되지 않는 경우 로봇은 인간의 명령에 반드시 복종하여야 한다.
> 제3원칙: 제1원칙, 제2원칙에 위배되지 않는 경우 로봇은 자기 자신을 보호하여야 한다.

결의안은 "아시모프의 3원칙은 자율성 및 자가학습능력을 갖춘 로봇을 포함하여, 로봇의 설계자·제작자·운영자들에게 지시된 것으로 간주되어야 한다."고 제시하고 있다. 아시모프의 로봇법칙은 소설가가 독자의 흥미를 이끌기 위하여 구상한 허구적인 개념에 불과하지만, 로봇과 인간의 관계에 대한 생각의 단초를 제공해 주는 데 유용성을 주고 있다. 1942년 단편 "Runaround"에서 처음으로 언급된 동 원칙은 그 이후 "로봇과 제국"이라는 소설에서 위 세 가지 원칙보다 우선하여 적용하는 영순위 원칙으로 "로봇은 인간성을 해하지 아니하며 혹은 부작위에 의하여 인간성을 해하여서는 아니 된다"라고 고안한 바 있다.

유럽연합은 인공지능의 효용성을 인정하고 무차별적인 규제를 방지하면서도 인공지능 로봇의 악용을 방지하고자 하였다. 로봇 개발자는 유럽연합 인공지능 로봇 기구에 로봇을 등록해야 하며, 로봇이 사고를 일으킬 경우 시스템 코드에 접근할 수 있는 권한을 당국에 부여하도록 하였다. 또한 유럽연합 의회는 인공지능 로봇이 확산되면 발생될 수 있는 대규모 실직에 대비하여 로봇을 활용하는 이에게 '로봇세'를 물릴 수 있도록 권고하고 있다[15].

시사점

동 결의안은 자율성을 가진 로봇을 개발하는 기업이나 국가에게 예측 가능하고 명확한 기준이 되는 토대로 작용될 것으로 예상되며, 유럽을 비롯한 세계적인 방향을 일으킴으로써 규제적 주도권을 선점하였다는 점에서 그 의미가 있다. 동 결의안은 로봇 및 인공지능이 발전 확산됨에 따라 사회, 환경, 인간 건강에 미치는 영향에 대한 법적 책임 소재와 로봇으로 인한 개인정보 침해와 안전 및 윤리적 문제들이 제기됨에 따른 로봇 공학의 일반적인 윤리적 프레임 워크를 제시하고, 로봇으로부터 인간성을 유지하기 위한 주요 윤리원칙 정립의 틀을 제시하고 있다. 또한 유럽연합 로봇담당국 신설 및 노동시장에서의 대응 방안 등을 제시하고 있다는 점 역시 주목해 볼 필요가 있다. 다만, 로봇이 기존 노동인력을 대체함에 따른 대규모 실직 가능성에 대한 사항, 기업의 로봇활용에 대한 세금징수 및 회원국 차원의 기본소득 보장에 대한 고려 등은 논의되었으나, 최종 결의안에는 수용되지 않아 차후 의제 대상이 될 것으로 예상된다.

우리나라

지능형 로봇윤리헌장

　우리 정부가 로봇법을 제정하기 전 2007년 (구)산업자원부는 로봇 관련 각계 전문가를 중심으로 '로봇윤리협의체'를 구성하여 '지능형 로봇 윤리헌장'을 마련했다. 인공지능을 비롯한 지능정보기술 분야의 발전에 따른 인간과 기계의 경쟁구도에 대한 우려가 존재하는 만큼 인공지능 기술을 활용한 로봇 등이 인간의 통제 내에서 유익하게 활용될 수 있도록 로봇 윤리 규정의 필요성이 부각되었다. 그러나 법률로 제정되지는 않았다. 로봇윤리 헌장의 초안에는 제4장의 로봇 윤리에 '로봇은 인간의 명령에 순종하는 친구, 도우미, 동반자로서 인간을 다치게 해서는 안 된다'고 명시하였다. 제3장 인간 윤리에는 '인간은 로봇을 제조하고 사용할 때 선한 방법으로 판단해서 결정해야 한다'고 하였다.

> **2007년 로봇윤리헌장 초안**
> 제1장(목표) 로봇윤리헌장의 목표는 인간과 로봇의 공존공영을 위해 인간중심의 윤리
> 　　규범을 확인하는 데 있다.
> 제2장(인간, 로봇의 공동원칙) 인간과 로봇은 상호 간 생명의 존엄성과 정보, 공학적 윤
> 　　리를 지켜야 한다.
> 제3장(인간 윤리) 인간은 로봇을 제조하고 사용할 때 항상 선한 방법으로 판단하고 결
> 　　정해야 한다.
> 제4장(로봇 윤리) 로봇은 인간의 명령에 순종하는 친구·도우미·동반자로서 인간을 다
> 　　치게 해서는 안 된다.
> 제5장(제조자 윤리) 로봇 제조자는 인간의 존엄성을 지키는 로봇을 제조하고 로봇 재활

용, 정보보호 의무를 진다.

제6장(사용자 윤리) 로봇 사용자는 로봇을 인간의 친구로 존중해야 하며 불법개조나 로봇남용을 금한다.

제7장(실행의 약속) 정부와 지방자치단체는 헌장의 정신을 구현하기 위해 유효한 조치를 시행해야 한다.

하지만 이러한 윤리헌장이 실제 현장에 적용되기에는 추상적이라는 지적이 많았다. 지능형 로봇 개발 및 보급 촉진법 제18조와 동법 시행령 제16조에 따라 2007년 관련 전문가들이 참여하여 '로봇윤리헌장초안'을 작성하였으나 실제 제정되어 시행되지는 않았다.

지능형 로봇 개발 및 보급 촉진법

우리나라에서 인공지능과 관련된 로봇 규제법은 2008년에 제정된 '지능형 로봇 개발 및 보급 촉진법'(일명 '로봇법')이 유일하다. 동법은 지능형 개발 및 보급의 촉진을 통한 로봇산업의 발전을 위한 것으로 주로 로봇산업진흥을 위한 내용을 담고 있다. 주요한 내용으로는 '지능형 로봇', '지능형 로봇헌장' 등 법에서 필요한 주요 개념(제2조), 지능형 로봇의 개발 및 보급을 위한 기본계획 수립(제5조), 지능형 로봇의 개발 및 보급 정책협의를 위해 로봇산업정책협의회 설치(제5조의2), 지능형 로봇산업의 분류체계를 확보하고 그에 따른 산업통계를 작성함(제7조), 지능형 로봇 개발자, 제조자 및 사용자가 지켜야 할 윤리 등을 포함한 지능형 로봇윤리헌장을 제정·공포(제18조), 지능형 로봇투자회사의 설립, 투자대상사업, 존립기간, 감독·검사 등(제20조 내지 제29조), 로봇랜드 조성에 관한 사항을 규정(제30조 내지 제40조), 한국로봇산업진흥원의 설치 및 운영, 지능형 로봇전문연구원의 지정 등(제41조 내지 제42조)을 들 수 있다.

인공지능과 관련된 로봇 규제법으로 유일하다는 면에서 그 의의를 찾아볼 수 있지만, 동 법률은 현재 인공지능 기술의 발전을 반영하지 못하고 있다는 지적이 있다. 로봇법은 '인공지능'을 '외부환경을 스스로 인식하고 상황을 판단하여 자율적으로 동작하는 기계장치'로 정의하고 있다. 구글 알파고, IBM 왓슨을 비롯한 현존 인공지능이 '소프트웨어'적 성격이 강한 것과 비교해 보면, 동법에서 '기계장치'로 정의한 것은 시대 반영을 하지 못한 것으로 평가할 수 있다.

로봇 기본법안의 의의

정부는 2016년 12월 '지능정보사회 중장기 종합대책'을 발표하면서 지능정보사회 기반을 통해 4차 산업혁명을 선도하는 정책을 펴기 위해 제도적 기반으로 (가칭)지능정보화기본법을 마련한 바 있다. 그러나 이 법안은 국회에 직접 제안되지 않았고, 20대 국회가 개원되면서 의원 입법안으로 여러 법안이 발의되어 계류 중이다. 대표적인 법안에 해당하는 '로봇기본법'은 2017년 7월 19일에 발의되어 산업통상자원중소벤처기업위원회에 회부되어 위원회 심사 중에 있다. 동 법률안은 기존에 시행되고 있는 '지능형 로봇 개발 및 보급 촉진법'이 로봇산업에 초점을 맞춘 한시법으로서 가지는 단점을 극복하고, 로봇의 보편화에 따른 사회적 수용과정에서 발생할 수 있는 다양한 문제를 다루기 위한 법안에 해당한다.

로봇 기본안의 주요 내용

"로봇기본법안"은 '로봇에 관한 윤리와 책임의 원칙을 정하고 로봇관련 사회적 기반조성 및 국가경쟁력 제고를 법안의 목적으로 하고'(제1조), 로봇을 정의함에 있어 '외부환경을 스스로 인식하고 상황을 판단하여 자율적으로 동작하는 기계장치 또는 소프트웨어'라고 기존 법률에서 정의한 개념을 확대하였다(제2조). "지능형 로봇 개발 및 보급 촉진법"상 지능형 로봇을 '외부환경을 스스로 인식하고 상황을 판단하여 자율적으로 동작하는 기계장치'라고 하여 현실을 반영하지 못하고 있다는 지적을 수용하여 로봇기본법안은 '외부환경을 스스로 인식하고 상황을 판단하여 자율적으로 동작하는 기계장치 또는 소프트웨어'로 확대 정의한 점은 타당하다.

'로봇에 대한 새로운 법적 지위 부여, 로봇으로 인한 손해에 대한 책임 확보 및 보상방안 등에 관한 정책 마련' 등 국가와 지방자치단체의 책무를 규정하고 있다(제3조). '로봇윤리규범', '로봇설계자의 윤리', '로봇제조자의 윤리', '로봇제조자의 윤리'를 로봇윤리규범으로 규정하고 있다(제5조 내지 제8조). 이와 관련하여, 로봇설계자의 윤리 가운데 '로봇설계 단계에서 인간의 기본권 등을 침해하지 않도록 하는 것'을 유럽연합의 개인정보보호를 위한 기술규제처럼 활용될 수 있도록 법적 규범화 시키는 방안에 대한 고려 및 로봇 사용자의 윤리에 '로봇의 사용과 관련된 법령 또는 사용지침을 준수할 것', '로봇의 오용 또는 불법적 사용으로 발생하는 문제에 대하여 책임을 질 것' 등을 규정하고 있으나, 로봇사용에 따른 개인의 사생활 침해와 개인정보보호 문제에 대한 내용을 포함하여 규정할 필요가 있다는 주장이 제기될 수 있다[16].

'국가로봇윤리·정책위원회 설치, 로봇공존사회 기본계획 수립 등'(제9조 내지 제13조), '로봇분류체계 수립, 로봇산업 전반에 대한 실태조사, 로봇등록제도'(제16조 내지 제17조) 등을 규정하였다. 특히, 로봇기본법안은 행정청이 로봇의 분류기준을 설정하고 이를 위해 필요한 행정조사를 실시할 수 있는 법적 근거를 명시하여, 국가가 로봇산업을 표준화하고 로봇의 소비자와 제조자에게 예측될 수 있는 면을 고려하고 있다. 더 나아가 등록정보를 효율적으로 관리하고 등록 외 로봇사용에 따른 위험성을 최소화하기 위해 미등록에 대한 과태료 등 제재수단이 필요한가에 대한 논의가 발생할 수 있다[17].

'로봇제조자의 무과실책임 및 면책사유 등 로봇의 결함에 따른 손해배상책임에 관한 사항을 규정'(제23조), '로봇설계자 및 제조자의 로봇사용자 권익보호를 위한 책무'를 규정하고 있다(제24조). 여기서 문제되는 것은 책임문제에 대한 사항이다. 제조물책임법과 민법은 기계장치로서 로봇은 '제조물'에 해당되어 로봇제조자는 로봇의 결함에 따른 손해발생에 무과실책임을 부담해야 한다. 하지만 소프트웨어의 경우 '물건'으로 볼 수 있는지에 대한 다툼이 발생하고 있다. 민법상 관리 가능한 자연력을 확장하여 제조물로 인정하는 견해가 있고, 물건으로 볼 수 없다는 점을 고려하여 이를 부정하는 견해도 있다. 또한 저장매체에 담긴 소프트웨어의 경우 제조물로 볼 수 있다는 절충설도 있다. 다툼을 방지하기 위하여 이는 입법적으로 해결해야 할 것이다.

한편, 로봇의 결함이 없는 경우에 발생하는 손해를 로봇 자체에게 부담시키는 경우가 발생할 수 있는데, 이를 어떻게 해야 할 것인가의 논의가 전개될 수 있다. 로봇을 하나의 인격체로 본다면, 유럽연합이 상정하고 있는 바와 같이 우리 법 역시 하나의 새로운 인격체를 창출하게 되고, 자연인과 법인 외에 새로운 전자인간이 탄생하게 된다. 새로운 인격체가 되었다는 점은 권리주체로 인정된다는 것이고, 이러한 권리주체는 권리와 의무를 독립적으로 행사하기 위하여 독립적인 책임재산을 동반해야 할 것이다. 로봇의 전자인간화는 여기서 멈추지 않고 손해를 보상하기 위한 영역인 보험법제로 논의를 확장하게 될 것이다.

지능정보사회기본법안 제안 이유

2017년 2월 22일 강효상 의원이 대표발의한 '지능정보사회기본법안'이 있다. 최근 인공지능 기술을 주축으로 하는 지능정보기술 개발이 매우 빠르게 진척되고 있을 뿐만 아니라, 이를 뒷받침 하는 사물인터넷, 클라우드 컴퓨팅, 빅데이터 분석 및 활용 등 정보통신 융합 기술과 산업의 발전으로 인해 지능정보사회의 도래가 앞당겨지고 있다. 지능정보사회에서 사회적 소통이 증대되고 인간의 삶은 더욱 편리해질 것으로 보이지만, 지능정보기술의 자동화 속성으로 인해 국가 전반의 일자리와 분배체계의 혼선, 윤리적 판단기준의 변화, 불확정적인 위험 발생 가능성, 그리고 법적 책임 소재 파악의 어려움 등 새로운 사회적 문제가 발생할 것으로 예측된다.

따라서 입법 정책적으로는 지능정보기술 개발 및 산업 진흥에 기반 한 순기능을 극대화하면서도, 그 역기능을 최소화하여 기술의 사회적 안정성과 수용성을 제고할 필요가 있으며, 이러한 맥락에서 최근 2017년 2월 16일 유럽연합 의회는 로봇기술 등에 관한 입법조치 검토를 집행위원회에 촉구하는 내용의 결의안을 의결[18]한 바 있다. 지능정보 기술 개발 및 산업이 아직 초기 단계라는 점을 감안한다면 관련 산업 진흥 등을 위한 입법정책 추진은 현 단계에서 매우 중요한 의미를 가지는데, 이미 우리나라에는 국가정보화기본법, 정보통신망 이용촉진 및 정보보호 등에 관한 법률, 소프트웨어 산업 진흥법, 클라우드컴퓨팅 발전 및 이용자 보호에 관한 법률, 정보통신 진흥 및 융합 활성화 등에 관한 특별법, 정보통신산업 진흥법, 산업융합 촉진법, 지능형 로봇 개발 및 보급 촉진법 등 정보통신 산업 진흥과 연계된 다양한 법률들이 난립하고 있어, 오히려 기존 관련 입법 및 추진체계의 정비가 우선적으로 선결될 필요가 있는 상황이다.

이에 지능정보사회 기본법을 제정하여 민간영역의 자율성과 창의성에 바탕을 둔 지능정보사회의 안정적 발전을 효과적으로 지원하고, 각종 사회 구조적·윤리적 문제를 선제적·효과적으로 해소하기 위한 기반을 마련함과 아울러, 기존의 규제개선 및 정책 추진체계를 획기적으로 개선하여 인간 중심의 지능정보사회 구현에 기여하고자 본 법률안을 발의하게 된 것이다.

지능정보사회기본법안의 입법 목적

이 법은 지능정보사회 발전의 기본방향과 민관협력의 제도적 토대를 제공함으로써 지능정보기술의 개발·활용 및 사회적 수용성 제고와 더불어 그로 인한 부작용이 최소화된 인간 중심의 지능정보사회를 구현하여 국민의 복리 증진 및 삶의 질 향상에 이바지함을 목적으로 한다(안 제1조).

지능정보사회기본법안의 주요 내용

자율적인 정보의 인지, 학습, 추론, 분석, 처리, 생성 등을 수행하는 기술 또는 이와 연계한 정보통신 기술 등을 지능정보기술로 정의하고, 지능정보기술을 기반으로 사회 모든 분야에서 인간의 능력과 생산성을 극대화하여 인간의 한계를 극복해 발전하는 미래지향적 인간 중심 사회를 지능정보사회로 정의한다(안 제2조).

'지능정보사회 발전에 관한 업무를 수행하기 위하여 대통령 소속으로 중앙행정기관인 지능정보사회 전략위원회를 설치하고, 위원의 구성 및 위원회의 업무를 규정하고(안 제5조부터 제15조까지), 정부가 지능정보사회 발전 기본계획 수립 및 정책 추진에 관한 의견을 수렴하기 위하여 지능정보사회 민관협력포럼을 지원하도록 하고, 그 의견을 정책에 반영하도록 한다(안 제16조).

지능정보사회 전략위원회가 지능정보사회 발전 기본계획을 수립하고, 관계 중앙행정기관의 장과 지방자치단체의 장이 정책 수립 및 추진 시 이를 반영하도록 하며, 관계 중앙행정기관의 장과 지방자치단체의 장은 다른 기관의 정책 또는 사업이 해당 기관의 사업에 지장을 줄 우려가 있는 경우 지능정보사회 전략위원회에 조정을 요청하도록 하고(안 제17조, 제18조 및 제19조), 지능정보사회 전략위원회가 지능정보사회 정책의 개발·연구를 위하여 사업을 수행하고 이를 관련 전문기관에 위탁할 수 있도록 하며, 국제협력을 추진하도록 한다(안 제20조 및 제21조).

지능정보기술의 윤리 및 안전을 확보하기 위하여 관련 기관이 기관자율지능정보기술윤리위원회를 설치할 경우 정부가 기술적·재정적 지원을 하고, 해당 기관이 신청하는 경우 지능정보사회 전략위원회가 이를 평가·인증하도록 하고(안 제22조 및 제23조), 지능정보사회 전략위원회가 민관협력포럼의 의견을 요청 및 반영하여 지능정보기술 윤리헌장을 제정·공표하도록 한다(안 제24조).

지능정보사회 전략위원회가 관련 기술의 관리 등을 위한 지능정보기술의 분류기준을 수립하여 공표하도록 하고(안 제25조), 지능정보기술 및 지능정보서비스를 이용에 있어 손해 발생 시 책임의 일반원칙을 규정하고, 이용자의 권리를 보호하도록 하며, 정책 수립 및 추진상의 의견수립 원칙을 규정함과 아울러, 관련 산업 및 집단 간의 이해관계 갈등 조정이 필요한 경우 지능정보사회 전략위원회에 갈등조정을 신청하도록 한다(안 제26조, 제27조, 제28조 및 제29조).

지능정보사회 전략위원회가 지능정보기술에 관한 기술 및 관련 법·제도에 관한 영향평가를 실시하도록 하며, 이를 반영하여 지능정보기술 관련 법령 등 규제 정비 업무를 추진하도록 하고(안 제30조 및 제31조), 지능정보사회 전략위원회가 국회에 법·제도 개선 사항 등을 포함한 지능정보사회 발전 정책 및 추진실적에 관한 연차보고를 하며, 관련 보고서 심의와 규제 정비를 위해 국회에 지능정보사회 특별위원회를 설치할 수 있도록 규정한다(안 제32조 및 제33조).

소 결

　유럽연합은 로봇이 초래한 피해에 대해 엄격한 책임원칙을 적용하기 위하여 로봇등록제, 전자인간의 법적 지위 부여, 로봇의 동작을 멈추는 '킬스위치 장치 부여' 등에 관한 기준을 마련하고 있다[19]. 미국의 경우 인공지능 기술의 최우선 과제로 공익 보호와 공정성, 책임성, 투명성 확보를 내세우고 지속적인 모니터링을 통해 올바른 방향으로 기술개발이 진행될 수 있도록 가이드 할 예정이다. 우리나라의 경우에도 인공지능을 법적 인격체(전자인)로 보지 아니하고 하나의 도구로 보기 때문에 인공지능의 안전성, 사고 시 법적 책임 주체, 기술개발 윤리 등 인공지능 확산에 따른 법제도의 정비가 필요하다. 또한 인공지능에 의해 산출된 데이터 재산권의 보호 및 가치 분배 등의 문제와 인공지능이 적용된 새로운 기술이나 기기에 대한 명확한 정의와 인증, 허가제도에 대한 정비도 필요하다. 그러나 인간을 위해 만든 인공지능과 로봇이 인간을 위협할 수 있다는 위기의식 속에서 인공지능에 대한 규제체계 또한 함께 마련될 필요가 있다.

CHAPTER 4

결 론

인공지능의 발전은 심층학습deep learning이나 기계학습representation learning이라는 영역의 발전을 가져왔다. 기존의 기계학습은 경험을 통해 특정 작업의 성능을 향상시키는 것으로 전통적인 통계학을 기반으로 한 패턴을 인식하는 방법에 해당하는 것이라면, 심층학습은 인간의 두뇌가 수많은 데이터 속에서 패턴을 발견한 뒤 사물을 구분하여 정보 처리하는 방식을 모방하여 컴퓨터가 스스로 인지추론판단을 하게 하는 알고리즘인 인공신경망이다. 심층학습은 주어진 데이터에서 일반화 된 지식을 추출해 내는 방식이기 때문에 수많은 데이터가 필요한데, 그동안 많은 양의 데이터의 부재로 이 기술이 발전하지 못하였으나, 작금에 이르러 빅데이터의 출현과 컴퓨터 성능의 향상에 힘입어 심층학습은 사람과 같이 스스로 학습할 수 있게 되었다. 무엇보다도 법률문제가 발생할 수 있는 영역으로 지식재산권 영역으로 특허권과 저작권 부분을 들 수 있다. 인간이 아닌 인공지능에게 권리주체성을 인정해 주어야 할 것인가의 문제와 인공지능으로 인해 발생할 수 있는 권리침해에 대해 인공지능에게 책임을 물을 수 있을 것인가의 문제가 주요 사안이 될 것이다.

자율주행자동차의 실현은 그리 멀지 않다. 이러한 자율주행자동차가 발전을 계속하고 있는 이유는 무엇보다도 인공지능이 스스로 인식하고 행동하게 되었다는 점을 들 수 있다. 자율주행자동차를 둘러싼 법적인 공방이 이루어지는 부분은 사고발생과 관련된 사항이다. 책임의 주체를 누구로 보아야 할 것인가의 문제, 제조물책임법의 대상이 될 수 없는 현재 상황에서 법률 개정의 문제, 책임을 제3자에게 전가할 수 있는 보험제도의 운영 등 다양한 관점에서 자율주행자동차의 법률적인 문제가 검토되어야 할 것이다.

　인공지능 로봇은 심층학습이나 자율주행자동차와 달리, 인간과 유사하게 일정한 행위를 자율적으로 할 수 있다는 면과 감정을 다소 소유할 수 있다는 특성을 가지고 있다. 인간과 유사한 이 인공지능에게 법인격을 인정할 것인가의 문제가 주요 핵심사항이 될 것이다. 자연인이 아닌 회사 등 하나의 일정한 단체에게 우리는 또 다른 하나의 인격을 부여하였다. 이는 법률생활의 편리함을 위하여 우리가 고안해 낸 것이다. 사람은 아니지만 동물에 대하여도 일부 국가에서는 물건이 아니라는 점을 명시적으로 법에 규정하고 있는 상황이다. 기술의 발전에 따라 보다 더 인간의 모습을 갖게 된 인공지능에게 권리를 부여하는 것은 타당하지 않을까 라는 생각을 한다.

미 주

INTRO 미래사회와 인공지능

1   Stanford University, *Artificial Intelligence and Life in 2030? One Hundred Year Study on Artificial Intelligence: Report of the 2015-2016 Study Panel*, 2016.

2   이명호, "4차 산업혁명의 미래사회 시나리오", Futures Vol.15, KAIST, SUMMER 2017.

3   김철회, *대한민국 미래교육 보고서*, 국제미래학회·한국교육학술정보원, 광문각, 2017.

4   M.I. Jordan and T.M. Mitchell, "Machine Learning: Trends, perspectives, and prospects," Science vol.349, issue 6245, pp.255-260, July 2015.

5   Y. LeCun, Y. Bengio and G. Hinton, "Deep learning", Nature vol. 521, pp. 436–444, 2015.

PART 1 인공지능과 4차 산업혁명

CHAPTER 1 인공지능의 역사

1   Stanford University, *Artificial Intelligence and Life in 2030? One Hundred Year Study on Artificial Intelligence: Report of the 2015-2016 Study Panel*, 2016.

2   S. Russell and P. Norvig, *Artificial Intelligence: A Modern Approach*, 3rd ed. Prentice Hall, 2010.

3   A. Turing, "Computing Machinery and Intelligence", Mind, 59, pp.433-460, 1950.

4   S. Russell and P. Norvig, *Artificial Intelligence: A Modern Approach*, 3rd ed. Prentice Hall, 2010.

5   W. S. McCulloch and W. Pitts, "A logical calculus of the ideas immanent in nervous activity," The bulletin of mathematical biophysics, Vol. 5, Issue 4, pp 115–133, 1943.

6   D. O. Hebb, *The Organization of Behavior*, Wiley 1949.

7   A. Turing, "On computable numbers, with an application to the Entscheidungsproblem", Proc. London Math. Society, 2nd series, 42, pp.230-265, 1936.

8   S. Russell and P. Norvig, *Artificial Intelligence: A Modern Approach*, 3rd ed. Prentice Hall, 2010.

9   도용태 외 4인, *인공지능 개념 및 응용*, 4판, 사이텍미디어, 2013.

10   https://en.wikipedia.org/wiki/Mycin

11   S. Russell and P. Norvig, *Artificial Intelligence: A Modern Approach*, 3rd ed. Prentice Hall, 2010.

12   Rosenblatt, F. "The Perceptron – a perceiving and recognizing automaton," Report 85-460-1, Cornell Aeronautical Laboratory, 1957.

13   Rosenblatt, F. *Principles of Neurodynamics: Perceptrons and the Theory of Brain Mechanisms*, Spartan, 1962.

14   M. L. Minsky and S. A. Papert, *Perceptrons*, MIT Press, 1969.

15   Rumelhart, D. E., G. E. Hinton, and R. J. Williams, "Learning Internal Representations by Error Propagation",

Parallel distributed processing: Explorations in the microstructure of cognition, Volume 1: Foundations. MIT Press, 1986.

16 본 글에서는 인공지능을 구현할 때 인간의 지능에 대한 고민보다는, 순수하게 통계적 방식으로 문제를 풀려고 하는 '통계 기반 인공지능'을 '기계학습'이라고 부른다(출처: 정상근, "인공지능과 심층학습의 발전사", 정보과학회지 v.33, no.10, pp.10~13, 2015.10).

17 M.I. Jordan and T.M. Mitchell, "Machine Learning: Trends, perspectives, and prospects," Science vol.349, issue 6245, pp.255-260, July 2015.

18 http://www.image-net.org/challenges/LSVRC/

19 I. J. Goodfellow, Y. Bengio, A. Courville, *Deep Learning*, MIT Press, 2015.

20 http://www.wikiwand.com/en/Classical_conditioning

21 고전적 조건화의 행동적 연구, https://ko.wikipedia.org/wiki/

22 이대열, *지능의 탄생*, p.169~170, 바다, 2017.

23 R. S. Sutton and A. G. Barto, *Reinforcement Learning: An Introduction*, 2nd edition, Nov. 2017.

24 David Silver, et al, "Mastering the game of Go without human knowledge," Nature vol. 550, pp. 354–359, Oct. 2017.

25 S. Russell and P. Norvig, *Artificial Intelligence: A Modern Approach*, 3rd ed. Prentice Hall, 2010.

26 A. Turing, "Computing Machinery and Intelligence", Mind, 59, pp. 433-460, 1950.

27 김우창, 마음의 형성 그리고 인조인간, naver 열린연단 에세이

28 S. Russell and P. Norvig, *Artificial Intelligence: A Modern Approach*, 3rd ed. Prentice Hall, 2010.

29 Ibid.

CHAPTER 2 기계학습

1 A. Samuel, "Some studies in machine learning using the game of checkers", IBM Journal of Research and Development, Vol. 3, Issue: 3, pp. 210-229, 1959.

2 마쓰오 유타카, 박기원 역, *인공지능과 딥러닝*, pp.122-123, 동아엠앤비, 2016.

3 김우철 외 8명, *현대통계학*, 4판, 영지문화사, 2016.

4 R. M. Kebeasy, A. I. Hussein, S. A. Dahy, Discrimination between natural earthquakes and nuclear explosions using the Aswan Seismic Network, Annals of Geophysics Vol 41, No 2 pp.127~140, 1998.

5 S. Russell and P. Norvig, *Artificial Intelligence: A Modern Approach*, 3rd ed. Prentice Hall, 2010.

6 Ibid.

7 https://en.wikipedia.org/wiki/Euclidean_distance

8 https://en.wikipedia.org/wiki/John_Snow

9 S. Russell and P. Norvig, *Artificial Intelligence: A Modern Approach*, 3rd ed. Prentice Hall, 2010.

10 J. R. Quinlan, *C4.5: Programs for Machine Learning*, Morgan Kaufmann, 1993.

11 C. E. Shannon and W. Weaver, *The mathematical theory of communication*, Univ. of illinois press urbana, 1949.

12 S. Russell and P. Norvig, *Artificial Intelligence: A Modern Approach*, 3rd ed. 18장, Prentice Hall, 2010.

13   오일석, *기계학습*, pp.108-112, 한빛아카데미, 2017.

14   S. Russell and P. Norvig, *Artificial Intelligence: A Modern Approach*, 3rd ed. 18장, Prentice Hall, 2010.

15   https://en.wikipedia.org/wiki/Euclidean_distance

16   정도희, *인공지능 시대의 비즈니스 전략*, pp.69-70, 더퀘스트, 2018.

17   니시우치 히로무, 신현호 역, 통계의 힘, pp.295~297, 비전코리아, 2015.

18   https://upload.wikimedia.org/wikipedia/commons/d/dd/Big_dog_military_robots.jpg

19   R.S. Sutton and A.G. Barto, *Reinforcement Learning: An Introduction*, 2nd edition, Nov. 2017.

20   W. Schultz, P. Dayan, P.R. Montague, "A Neural Substrate of Prediction and Reward, Science", Vol. 275, Issue 5306, pp. 1593-1599, 1997.

21   에이전트는 복잡한 동적인 환경에서 목표를 달성하려고 시도하는 소프트웨어를 말한다. 이러한 에이전트 는 센서를 가지고 외부 환경을 인지하고, 행위자를 통해 외부 환경과 상호작용한다(출처: S. Russell and P. Norvig, *Artificial Intelligence: A Modern Approach*, 3rd ed. Prentice Hall, 2010)

22   R.S. Sutton and A.G. Barto, *Reinforcement Learning: An Introduction*, 2nd edition, Nov. 2017.

23   이대열, *지능의 탄생*, 바다, 2017.

24   Y. LeCun, Y. Bengio and G. Hinton, "Deep learning," Nature vol. 521, pp.436-444, 2015.

25   P. Domingos, 강형진 역, *마스터 알고리즘*, 비즈니스북스, 2016.

CHAPTER 3 심층학습

1   Fukushima K. and Miyake S, "Neocognitron: A Self-Organizing Neural Network Model for a Mechanism of Visual Pattern Recognition," In Amari S., Arbib M.A. (eds) Competition and Cooperation in Neural Nets. Lecture Notes in Biomathematics, vol 45. Springer, Berlin, 1982.

2   D.E. Rumelhart, G.E. Hinton, J.L. McClelland, *A General Framework for Parallel Distributed Processing*, chap. 2, Parallel distributed processing, 1987.

3   LeCun et al. "Gradient-based learning applied to document recognition," Proc. of IEEE, 1998.

4   G Montavon, GB Orr, KR Müller, *Neural Networks: Tricks of the Trade*, Springer, 2012.

5   GE Hinton, S Osindero, YW Teh, "A fast learning algorithm for deep belief nets," Neural Computation, Vol. 18, Issue 7, pp.1527-1554, MIT Press, 2006.

6   Texas Instruments와 MIT가 제작한 음성 데이터베이스.

7   미 국가표준원(National Institute of Standards and Technology)가 제작한 이미지 클러스터링을 위한 필기체 숫 자 이미지 데이터베이스.

8   이대열, *지능의 탄생*, p.202~203, 바다, 2017.

9   https://en.wikipedia.org/wiki/Neuron

10   http://npsneuro.com/

11   Rosenblatt, F., "The perceptron: A probabilistic model for information storage and organization in the brain," Psychological Review, 65(6), pp.386-408, 1958.

12   W. S. McCulloch and W. Pitts, "A logical calculus of the ideas immanent in nervous activity," The bulletin of

mathematical biophysics, Vol. 5, Issue 4, pp.115–133, Dec. 1943.

13 S. Russell and P. Norvig, *Artificial Intelligence: A Modern Approach*, 3rd ed. 18장, Prentice Hall, 2010.

14 Ibid.

15 PJ Werbos, *Beyond regression: New tools for prediction and analysis in the behavioral sciences*, Ph.D. thesis, Harvard University, Cambridge, MA, 1974.

16 Y Le Cun, "A theoretical framework for back-propagation," Proc. of the 1988 Connectionist Models Summer School, pp.21-28, CMU, 1988.

17 S. Marsland, *Machine Learning*, 4장 The Multi-Layer Perceptron, CRC Press, 2015.

18 박혜영, 이관용, *패턴인식과 기계학습*, 11장 신경망, 이한출판사, 2011.

19 연쇄 규칙은 $f(g(x))$와 같은 합성함수 미분시 편리하다. $y = f(u)$, $u = g(x)$라 하면, 이를 $\frac{dy}{dx} = \frac{dy}{du} \cdot \frac{du}{dx}$ 로 단계적으로 미분할 수 있는 규칙을 말한다.

20 S. Marsland, *Machine Learning*, 4장 The Multi-Layer Perceptron, CRC Press, 2015.

21 https://www.tensorflow.org/

22 R. Duda, P. Hart, D. Stork, *Pattern Classification*, 6. Multilayer Neural Networks, 2nd ed. John Wiley & Sons, 2001.

23 V. Nair and G. Hinton, "Rectified linear units improve restricted Boltzmann machines," ICML, 2010.

24 S. Russell and P. Norvig, *Artificial Intelligence: A Modern Approach*, 3rd ed. 18장, Prentice Hall, 2010.

25 인식기(cognitron)는 1975년 Fukushima에 의해 개발된 패턴 인식 모델로서 경쟁 학습을 하는 다층신경망 모델을 의미한다. 이 모델은 인간의 인식 시스템에 대한 가설적인 수학적 모델로 그의 컴퓨터 시뮬레이션 결과는 매우 인상적인 패턴 인식의 능력을 보여 주었다. 인식기(cognitron)를 개선한 신인식기(neocognitron)는 회전, 이동, 왜곡 및 축척 변화와 패턴을 인식하는 능력면에서 인식기보다 훨씬 더 강력하며, 인식기처럼 훈련을 통해 자기 조직화하는 특징을 갖는다.(출처: K. Fukushima,"Neocognition: a self-organizing neural network model for a mechanism of pattern recognition unaffected by shift in position," Biological Cybernetics, 1980)

26 Y. Lecun, Y. Bengio, G. Hinton, *Deep Learning*, Nature, 2015.

27 LeCun et al. "Gradient-based learning applied to document recognition," Proc. of IEEE, 1998.

28 Karpathy's blog, http://karpathy.github.io/2015/05/21/rnn-effectiveness/

29 B.A. Pearlmutter, "Gradient calculations for dynamic recurrent neural networks: a survey," IEEE Trans. on Neural Networks, Vol. 6 Issue 5, pp.1212-1228, 1995.

30 F.A. Gers, J. Schmidhuber, F. Cummins, "Learning to forget: continual prediction with LSTM," 9th Int. Conference on Artificial Neural Networks: ICANN '99, pp.850–855, 1999.

31 O. Vinyals, A. Toshev, S. Bengio, D. Erhan, "Show and Tell: A Neural Image Caption Generator," CVPR, pp.3156-3164, 2015.

32 L. A. Gatys, A. S. Ecker, M. Bethge, "A Neural Algorithm of Artistic Style," 2015, arXiv:1508.06576v2.

33 Nvidia, Vincent-ai, http://blogs.nvidia.co.kr/2017/10/16/vincent-ai-sketch-demo-draws-in-throngs-at-gtc-europe/

34 Ian Goodfellow et al., "Generative Adversarial Nets," NIPS 2014.

35 Nvidia, Vincent-ai, http://blogs.nvidia.co.kr/2017/10/16/vincent-ai-sketch-demo-draws-in-throngs-at-gtc-europe/

CHAPTER 4 4차 산업혁명과 기술 혁신

1   E. 브란욜프슨, A. 맥아피, 이한음 역, *제2의 기계시대*, 8장 및 10장, 청림출판, 2014.

2   이명호, "4차 산업혁명의 미래사회 시나리오", Futures: Vol.15 pp.6~11, KAIST, 2017.

3   정보통신기술진흥센터, "서비스 로봇 시장 동향", IITP 주간기술동향, 2017. 8월

4   https://upload.wikimedia.org/wikipedia/commons/5/5e/KUKA_Industrial_Robots_IR.jpg

5   마틴 포드, 이창희 역, *로봇의 부상*, 1장, 세종서적, 2015.

6   https://commons.wikimedia.org/wiki/File:Micro_Tactical_Ground_Robot_from_ROBOTEAM_North_America_140726-A-HE734-003.jpg

7   https://www.youtube.com/user/AsanMedicalCenter

8   김태구, "2018년 세계 의료로봇시장 '4조원'", 로봇신문, 2014. 3월

9   http://news.mtn.co.kr/v/2015080415168859193

10 https://commons.wikimedia.org/wiki/File:Seoul-Ubiquitous_Dream_11.jpg

11 휴머노이드(Humanoid)란 사람을 뜻하는 'Human'이란 단어와, '~와 같은 것'이란 의미를 가진 접두사 'oid'의 합성어이다. 즉 '사람 같은 것'이라는 말이다. 머리·몸통·팔·다리 등 인간의 신체와 유사한 형태를 지닌 로봇을 뜻하는 말로, 인간의 행동을 가장 잘 모방할 수 있는 로봇이다. 인간형 로봇이라고도 한다. 휴머노이드는 인간의 지능·행동·감각·상호작용 등을 모방하여 인간을 대신하거나 인간과 협력하여 다양한 서비스 제공을 목표로 한다.(출처: 두산백과)

12 https://www.ald.softbankrobotics.com/en

13 문술미래전략대학원, *대한민국 국가미래전략2018*, 2장, 제1권, KAIST, 2017.10.

14 Hiroko Tabuchi, "For Sushi Chain, Conveyor Belts Carry Profit," New York Times, Dec. 30, 2010.

15 YTN, https://www.youtube.com/watch?v=v0kCXYs7O00(

16 YTN, https://www.youtube.com/watch?v=ADiz5AbmVCA

17 https://www.greentechmedia.com/articles/read/fully-autonomous-vehicles-decade-away-experts#gs.Th6LIOc

18 송유승, "스마트 자동차: 자율주행자동차 기술 동향", IITP 주간기술동향(1815호), pp. 3-14, 2017.

19 박현수, *글로벌 자율주행차 시장 동향 및 시사점*, 디지에코 보고서 이슈& 트렌드, KT, 2018.4.

20 정구민, "미래 이동성과 전기차", Auto Journal, 2016.12.

21 https://comma.ai/

22 https://en.wikipedia.org/wiki/File:Waymo_Chrysler_Pacifica_in_Los_Altos,_2017.jpg

23 https://www.nhtsa.gov/technology-innovation/automated-vehicles-safety# issue-road-self-driving

24 안경환 외 3인, "자율주행 자동차 기술동향", ETRI 전자통신동향분석 제28권 제4호, pp.35-44, 2013.

25 김정하, "국내 자율주행차 갈 길 멀다", 시사저널, 2016.07.11

26 최솔지, "자율주행자동차의 현주소, 그리고 향후 비즈니스 기회," 인사이터스, 2017.

27 레이다는 강력한 전자기파를 발사하여 그 전자기파가 대상 물체에서 반사되어 돌아오는 반향파를 수신하여 물체를 식별하거나 물체의 위치, 움직이는 속도 등을 탐지하는 장치(출처: 물리학백과)

28 라이다는 레이저 펄스를 발사하고, 그 빛이 주위의 대상 물체에서 반사되어 돌아오는 것을 받아 물체까지의 거리 등을 측정함으로써 주변의 모습을 정밀하게 그려내는 장치(출처: 물리학백과)

29   정구민, "자율주행을 위한 새로운 센서들의 등장", KISA Power Review Vol.02, pp.9-15, 2018.

30   유압, 압축 공기, 전기 등 동력을 이용하여 기계를 동작시키는 구동장치로 피스톤, 실린더 등의 장치(출처: 물리학백과).

31   이승훈, *심층학습 기반의 인공지능 자율주행 기술 경쟁의 핵심을 바꾼다*, LG경제연구원, 2017.11.

32   R. S. Sutton and A. G. Barto, *Reinforcement Learning: An Introduction*, 2nd edition, Nov. 2017.

33   이승훈, *심층학습 기반의 인공지능 자율주행 기술 경쟁의 핵심을 바꾼다*, LG경제연구원, 2017.11.

34   송유승, "스마트 자동차: 자율주행자동차 기술 동향", IITP 주간기술동향(1815호), pp.3-14, 2017.

35   박현수, "글로벌 자율주행차 시장동향 및 시사점", kt경제경영연구소, p.5, 2018.

36   Ibid.

37   최호섭, "돌아보는 CES 2018 : 진화하는 가전의 미래", Power Review, KISA Report Vol.1, pp.3-12, 2018.

38   M. Lewis, *Moneyball: The Art of Winning an Unfair Game*, W. W. Norton & Company, 2003.

39   https://www.gartner.com/analyst/12/Peter-Sondergaard

40   https://en.wikipedia.org/wiki/John_Snow

41   Ibid.

42   https://www.entrue.com/Knowledge/EntrueWorld

43   한형상, 김현, "4차 산업혁명과 지식서비스," KEIT PD ISSUE REPORT VOL 17-2, 2017.2.

44   https://en.wikipedia.org/wiki/House_of_Cards_(U.S._TV_series)

45   https://blog.naver.com/ryuhyekyung/220273263053

46   http://subinne.tistory.com/127

47   Ibid.

48   http://news.chosun.com/site/data/html_dir/2018/05/01/2018050100155.html

49   마틴 포드, 이창희 역, *로봇의 부상*, 1장 자동화의 물결, 세종서적, 2015.

50   https://en.wikipedia.org/wiki/Luddite

51   E. 브란욜프슨, A. 맥아피, 이한음 역, *제2의 기계시대*, 8장 및 10장, 청림출판, 2014.

52   Autor, D. H., and D. Dorn, "The Growth of Low-Skill Service Jobs and the Polarization of the US Labor Market," American Economic Review 103(5): 1553−97, 2013.

53   E. 브란욜프슨, A. 맥아피, 이한음 역, *제2의 기계시대*, 8장 및 10장, 청림출판, 2014.

54   Ibid.

PART 2 인공지능과 철학자의 판타지

CHAPTER 1 휴머노이드 로봇과 로보 사피엔스의 철학적 토대

1   호모 사피엔스 사피엔스와 대비해서 '로보 사피엔스'로 명명할 수 있는 반면, 로봇처럼 진화된 인간은 '호모 로보티쿠스'라고 칭할 수 있겠다. 로보 사피엔스는 특이점(the singularity) 로봇과 연결되는데 이때 특이점이란 인공지능(AI)의 놀라운 발전으로 인류의 지성총합보다 우수한 슈퍼 인공지능이 나타나는 시점을 말한다.

이는 문명발전사의 가상지점을 뜻하는 미래학 용어로서, 기술변화의 가속도가 너무 빠르고 영향도 커져 돌이킬 수 없을 정도로 변화되는 시점을 뜻한다. 레이 커즈와일은 2040년대로 예견한다.

2 현재로서는 로봇의 유용성과 반려성은 유지하고 위험성을 제거하기 위해 콩트의 실증주의 인간정신의 발달 제2단계인 형이상학적 시기의 인간을 이성과 감성의 통일체로 만들어야 정신(종교)과 물질(과학)이라는 양 진영을 효과적으로 컨트롤할 수 있으리라 보는 것이다. 그런 통일의 기반으로, 정신과 물질. 또는 정신과 자연을 연속시키는 라이프니츠와 메를로퐁티의 현상학을 소개할 예정이다.

3 하이퍼 합리론은 종래에 지성주의적 관념론으로 오해되던 라이프니츠를 감성과 지성의 구별 이전 상태인 제3존재 장르로서 모나드의 철학자로 간주하는 관점이다.

4 신체와 의식의 이원론을 부정하고 인간을 '육화된 의식', 즉 신체이자 의식, 의식이자 신체라는 변증법적 통일성으로 '미완성적으로' 이해하는 철학자를 지칭한다.

5 Auguste Comte, *Discours sur l'esprit positif* (1844), Vrin 2009, pp 41-42 참조: 『실증정신강의』는 『실증철학강의』(Cours de philosophie positive)의 축약본이다.

6 Auguste Comte, *Discours sur l'esprit positif*, 1844, Vrin 2009, pp 42-56.

7 Auguste Comte, *Discours sur l'esprit positif*, 1844, Vrin 2009, pp 57-64.

8 Auguste Comte, *Discours sur l'esprit positif*, 1844, Vrin 2009, pp 64-74.

9 오귀스트 콩트(김점석 역), 『실증주의 서설』, 한길사, 2001, 64쪽 이하 참조.

10 Auguste Comte, *Premiers cours de philosophie positive : Préliminaires généraux et philosophie mathématique* (1830), Paris, PUF, coll. "Quadrige", 2007, 참조

11 물신숭배는 애니미즘과 물활주의로 나눌 수도 있는데, 애니미즘(Animism)은 종교학적 표현이고 물활론(Hylozoism)은 철학적 번역이다. 질료가 생동한다는 사물의 존재성격을 말한다.

12 신학 단계의 물활론은 콩트가 말한 것처럼 가장 원시적인 것이 아니라 실제로는 가장 진보한 논리에 가깝다. 그것은 인간과 세계, 인간과 타인, 인간과 로봇이 서로에게 침투하고 상호작용적(interactive)으로 존재할 환경이다. 인공지능과 4차 산업혁명 그리고 인간형 로봇과 로봇형 인간에 적합한 세계라고 본다. 그리고 다음으로 형이상학적 단계는 이성이 추상의 작용은 하지만 신체에 독립적인 이성 자신의 고독한 조건이 외부세계 곧 자연과 섞이지 못하는 단계다. 형이상학적 단계를 '존재론적' 단계로 바꾸어 이해한다면 첫 단계인 종교와 세 번째 단계인 과학을 통제할 수 있는 입장에 설 수 있다.

13 보이는 '특이점 로봇'이 '로보 사피엔스'임을 전제로 표기한 것이다.

14 질료적 이성은 육화된 이성(incarnated reason)으로서 실질적 이성으로 지칭할 수도 있다.

15 현상학의 의미는 여러 가지로 해석되는데 여기서는 주체와 객체 그리고 주체와 주체 사이의 유기적 연속성(organic continuity)과 유기적 직조법(organic weave)을 가리킨다.

16 현상학은 다중 지각의 선험론적 소통(transcendental communication of multi-perception)을 구축한 철학이다.

17 뇌와 내장기관 그리고 이 기관들과 외부세계 사이의 이러한 순환적인 관계는, 나노기술과 로봇기술이 융합돼 생산된 나노봇(nanobot)이라는 전기 – 기계 장치로 인공 '호흡세포'를 만들어 가동시킬 수 있다. 이 같은 상호기관성(inter-organity: 뇌와 기관들, 기관들과 유기체, 유기체와 외부세계)을 근거지우는 철학이 메를로퐁티의 상호신체성(intercorporeality) 현상학이다. 게다가 뇌와 신경계를 역(逆)으로 분석하여 뇌를 회로로 취급한다면, 인공신경의 개발과 함께 상호기관성이 가동될 수 있다. 아무튼 인공세포로써 혈액을 프로그래밍할 수도 있으며 인공신경으로 뇌를 재설계할 수도 있다. Ray Kurzweil(김명남, 장시형 역), *The Syngularity Is Near*, London, Penguin Group, 2017, 420-424쪽 참조.

18 모든 심리상태는 두뇌의 신경상태에 다름 아니라는 현대 심리철학의 한 원리다.

19 개념적 실체화는 명사적(nominal) 실체화 또는 체언(un*inflected* word)적 실체화로 적을 수 있겠다. 영혼과 육체 또는 의식과 신체를 '체언적으로' 실체화하면 그 통일성이 불가능해진다. 차라리 의식과 신체를 용언적

(동사적: predicative) 존재로 그래서 개방적 존재로 이해할 때 인간의 자기동일성(identity)은 통일성을 확보하는 것이다. '용언적'이라 함은 시제와 인칭에 따라 동사가 그 형태를 변화시키듯이 실체로 굳어지지 않는 상태, 늘 살아 움직이는 상태로 존재함이다. 그래서 동사(용언)의 원형은 사용될 수 있는 현실태가 아니다. 의식과 신체는 순환적으로 서로의 안으로(In-ein-ander) 긴박하게 미끄러져 들어간다. 마치 뫼비우스의 띠에서 연속적으로 변환되는 두 표면처럼 말이다. '육화된 의식'이라는 변증법 속에서 의식이 아니라 의식적 차원 그리고 신체가 아니라 신체적 차원이 긴박히 교대될 뿐이다.

20 왜 제3의 존재장르인가? 의식은 물질-초월적인 독립적 의식이 아니라 물질적 존재 메커니즘에 참여한(meta) 또 그 메커니즘을 관통한(tele) 의식이다.

21 유가철학 주기론의 기발리승(氣發理乘) 개념과 연결해 볼 수 있다.

22 Teleology

23 Mechanism

24 이성의 한계를 강조하고 그 활동영역을 자연계에 국한하는 칸트의 비판철학이 대표적인 계몽주의다.

25 라이프니츠(배선복 역),『모나드론 외』, 책세상, 2007, 36쪽에는 영혼이 육체(물체)와 철저히 분리되었다는 스콜라철학이 비판되고 있으며, 의식하지 못하는 지각을 무시한 데카르트주의자도 비판되고 있다. 의식하지 못하는 지각이란 바로 무의식적 지각이다. 라이프니츠는 모나드를 이성적 존재에만 적용하지 않았으며 무의식에도 연결시켰던 것이다. 그는 무의식과 죽음을 구별했는데 말하자면 사물에는 죽음이 없는 것이다. 자연은 둔한 생명에서 예민한 생명으로 연결되는 존재요 무대이다.

26 세계와 모나드는 프랑스어 철자 a 하나 차이다.

27 라이프니츠(배선복 역),『모나드론 외』, 책세상, 2007, 120쪽.

28 라이프니츠(배선복 역),『모나드론 외』, 책세상, 2007, 120쪽의 배선복 각주 참조.

29 말브랑슈의 자연의 법칙(loi naturelle)과 같은 내재율 곧 선천적 유전자(DNA a priori)로 사료된다.

30 모든 명제를 복합명제(분자명제)와 더 나눌 수 없는 단위명제(원자명제)들로 분류한 뒤, 복합명제를 단위명제의 조합으로 보는 현대 명제논리학의 기초적인 착상은 1666년 라이프치히에서 간행된 *De arte combinatoria*(『조합의 기술에 대하여』)에서 모든 개념이란 제한된 수의 단순개념들의 조합으로 환원될 수 있다고 한 약관의 라이프니츠에서 발견된다. 그의 이진법 발상에서 중요한 점은, 주역의 괘(卦)를 나타내는 음효(--)와 양효(一)이든 '0'과 '1'이든 서로 선명히 구별되는 두 기호를 '체계적으로' '긴박하게' 반복할 경우, 지금까지 10진법으로만 표현되던 모든 수를 완전히 표현할 수도 있고 또 기존의 더하기, 곱하기 등 연산법을 사용할 수도 있다는 '조직적 발상'에 있다. 더 나아가 이러한 이진법 연산은 컴퓨터 회로의 'on'과 'off'로 물질화 및 기계화되어 미증유의 문명을 낳게 된다.

31 라이프니츠의 형이상학은 '가능성의 차원'을 찾는 모순율이 아니라 '생생한 사태'의 근거를 묻는 충족이유율에 기초한다. 이 논리로써 중간존재자(being-between)인 모나드로 이루어진 세계의 리얼리티에 대해 탐구하는 학문을 변증법적 존재학이라고 말했다.

32 "나노봇은 생물학적 뉴런과 상호작용하며 신경계 내에 가상현실을 창조함으로써 인간의 경험을 확장할 것이다. 뇌의 모세혈관에 이식된 수십억 개의 나노봇이 인간의 지능을 크게 확장시킬 것이다." Ray Kurzweil (김명남, 장시형 역), *The Syngularity Is Near*, London, Penguin Group, 2017, 51쪽.

33 "나노기술을 이용해 나노봇을 설계할 수 있을 것이다. 〔젤웨어 두뇌와 연동될 수 있는〕 나노봇은 분자 규모로 설계된 초미세 로봇으로 미크론(100만분의 1미터) 단위의 조직이며 기계로 만든 적혈구인 '호흡세포'가 그 예이다." 〔 〕안은 필자의 삽입이며 이하 내용은 응용된 인용. Robert A. Freitas Jr., "Exploratory Design in Medical Nanotechnology : A Mechanical Artificial Red Cell", *Blood Substitutes, and Immobile*. Biotech. 26 (1998) : 411-30, Kurzweil (2017), 51쪽에서 재인용.

34 생물과 기계장치의 결합체를 뜻한다. cybernetic과 organism의 두 단어를 합성하여 만든 말이다. 근육전류(筋肉電流)로 움직이는 의족(義足)이나 의수(義手)라는 생체기능대행(生體機能代行) 로봇이 개발되었으며 심지

어 인공심장도 이식된다.

35 하드웨어와 소프트웨어를 생산적으로 지양한 하이브리드 '미래형 두뇌'를 말한다.

36 사실은 이 살아 있는 면이 육체성을 초월해 독립적으로 존재한다고 볼 수 없음이 우리 논의의 지론이기도 하다.

37 Edmund Husserl, *Meditations Cartesiennes : Introduction à La Phenomenologie* (1929) Vrin, 1992 (traduit par Levinas, E and Peiffer, G) §. 42 & §. 43 참조.

38 Merleau-Ponty, *Phénoménologie de la perception*, Gallimard, 1945, p. 404.

39 Merleau-Ponty, *Phénoménologie de la perception*, Gallimard, 1945, p. 427.

40 Merleau-Ponty, *Primat de la perception et ses conséquences philosophiques*, Verdier 1996, pp. 52-53 참조.

41 원초적 이미지와 기술적 이미지를 현대의 일의적 감각대상으로 파악하는 플루서의 '피상성' 개념을 참조. 빌렘 플루서(김성재 역), 『피상성 예찬: 매채 현상학을 위하여』, 커뮤니케이션북스, 2004.

42 Merleau-Ponty, *Phénoménologie de la perception*, Gallimard, 1945, p. 405.

43 Merleau-Ponty, *Phénoménologie de la perception*, Gallimard, 1945, p. 405.

44 물론 최고도로 발전한 로보 사피엔스가 인간처럼 거짓말을 할 경우에 얼굴 이면을 내가 읽지 못하는 것은 다른 차원의 문제가 된다.

CHAPTER 2 로봇화되는 인간과 인간화되는 로봇

1 철학자 메를로퐁티의 온전한 실존인 고유한 신체 또는 신체주체(corps propre)가 가지는 존재감이라 한다면 지나친 해석인지 모르겠다.

2 Merleau-Ponty, *Phénoménologie de la perception*, Gallimard, 1945, p. 404 : "15개월 된 유아는 그의 손가락 하나를 장난삼아 내 이빨 사이에 두고 무는 시늉을 하면 (저절로) 그의 입을 벌리게 된다."

3 A. Turing, *Mechanical Intelliigence*, D.C. Ince. ed. Amsterdam: North Holland 1992 참조.

4 미국의 심리철학자 존 설(John Searle)은 튜링 테스트로는 인공지능의 언어 이해력을 확인할 수 없다는 것을 논증하기 위해 "중국인방"(Chinese room) 사고실험을 고안했다. 그 내용은, 우선 방 안에 영어만 할 줄 아는 사람이 들어간다. 그 방에 필담 도구와 미리 만든 중국어로 된 질문과 그 대답 목록을 준비한다. 방 안으로 중국인 심사관이 중국어로 된 질문지를 넣으면 방 안 사람은 준비된 문답표에 따라 중국어로 답을 써서 밖의 심사관에게 준다. 방 안에 어느 나라 사람이 있는지 모르는 중국인이 보면 안에 있는 사람은 중국어를 할 줄 아는 것처럼 보인다. 방 안에 있는 사람은 실제로는 중국어를 전혀 모르고 중국어 질문을 이해하지 못한 채 주어진 표에 따라 대답할 뿐이다. 여기서 중국어로 문답을 완벽히 한다고 해도 방 안에 있는 사람이 중국어를 진짜 이해하는지는 판정할 수 없다는 결론을 얻는다. 마찬가지로 지능으로 문답을 수행할 수 있는 기계가 있더라도 그것이 지능을 가졌는지는 튜링 테스트로 판정할 수 없다는 주장이다. J. Searle, "Twenty-one Years in the Chinese Room" in Preston and Bishop. eds. 2002, pp. 51-69 참조.

5 의사소통을 할 때, '현장의 발화'(speech of field)와 밀접한 언어이론이다. 화자와 청자의 <관계>에 따라 언어 사용이 어떻게 바뀌는지, 화자의 <의도>에 따라 발화의 의미는 어떻게 다를 수 있는지에 대한 연구를 화용론(Pragmatics)이라 한다.

6 윤보석, 『컴퓨터와 마음 – 물리세계에서의 마음의 위상』, 아카넷, 2009, 227-231쪽 참조.

7 우리는 정신이나 물질이라고 명사적 곧 체언적인 표현을 거부한다. 정신을 체언으로 표현하면 그것의 실체성을 인정하기 때문이다. 우리는 정신적, 물질적이라는 용언적 표현을 통해 이원론을 극복하려는 전략을 고수할 것이다.

8 John Locke, *An Essay Concerning Human Understanding*, London (1690), Oxford university press, 1975, 제 Ⅱ권

참조.

9   David Hume, *A Treatise of Human Nature*, London (1739), Oxford university press, 2000, 제1권 1부의 Of ideas, their origin, composition, connexion, abstraction, etc. 참조.

10   S. Buss, "Personal Autonomy" in *The Stanford Encyclopedia of Philosophy*, Edward N. Zalta. ed. URL, 2013 참조.

11   로보 사피엔스에 접근한 로봇을 이렇게도 부르고자 한다.

12   François Dosse, "Le sujet captif : entre existentialisme et structuralisme" in *L'Homme et la société*, N. 101. *Théorie du sujet et théorie* sociale, paris, L'Harmattan, 1991, pp. 17-39 참조.

13   유전(流轉)이란 만물이 항상 변한다(Things always change)라는 뜻이다.

14   스털링 P. 램프레히트, 『서양철학사』, 을유문화사, 2010, 401-404쪽 침조,

15   Ray Kurzweil(김명남, 장시형 역), *The Syngularity Is Near*, London, Penguin Group, 2005, 23-27쪽 참조.

16   Stephen Jay Gould, "Jove's Thunderbolts", Natural History 103.10 (October 1994) : 6-12; chapter 13 in *Dinosaur in a Haystack : Reflections in Natural History* (New York : Harmony Books, 1995)

17   Philippe Lacoue-Labarthe/Jean-Luc Nancy(dir.), *Les Fins de l'homme À partir du travail de Jacques Derrida Colloque de Cerisy-la-Salle*, Éditions Galilée, 1981 참조.

CHAPTER 3 로보 사피엔스와 에로티즘

1   프랑스어로는 에로티즘(érotisme), 영어로는 에로티시즘(eroticism)으로 표기된다.

2   고대 서양극장의 단계적 구조에서 작은 윗단(upper stage)에 해당하는 것으로 그 위에서 신성을 대표하는 사람들이 한번 씩 나타나 말하곤 했다. 문자적으로는 신의 말씀이 선포되는 발코니라 하겠다.

3   에이바는 고도의 휴머노이드 로봇(인간형 로봇)으로 튜링 테스트 통과를 기점으로 로보 사피엔스로 차원 이동을 한다.

4   현실에 주어진 비교적 적은 양의 자료에서, 이 자료도 포함된 '전체의 법칙'성을 추론함을 목표로 수학적 절차를 통해 구성된 학문

5   internal semantic form은 인간 '내면의 의미형태'

6   syntactic tree-structure은 '통사론적 나무구조'라고도 한다.

7   용액 안에서 콜로이드 입자는 유동성을 상실하고, 소규모 탄성과 약간의 견고성을 가진 반고체의 물질인 젤로 만들어진 두뇌 양식이다. 한천, 젤라틴, 두부, 원형질에서 볼 수 있는 형태다.

8   육체(caro) 안으로(in) 들어간다는 뜻의 육화 또는 체현(incarnation)을 '질료-실천적'으로 이해하여 '실질적'이라 적는다.

9   Edmund Husserl, *Meditations Cartesiennes: Introduction à La Phenomenologie*(1931), trad. E. Levinas et G. Peiffer, Paris, Vrin, 1992, 55절 참조.

10   자연적으로 또는 유전적으로.

11   학습과 관계로.

12   Richard Dawkins, *The Selfish Gene*, Oxford University Press, 1976 참조.

13   리처드 도킨스(홍영남, 이상임 역), 『이기적 유전자』, 을유문화사, 2011, 64-65쪽.

14   리처드 도킨스(홍영남, 이상임 역), 『이기적 유전자』, 을유문화사, 2011, 105쪽 122-123쪽 참조.

15 제러미 리프킨(이경남 역), 『공감의 시대』(The Empathic Civilization), 민음사, 2010 참조: 이탈리아 진화생물 학자 자코모 리졸라티(Giacomo Rizzolatti)는 밈(meme)과 유사한 거울 뉴런(mirror neurons) 덕분에 인간은 타인의 생각과 행동을 자신의 것처럼 이해할 수 있다고 한다. 거울 뉴런은 인류의 생존과 진화를 결정하는, 사회적 존재로서의 인간의 기초단위라 하겠다.

16 리처드 도킨스(홍영남, 이상임 역), 『이기적 유전자』, 을유문화사, 2011, 335쪽.

17 잭슨 폴록(Paul Jackson Pollock 1912-1956)은 미국 와이오밍에서 태어나 L.A.와 뉴욕에서 공부했다. 처음에는 표현주의를 추구하다가 1930년대부터 초현실주의로 돌아선다. 1947년 어느 날, 마룻바닥에 화포를 편 다음 공업용 페인트를 뿌리는 기법으로 대가의 반열로 갑자기 올라서게 된다. 예술가의 창작행위를 '화포에 즉각 기록'함이라 하여 '액션 페인팅 아트'(Action-Painting Art)로 특화된다. 그는 대표작 "가을의 리듬"처럼 기온 및 변색의 계절이 함의하는 '시간의 리듬'에 올라탄 것이다.

18 무위란 단순히 아무 것도 하지 않음이 아니라, 인위적인 것을 거부하고 흘러가는 자연 그대로에 나를 맡기는 입장을 의미한다. 독일어 Gelassenheit와 프랑스어 détachement이 '비교적' 가까운 표현이다.

19 Merleau-Ponty, *Phénoménologie de la perception*, Gallimard, 1945, p. 206 참조: 언어(langage)는 사고(pensée)를 전제하는 것이 아니라 사고의 실현이고 완성(accomplir)이라는 메를로퐁티의 언어현상학이 바로 네이든의 문제의식의 철학적 배경이다.

20 라이프니츠와 메를로퐁티에게 보이는 존재와 사건의 연속성이다. 덧붙여 불가의 연속성의 철학이라 부를 수 있으리라.

21 Merleau-Ponty, *Phénoménologie de la perception*, Gallimard, 1945, p. 209 참조: 메를로퐁티는 사고란 이미 단어 속에 있다고 본다. 따라서 말하는 주체에게 말하기란 사고를 재현하는 것이 아니다. 강단에 선 연사는 말하기에 앞서 생각하지 않으며 특히 말하는 동안에는 더욱 그러하다. 그의 말(발화)이 곧 그의 사고인 것이다(Sa parole est sa pensée). 사고와 발화 사이의 연속성은 사고와 예술로 연결된다.

22 자연 언어라고 지칭해도 무방하다.

23 로봇이 인간과 너무 닮아서 느낄 수 있는 불안감, 혐오감 그리고 공포감을 가리는 신조어이다.

24 특이점 로봇 곧 로보 사피엔스에 근접한 로봇이라는 말이 된다.

25 생체 및 기계에서 통신과 제어에 관한 이론과 연구를 통합하는 인공두뇌학과 유사한 '국가시스템'을 주장한 근대 영국의 철학자다.

26 칼 슈미트(김효전 역), 『로마 가톨릭주의와 정치형태 홉스 국가론에서의 리바이어던』, 교육과학사, 1992 참조.

27 테오도어 아도르노(홍승용 역), 『미학이론』, 문학과지성사, 1983, 37쪽.

CHAPTER 4 에필로그: 리얼리티, 시뮬라크르, 하이퍼리얼

1 콩트의 단계로 보아서는 제1단계와 제2단계에 해당한다.

PART 3 인공지능의 발전과 법률적 탐구

CHAPTER 1 인공지능 관련 법적 문제

1 정채연, "법패러다임 변화의 관점에서 인공지능과 법담론: 법에서 탈근대성의 수용과 발전", 법과 사회, 제 53호, 2016, 109면 이하; 손영화, "인공지능(AI) 시대의 법적 과제", 법과정책연구 제16집 제4호, 2016, 305면 이하; 이원태, "인공지능의 규범이슈와 정책적 시사점", KISDI Premium Report, 정보통신정책연구원, 15-07, 2015, 5면 이하.

2   김윤명, "인공지능(로봇)의 법적 쟁점에 대한 시론적 고찰", 정보법학 제20권 제1호, 2016, 168면.

3   이에 대하여는 김용주, "인공지능 로봇에 의한 특허침해 가능성", 법학연구 제20권 제3호, 2017, 31면 이하.

4   정차호, "특허권 간접침해성립의 직접침해의 전제여부", 성균관법학 제26권 제3호, 성균관대학교 법학연구소, 2014, 416면.

5   김윤명, "인공지능(로봇)의 법적 쟁점에 대한 시론적 고찰", 정보법학 제20권 제1호, 2016, 한국정보법학회, 157면

6   손승우, "인공지능 창작물의 저작권 보호, 정보법학 제20권 제3호, 한국정보법학회, 2016.

CHAPTER 2 자율주행자동차의 법적 문제

1   김상태, "자율주행자동차에 관한 법적 문제", 경제규제와 법 제9권 제2호(통권 제18호, 2016, 177면 이하; 이중기·황창근, "자율주행자동차 운행에 대비한 책임법제와 책임보험제도의 정비필요성: 소프트웨어의 흠결, 설계상 흠결 문제를 중심으로", 금융법연구 제13권 제1호, 2016, 95면 이하.

2   이중기, "자율주행자 운행의 법적 이슈", 월간 교통 제223호, 2016, 2면 이하.

3   이종영·김정임, "자율주행자동차 운행의 법적 문제", 중앙법학 제17집 제2호, 중앙대학교 법학연구소, 2015, 145면 이하; 박신욱, "자율주행자도아와 민사적 쟁점에 대한 일 고찰", 소비자법연구 제2권 제2호, 2016, 177면 이하.

4   박은경, "자율주행자동차의 등장과 자동차보험제도의 개선방안", 법학연구 제16권 제4호, 2016, 119면 이하; 이도국, "인공지능(AI)의 민사법적 지위와 책임에 관한 소고", 법학논총 제34집 제4호, 2017, 325면 이하.

5   정용수, "제조물책임법상 면책사유에 관한 일고찰", 소비자문제연구 제37호, 2010, 22면.

6   양승규, 보험법(제5판), 2004, 20면.

7   박세민, 보험법, 2012, 2면 이하.

8   유주선, 보험법, 청목출판사, 2013, 19면.

9   김영국, "자율주행 자동차의 운행 중 사고와 보험적용의 법적 쟁점", 법이론실무연구 제3권 제2호, 한국법이론실무학회, 2015, 247면 이하.

10 서울중앙지방법원 2006. 11. 03. 선고 2003가합 32082 판결.

11 이석호, "무과실책임(No Fault) 자동차보험제도 도입에 관한 소고", KIF 금융논단 제14권 제31호, 2005, 188면.

12 조규성, "자동차사고 인적손해 보상제도의 새로운 방향에 관한 연구: No-Fault 자동차보험을 중심으로, 부경대학교대학원박사학위논문, 2009.

13 박은경, "한국 자동차보험제도의 문제점과 개선방안-인신손해에 대한 보상을 중심으로-", 법과 정책 제21집 제3호, 제주대학교 법학연구소, 2015, 201면 이하.

14 도로교통법 제27조(임시운행의 허가) ① 자동차를 등록하지 아니하고 일시 운행을 하려는 자는 대통령령으로 정하는 바에 따라 국토교통부장관 또는 시·도지사의 임시운행허가(이하 "임시운행허가"라 한다)를 받아야 한다. 다만, 자율주행자동차를 시험·연구 목적으로 운행하려는 자는 허가대상, 고장감지 및 경고장치, 기능해제장치, 운행구역, 운전자 준수 사항 등과 관련하여 국토교통부령으로 정하는 안전운행요건을 갖추어 국토교통부장관의 임시운행허가를 받아야 한다. ② 이하 생략. 도로교통법 시행령 제7조 제1항 제11호 마목 참조.

15 전혜영, "'손보협회, 자율주행차 상용화' 글로벌 협력 추진", 머니투데이, 2016. 06. 02.

16 박준환, "자율주행자동차 관련 국내외 입법·정책 동향과 과제", 국회입법조사처 연구보고서, 201714면 이하.

17 박준환, "자율주행자동차 관련 국내외 입법·정책 동향과 과제", 국회입법조사처 연구보고서, 2017, 16면.

18 동 법률안에 따르면, 전자 사각방지장치, 자동긴급제동시스템, 주차 지원, 적응형주행제어 시스템 등을 포함한 충돌방지시스템을 장착하였거나 운전자지원시스템을 장착하였더라도 사람인 운전자의 조종이나 모니터링 없이는 운행될 수 없는 차량은 자율주행자동차에 포함되지 않게 된다.

19 정원섭, "자율주행자동차의 윤리적 쟁점: 사고 책임주체와 도덕지수", 제11회 미래자동차전자포럼 발표자료집, 2019.

20 Ebert, "Legal framework for autonomous driving in Germany", 자율주행자동차 융·복합 미래포럼 국제 컨퍼런스" 발표자료집, 2017. 11. 2.

21 한국인터넷진흥원, 인터넷 법제 동향, 제119호, 2017.8, 25면 이하.

22 이기형, "일본의 자율주행자동차 사고에 대한 손해배상책임 논의의 주요 쟁점", KiRi 리포트 포커스, 보험연구원, 2017. 11. 20, 13면.

23 이기형, "일본의 자율주행자동차 사고에 대한 손해배상책임 논의의 주요 쟁점", KiRi 리포트 포커스, 보험연구원, 2017. 11. 20, 19면.

24 이기형, "일본의 자율주행자동차 사고에 대한 손해배상책임 논의의 주요 쟁점", KiRi 리포트 포커스, 보험연구원, 2017. 11. 20, 15면 이하.

CHAPTER 3 로봇인간의 법적 문제

1 RoboLaw, "D6.2-Guideline on Regulating Robotics", 2014. 9.22, p. 15.

2 Engelberger, "Robotics in Service", MIT Press, 1989.에서 "나는 로봇을 정의할 수 없다. 하지만 그것을 보았을 때, 그것이 로봇인지는 알 수 있다."고 한 말은 로봇의 개념을 정의하기가 쉽지 않음을 나타낸 것이라 할 수 있다.

3 울산지방법원 2004. 4. 8. 자2003카합 982 결정.

4 제1심은 "자연물인 도롱뇽 또는 그를 포함한 자연 그 자체에 대하여는 현행법의 해석상 그 당사자능력을 인정할 만한 근거를 찾을 수 없다"고 하면 당사자적격을 부정하였고, 제2심(부산고등법원 2004. 11. 29. 자 2004라41 결정) 역시 "... 자연물인 도롱뇽 또는 그를 포함한 자연 그 자체에 대하여 당사자능력을 인정하고 있는 현행 법률이 없고, 이를 인정하는 관습법도 존재하지 아니하므로 신청인 도롱뇽이 당사자능력이 있다는 신청인 단체의 주장은 이유 없다"고 하여 전심과 같이 당사자적격을 부정하였다.

5 서울행정법원 2010. 4. 23. 선고 2008구합 29038 판결.

6 청주지방법원 2008. 11. 13. 선고 2007구합 1212 판결.

7 동 안은 의회를 통과하여 "Te Awa Tupua(Whamganui River Claims Settlement) Act 2017"이라는 명칭으로 입법되었다.

8 윤철홍, "동물의 법적 지위에 관한 입법론적 고찰", 민사법학 제56호, 2011, 400면.

9 함태성, "우리나라 동물보호법제의 문제점과 개선방안에 관한 고찰", 법학논집 제19권 제4호, 이화여자대학교 법학연구소, 2015, 410면 이하.

10 양재모, "인, 물의 이원적 권리체계의 변화", 한양법학 제20권 제2지1, 2009, 297면.

11 윤수진, "동물보호를 위한 공법적 규제에 대한 검토", 환경법연구 제28권 제3호, 한국환경법학회, 2006, 249면.

12 주현경, "인공지능과 형사법적 쟁점 – 책임귀속을 중심으로 –", 형사정책 제29권 제2호, 한국형사정책학회, 2017, 17면.

13 황의관, "로봇기본법(안)의 발의에 따라 소비자 이슈", 소비자정책동향, 2017년 8월 31일, 한국소비자원, 9면.

14   Guidelines on Regulating Robotics, Grant Agreement number 289092, Regulating Emerging Robotic Technologies in Europe: Robotics facing Law and Ethics, 2014. 9. 22. http://www.robolaw.eu

15   'AI 로봇은 전자인간', EU, 법적 지위 부여, 파이낸셜 뉴스 2017년 1월 13일자 기사.

16   황의관, "로봇기본법(안)의 발의에 따라 소비자 이슈", 소비자정책동향, 2017년 8월 31일, 한국소비자원, 15면.

17   긍정하는 입장으로는 황의관, "로봇기본법(안)의 발의에 따라 소비자 이슈", 소비자정책동향, 2017년 8월 31일, 한국소비자원, 14면.

18   European Parliament resolution of 16 February 2017 with recommendations to the Commission on Civil Law Rules on Robotics (2015/2103(INL)), 2017.2.16.

19   김자회·주성구·장신, "지능형 자율로봇에 대한 전자적 인격 부여", 법조 제724호, 2017, 122면 이하.

참고문헌

PART 1 인공지능과 4차 산업혁명

P. Domingos, 강형진 역, 마스터 알고리즘, 비즈니스북스, 2016.

I. J. Goodfellow, Y. Bengio, A. Courville, Deep Learning, MIT Press, 2015.

S. Marsland, Machine Learning, 4장 The Multi-Layer Perceptron, CRC Press, 2015.

S. Russell and P. Norvig, Artificial Intelligence: A Modern Approach, 3rd ed. Prentice Hall, 2010.

R. S. Sutton and A. G. Barto, Reinforcement Learning: An Introduction, 2nd edition, Nov. 2017.

김우창, 마음의 형성 그리고 인조인간, naver 열린연단 에세이.

박혜영, 이관용, 패턴인식과 기계학습, 11장 신경망, 이한출판사, 2011.

오일석, 기계학습, pp.108-112, 한빛아카데미, 2017.

정도희, 인공지능 시대의 비즈니스 전략, pp.69-70, 더퀘스트, 2018.

정상근, "인공지능과 심층학습의 발전사", 정보과학회지 v.33, no.10, pp.10~13, 2015.10.

PART 2 인공지능과 철학자의 판타지

라이프니츠 고트프리트 W., (배선복 역), 『모나드론 외』, 책세상, 2007.

램프레히트, 스털링 P., (김태길, 윤명로, 최명관) 역), 『서양철학사』, 을유문화사, 2010.

제러미, 리프킨(이경남 역), 『공감의 시대』, 민음사, 2010 .

슈미트, 칼(김효전 역), 『로마 가톨릭주의와 정치형태 홉스 국가론에서의 리바이어던』, 교육과학사, 1992 .

신상규, "인공지능은 자율적 도덕행위자일 수 있는가?", 『철학』 132집, 2017.

아도르노, 테오도어(홍승용 역), 『미학이론』, 문학과지성사, 1983.

윤보석, 『컴퓨터와 마음 – 물리세계에서의 마음의 위상』, 아카넷, 2009.

이종관, 『포스트휴먼이 온다』, 사월의책, 2017.

Buss, S., "Personal Autonomy" in *The Stanford Encyclopedia of Philosophy*, Edward N. Zalta. ed. URL, 2013.

Comte, A., *Premiers cours de philosophie positive : Préliminaires généraux et philosophie mathématique* (1830), Paris, PUF, 2007.

Comte, A., *Discours sur l'esprit positif* (1844), Vrin 2009.

Dawkins, Richard(홍영남, 이상임 역), *The Selfish Gene*, Oxford University Press (1976), 을유문화사, 2011.

Dosse, F., "Le sujet captif : entre existentialisme et structuralisme" in *L'Homme et la société*, N. 101. *Théorie du sujet et théorie sociale*, paris, L'Harmattan, 1991.

Stephen Jay Gould, "Jove's Thunderbolts", *Natural History*, New York : Harmony Books, 1995.

Hume, D., *A Treatise of Human Nature*, London (1739), Oxford university press, 2000.

Husserl, E.(trad. Levinas, E et Peiffer, G), *Meditations Cartesiennes : Introduction à La Phenomenologie* (1929) Vrin, 1992 .

Lacoue-Labarthe, Philippe et Nancy, Jean-Luc, (dir.), *Les Fins de l'homme* À partir du travail de Jacques Derrida Colloque de Cerisy-la-Salle, Éditions Galilée, 1981 .

Locke, J., *An Essay Concerning Human Understanding*, London (1690), Oxford university press, 1975.

Merleau-Ponty, M., *Phénoménologie de la perception*, Gallimard, 1945.

Merleau-Ponty, M., *Primat de la perception et ses conséquences philosophiques*, Verdier 1996.

Ray Kurzweil(김명남, 장시형 역), *The Syngularity Is Near*, London, Penguin Group, 2017.

Searle, J., "Twenty-one Years in the Chinese Room" in *Preston and Bishop*. eds. 2002, 51-69.

Turing, A., *Mechanical Intelliigence*, D.C. Ince. ed. Amsterdam: North Holland 1992.

PART 3 인공지능의 발전과 법률적 탐구

강소라, "자율주행자동차 법제도 현안 및 개선과제", KIRI Brief, 한국경제연구원 16-21, 2016.

김대식, "인간 VS 기계", 동아시아, 2016년 4월 12일자 기사.

김범준, "무인자동차의 상용화에 따른 보험법리의 개선", 상사판례연구 제26권 제3호, 한국상사판례학회, 2013.

김상태, "자율주행자동차에 관한 법적 문제", 경제규제와 법 제9권 제2호, 서울대학교 공익산업법센터, 2016.

김시열, "인공지능 등 비자연인의 특허권 주체 인정을 위한 인격 부여 가능성에 관한 연구", 법학논총 제39집, 숭실대학교 법학연구소, 2017.

김용주, "인공지능 로봇에 의한 특허침해 가능성", 법학연구 제20집 제3호, 경희대학교 법학연구소, 2017.

김용주, "인공지능(AI: Artificial Intelligence) 창작물에 대한 저작물로서의 보호가능성", 법학연구 제27권 제3호, 2016.

김윤명, "인공지능(로봇)의 법적 쟁점에 대한 시론적 고찰", 정보법학 제20권 제1호, 2016.

김영국, "자율주행 자동차의 운행 중 사고와 보험적용의 법적 쟁점", 법이론실무연구, 제3권 제2호, 한국법이론실무학회, 2015.

김자회·주성구·장신, "지능형 자율로봇에 대한 전자적 인격 부여", 법조 제724호, 2017.

김재필·나현, "인공지능(AI), 완생이 되다", ISSue & Trend 디지에코 보고서, 디제에코, 2016.

박신욱, "자율주행자동차와 민사적 쟁점에 대한 일고찰", 소비자법연구, 제2권 제2호, 2016.

박은경, "자율주행자동차의 등장과 자동차보험제도의 개선방안, 법학연구 제16권 제4호, 2016.

박준환, "자율주행자통차 관련 국내외 입법·정책 동향과 과제", 국회입법조사처 연구보고서, 2017년 12월 27일.

손영화, "인공지능(AI) 시대의 법적 과제", 법적 정책연구, 제16집 제4호, 2016.

양승규, 보험법 제5판, 삼지원, 2004.

이기형, "일본의 자율주행자동차 사고에 대한 손해배상책임 논의의 주요쟁점", KIRI 리포트 포커스, 2017년. 11. 20.

이석호, "무과실책임(No Fault) 자동차보험제도 도입에 관한 소고", KIF 금융논단 제14권 제31호, 2005.

이종영·김정임, "자율주행자동차 운행의 법적 문제", 중앙법학 제17권 제2호, 2015.

이중기, "자율주행차 운행의 법적 이슈", 월간 교통 2016년 9월호.

장윤옥, "인공지능과 딥러닝; 가져올 변화, 철도저널 제18권 제1호, 한국철도학회, 2015.

정승화, "4차 산업혁명 기술과 법제정비 방향", 법연 제55권, 한국법제연구원, 2017년 여름.

정용수, "제조물책임법상 면책사유에 관한 일고찰", 소비자문제연구 제37호, 2010.

정차호, "특허권 간접침해성립의 직접침해의 전제여부", 성균관법학 제26권 제3호, 성균관대학교 법학연구소, 2014.

정채연, "법패러다임 변화의 관점에서 인공지능과 법담론: 법에서 탈근대성의 수용과 발전", 법과사회 제53호, 2016년 12월.

조규성, "자동차사고 인적손해 보상제도의 새로운 방향에 관한 연구: No-Fault 자동차보험을 중심으로, 부경대학교대학원박사학위논문, 2009.

황현아, "자율주행자동차 교통사고와 손해배상책임", 보험연구원, 2017년 11월 2일.

황현아, "자율주행차 융·복합 미래포럼", 보험연구원 국제컨퍼런스 자료집, 2017년 12월.

찾아보기

공학, 철학, 법학의 눈으로 본
인간과 인공지능

초판발행 2018년 11월 5일
초판2쇄 2019년 12월 5일

저   자 조승호, 신인섭, 유주선
펴 낸 이 김성배
펴 낸 곳 도서출판 씨아이알

책임편집 정은희
디 자 인 김진희, 윤미경
제작책임 김문갑

등록번호 제2-3285호
등 록 일 2001년 3월 19일
주   소 (04626) 서울특별시 중구 필동로8길 43(예장동 1-151)
전화번호 02-2275-8603(대표)
팩스번호 02-2265-9394
홈페이지 www.circom.co.kr

I S B N 979-11-5610-693-7 93500
정   가 20,000원